51 单片机应用开发 25 例
——基于 Proteus 仿真

张　新　陈跃琴　编著

電子工業出版社

Publishing House of Electronics Industry

北京·BEIJING

内 容 简 介

目前，Keil μVision 是应用最广泛的 51 单片机软件开发环境，Proteus 是应用最广泛的硬件仿真环境，而本书基于 Keil μVision 和 Proteus 介绍了 25 个 51 单片机的应用实例，每个实例都包括背景介绍、设计思路、硬件设计、软件设计以及仿真与总结，并提供了相应的 Proteus 电路及 C51 应用实例代码。

本书共分 25 章，包含丰富的单片机内部资源和外围模块的应用实例，并且都基于 Proteus 仿真，简单直观，适合具有初步单片机基础的单片机工程师进阶学习，也适合高等院校电子类专业学生和单片机爱好者阅读，还可以作为工程设计的参考手册。

图书在版编目（CIP）数据

51 单片机应用开发 25 例：基于 Proteus 仿真 / 张新，陈跃琴编著. —北京：电子工业出版社，2013.10
ISBN 978-7-121-21628-2

Ⅰ.①5… Ⅱ.①张… ②陈… Ⅲ.①单片微型计算机－系统仿真－应用软件 Ⅳ.①TP312

中国版本图书馆 CIP 数据核字（2013）第 238241 号

策划编辑：陈韦凯
责任编辑：桑　昀
印　　刷：北京京师印务有限公司
装　　订：北京京师印务有限公司
出版发行：电子工业出版社
　　　　　北京市海淀区万寿路 173 信箱　邮编　100036
开　　本：787×1 092　1/16　印张：27.25　字数：736 千字
印　　次：2013 年 10 月第 1 次印刷
印　　数：3 500 册　　定价：59.00 元

前　　言

一、行业背景

51 单片机具有体积小、功能强和价格低的特点，在工业控制、数据采集、智能仪表、机电一体化、家用电器等领域有着广泛的应用，其应用可以大大提高生产和生活的自动化水平。近年来，随着嵌入式的应用越来越广泛，51 单片机的开发也变得更加灵活和高效率，而 51 单片机的开发和应用也已经成为嵌入式应用领域的一个重大课题。

二、关于本书

目前，Keil μVision 是应用最广泛的 51 单片机软件开发环境，Proteus 是应用最广泛的硬件仿真环境，而本书基于 Keil μVision 和 Proteus 介绍了 25 个从简单到复杂，从内部资源应用、扩展系统应用到嵌入式操作系统应用的实例。读者从本书中既可以了解该应用系统设计的基础知识、电路模块以及对应的代码，也可以在 Proteus 中进行仿真并且观察仿真结果。

本书各章的实例说明如下：

第 1 章"呼吸灯"是一个实现发光二极管呼吸效果的应用系统。

第 2 章"跑步机启/停和速度控制模块"是一个对跑步机的工作状态进行控制的应用系统。

第 3 章"简易电子琴"是一个可以弹奏的简易电子琴应用系统。

第 4 章"手机拨号模块"是一个手机的拨号界面应用系统，包括键盘和液晶显示模块。

第 5 章"简易频率计"是一个对当前输入频率进行测量的应用系统。

第 6 章"PC 中控系统"是一个实现 PC 对外部系统进行控制的应用系统。

第 7 章"天车控制系统"是天车动作的核心控制模块。

第 8 章"负载平衡监控系统"是一个对当前系统平衡性进行监控的模块。

第 9 章"电子抽奖系统"是一个用 51 单片机实现抽奖的系统。

第 10 章"多点温度采集系统"是使用多个温度传感器对多点温度进行轮询采集的应用系统。

第 11 章"简易波形发生器"是在用户控制下产生简单波形的模型。

第 12 章"数字时钟"是一个可以用数字显示当前时间和日期的应用系统。

第 13 章"模拟时钟"是在液晶模块上模拟钟表指针来显示时间信息的应用系统。

第 14 章"自动打铃器"是根据当前时钟来自动打铃提示上课和下课，并且显示当前时间的应用系统。

第 15 章"手动程控放大器"是根据当前用户选择来对输入信号进行放大的应用系统。

第 16 章"自动换挡数字电压表"是一个根据当前输入电压值来自动切换量程，并且测量当前电压值的应用系统。

第 17 章"货车超重监测系统"是通过压力来检测当前道路上行驶的货车是否超重，并且对相应的数据进行记录的应用系统。

第 18 章"远程仓库湿度监测系统"是一个获得远程的仓库湿度数据的应用系统。

第 19 章"带计时功能的简单计算器"是一个简单的可以显示时间的计算器模型。

第 20 章"密码保险箱"是一个密码保险箱的应用系统，用户可以自行设置密码，并且通过设置好的密码打开保险箱。

第 21 章 "SD 卡读卡器" 是一个简易的可以读写 SD 卡的读卡器模型。

第 22 章 "简易数字示波器" 是一个可以对简单波形进行测量，并且将该波形显示到液晶模块上的应用系统。

第 23 章 "多功能电子闹钟" 是一个有温度显示、时间显示和定时闹铃等功能的电子闹钟模型。

第 24 章 "俄罗斯方块" 是一个俄罗斯方块的游戏模型。

第 25 章 "RTX51 操作系统应用" 是一个 RTX51 操作系统在 51 单片机上的应用实例，包括对 RTX51 操作系统的介绍和应用方法，并且给出了一个应用实例。

三、本书特色

（1）应用实例从简单到复杂，涵盖了 51 单片机从内部资源到用户输入通道、A/D 信号采集、温度/湿度传感芯片、有线通信模块、操作系统等常用资源和常用模型的应用。

（2）基于 Proteus 硬件开发环境提供了相应的仿真运行实例及其输出结果。

（3）对于每个应用实例，都按照实例背景介绍、实例设计思路和涉及的基础原理介绍、硬件设计、软件设计及仿真综合与总结来进行了组织，条理清晰，便于阅读理解。

（4）提供了大量的 Proteus 应用电路和 Keil μVision 的工程文件，读者可以直接运行仿真。

四、作者介绍

本书由张新、陈跃琴编著。同时，参与本书编写和审定工作的还有孙明、唐伟、王杨、顾辉、李成、陈杰、张霁芬、张计、陈军、张强、杨明、李建、张玉兰等人。

为与 Proteus 软件中的电路图保持一致，本书仿真电路中的部分元件符号（如二极管、电阻、电容等）以及单位（如 10k 未改为 10kΩ，10uF 未改为 10μF 等）的不规范处未做标准化处理，在此特加以说明。

由于时间仓促、程序和图表较多，受学识水平所限，错误之处在所难免，请广大读者给予批评指正。

编 著 者

目　　录

第1章 呼吸灯

呼吸灯是一种视觉效果，其灯光在 51 单片机的控制下完成由亮到暗的逐渐变化，感觉像是在呼吸，这种效果广泛被应用于数码产品、计算机、音响和汽车等各个领域，能够起到很好的视觉装饰效果。

本章应用实例涉及的知识如下：

➤ 51 单片机基础；

➤ RCL 滤波电路原理；

➤ PWM 控制原理；

➤ 发光二极管的应用原理；

➤ 三极管的应用原理；

➤ 51 单片机应用系统中常用的电阻、电容和电感的应用原理；

➤ 51 单片机开发环境μVision 的介绍；

➤ Proteus 硬件仿真环境应用。

1.1 呼吸灯应用系统的背景介绍

呼吸灯最先被应用的应该是在苹果公司的计算机上，其指示标志灯会缓慢由暗变亮，又逐步由亮变暗，过程类似人的呼吸，它由以下两个阶段组成。

（1）吸气：灯的亮度曲线上升。

（2）呼气：灯的亮度曲线下降。

由于其模拟的是人的呼吸效果，对成人而言，平均每分钟呼吸 16～18 次，对儿童而言，平均每分钟呼吸 20 次，而且在不同的状态下，呼吸的频率是不同的，吸气和呼气的长度也是不同的，所以同样可以使用呼吸灯来指示一个系统的工作状态，如单片机系统在满负荷工作时其"呼吸"频率可以变快，反之变慢。

1.2 呼吸灯应用系统的设计思路

1.2.1 呼吸灯应用系统的工作流程

呼吸灯应用系统的工作流程如图 1.1 所示，其过程相当简单，就是一个"明—暗—明"的过程。

1.2.2 呼吸灯应用系统的需求分析与设计

设计呼吸灯应用系统，需要考虑以下几个方面的内容：

（1）要发光，则需要一个合适的光源；

（2）需要一个能这个光源进行相应控制的驱动电路；

（3）作为控制系统的 51 单片机要能和这个驱动电路进行接口；

（4）需要设计合适的单片机软件。

1.2.3 "呼吸"效果的实现原理

对于 51 单片机的应用系统而言，最常用的发光源是发光二极管（LED）。发光二极管的发光强弱和通过其的电流大小相关，当电流越大时发光二极管的亮度就越大；反之灯光则变暗，通过控制这个电流的大小，即可实现发光二极管亮度的控制。

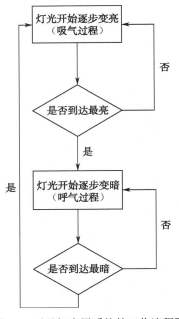

图 1.1 呼吸灯应用系统的工作流程图

1.2.4 51 单片机简介

51 单片机是最常见的 8 位单片机，通常由 8 位 CPU、时钟模块、I/O 端口、程序存储器、数据存储器、2 个 16 位定时器/计数器、中断系统和一个串行口组成，如图 1.2 所示。

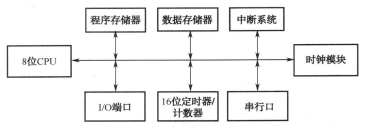

图 1.2 51 单片机的内部结构示意图

51 单片机内部模块的功能说明如下。

（1）8 位 CPU：51 单片机的核心部件，执行预先设置好的代码，负责数据的计算和逻辑的控制等。

（2）程序存储器：用于存放待执行的程序代码。

（3）数据存储器：用于存放程序执行过程中的各种数据。

（4）中断系统：根据 51 单片机相应的寄存器的设置，来监测和处理单片机的各种中断事件并且提交给中央处理器处理。

（5）时钟模块：以外部时钟源为基准，产生单片机各个模块所需要的各个时钟信号。

（6）串行口：根据相应的寄存器设置进行串行数据通信。

（7）16 位定时器/计数器：根据相应寄存器的设置进行定时或者计数。

（8）I/O 端口：作为数据、地址或者控制信号通道和外围器件进行数据交换。

常见 51 单片机（AT89C52）的引脚封装结构如图 1.3 所示。

注意：AT89C52 单片机目前已经停产，其替代产品是 AT89S52，但是在 Proteus 中没有该型号的产品，而在实际使用中这两款单片机几乎可以通用，所以本书的仿真大部分都是使用 AT89C52 单片机来完成的。

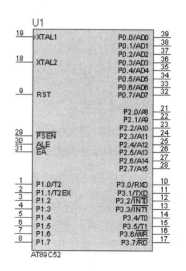

图 1.3　51 单片机的引脚封装结构

1.2.5　RCL 响应电路

51 单片机的输出是一个数字信号，只有"0"和"1"两种状态，也就是说只有"大电流"和"小电流"，不能直接对 LED 进行控制，此时需要一个相应的电路来将这个数字信号转化为模拟信号。

RCL 响应电路是一种可以进行储能释放的电路，其电路原理如图 1.4 所示。如果在电容 C_1 两端加上一个电源，其将对 C_1 进行充电，同时 C_1 将在两端累积电荷；如果此时电源被撤去，C_1 开始通过 R_1 和 L_1 组成的回路开始放电，但是电感 L_1 会产生逆电动势同时继续给 C_1 充电，所以此时 C_1 处于一个反复的充放电过程，直到其中最开始存储的电能都被电阻 R_1 消耗掉。

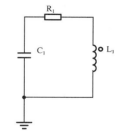

如果在 RCL 电路的 R_1 和 L_1 之间串联一个发光二极管，而在电容两端加上高低的数字逻辑电平，则可以控制发光二极管上电流的变化。

图 1.4　RCL 响应电路

注意：这个充放电的过程，被称为 RCL 的阶跃响应，其充/放电的时间是可以通过相关的公式计算出来的，有兴趣的读者可以自行查阅电路相关书籍。

1.2.6　PWM 控制

虽然 RCL 电路能够将对应的数字逻辑高低电平转换为模拟信号，并且能控制电流的大小变化，但还是需要 51 单片机提供这个数字逻辑电平，此时可以应用 PWM 控制原理来实现转换功能。

PWM（Pulse Width Modulation）是脉冲宽度调制，简称脉宽调制，是一种使用 51 单片机或者其他处理器的数字输出来对模拟电路进行控制的方法，这种方法可用数字方式来控制模拟电路，能大幅度降低系统的成本和功耗。

在采样控制理论中有一个重要的结论：冲量相等而形状不同的窄脉冲加在具有惯性的环节上时，其效果基本相同。PWM 控制技术就是以该结论为理论基础，利用 51 单片机的 I/O 引脚输出一系列幅值相等而宽度不相等的脉冲，来代替正弦波或其他所需的波形，并按一定的规则对各脉冲的宽度进行调制，既可改变逆变电路输出电压的大小，也可改变输出频率。

对于 PWM 控制来说，其关键的参数有两个：脉冲的频率和脉冲的宽度，在实际的 51 单片机应用系统中，通常可以使用定时器来实现对这两个参数的控制。

在呼吸灯实例中，修改 PWM 的输出波形，可以改变外加在 RCL 电路的电源时间长度和对 RCL 电路进行充电的频率，从而可以分别控制吸气和呼气的长度以及呼吸的频率。

1.2.7 51 单片机的软件开发环境使用

51 单片机的开发环境包括软件和硬件两个部分，其中软件开发环境主要是用于 51 单片机的代码编写、编译、调试和生成对应的可执行文件。德国 Keil 公司提供的 Keil μVision 是目前应用最为广泛的 51 单片机软件开发环境，本章将详细介绍如何在其中进行 51 单片机的软件开发。

1. Keil μVision 的应用基础

Keil μVision 运行在 Windows 操作系统上，其内部集成了 C51 编译器、集项目管理、编译工具、代码编写工具、代码调试以及完全仿真于一体，为开发者提供了一个简单易用的开发平台。

C51 编译器是将用户编写的 51 单片机 C 语言"翻译"为"机器语言（低级语言）"的程序，其主要工作流程如下：源代码（source code）→预处理器（preprocessor）→编译器（compiler）→汇编程序（assembler）→目标代码（object code）→链接器（linker）→可执行程序（executables）。

注意：Keil μVision 已经发布了多个版本号，目前最新的 Keil μVision 版本号是 V4.0，但是其各个版本号在基础使用方面差别不大，本书的所有应用实例都是基于 Keil μVision V3.30 的。

2. Keil μVision 的界面

Keil μVision 的界面窗口如图 1.5 所示，Keil μVision 提供了丰富的工具，常用命令都具有快捷工具栏，除了代码窗口外，软件还具有多种观察窗口，这些窗口使开发者在调试过程中能随时掌握代码所实现的功能。Keil μVision 的界面窗口提供了菜单命令栏、快捷工具栏等工具栏；项目管理窗口、代码窗口、目标文件窗口、存储器窗口、输出窗口、信息窗口等窗口和大量其他相关对话框，在 Keil μVision 支持打开多个项目文件进行同时编辑。

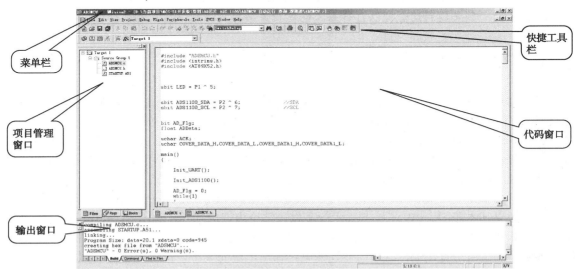

图 1.5 Keil μVision 的界面窗口

3．Keil μVision 的菜单

Keil μVision 的菜单包括 File、Edit、View、Project、Debug、Flash、Peripherals、Tools、SVCS、Windows 和 Help11 个选项，并提供了文本操作、项目管理、开发工具配置、仿真等功能。

（1）Keil μVision 的 File 菜单主要提供文件相关操作功能，如图 1.6 所示，其详细说明如下。

① New：新建一个文本文件，需要通过保存才能成为对应的.h 或.c 文件。

② Open：打开一个已存在的文件。

③ Close：关闭一个当前打开的文件。

④ Save：保存当前文件。

⑤ Save as：把当前文件另存为另外一个文件。

⑥ Save all：保存当前已打开的所有文件。

⑦ Device Database：打开元器件的数据库。

⑧ Print Setup:设置打印机。

⑨ Print：打印当前的文件。

⑩ Print Review：预览打印效果。

⑪ 1～9 +文件名称：打开最近使用的文件。

⑫ Exit：退出。

（2）Keil μVision 的 Edit 菜单主要提供文本编辑和相关操作功能，如图 1.7 所示，其中部分菜单内容被隐藏，其详细说明如下。

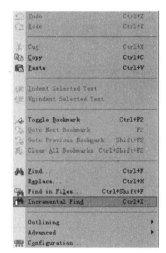

图 1.6　Keil μVision 的 File 菜单　　　　图 1.7　Keil μVision 的 Edit 菜单

① Undo：撤销上一次操作。

② Redo：恢复上一次的操作。

③ Cut：剪切选定的内容到剪贴板。

④ Copy：复制选定的内容到剪贴板。

⑤ Paste：把剪贴板中的内容粘贴到指定位置。

⑥ Indent Selected Text：把选定的内容向右缩进一个 Tab 键的距离。

⑦ Unindent Selected Text：把选定的内容向左缩进一个 Tab 键的距离。

⑧ Toggle Bookmark：在光标当前行设定书签标记。

⑨ Goto Next Bookmark：跳转到下一个书签标记处。

⑩ Goto Previous Bookmark：跳转到前一个书签标记处。

⑪ Clare All Bookmarks：清除所有的书签标记。

⑫ Find：在当前编辑的文件中查找特定的内容。

⑬ Replace：用当前内容替换特定的内容。

⑭ Find in Files：在几个文件中查找特定的内容。

⑮ Incremental Find：依次查找。

⑯ Outlining：用于对代码中的函数标记（大括号）进行配对。

⑰ Advanced：一些高级的操作命令，包括查找配对大括号等。

⑱ Configuration：对 Keil μVision 进行设置，弹出如图 1.8 所示的 Keil μVision 属性设置对话框。

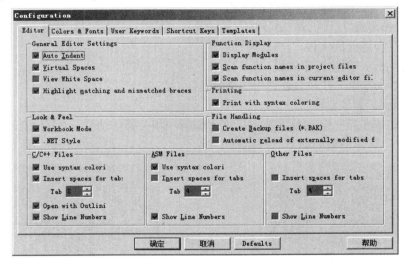

图 1.8　Keil μVision 属性设置对话框

Keil μVision 的文本操作快捷键，参见表 1.1。

表 1.1　Keil μVision 的文本操作快捷键

快　捷　键	功　能　描　述
Home	光标移动到当前行的起始处
End	光标移动到当前行的结束处
Ctrl+Home	光标移动到当前文件的开始处
Ctrl+End	光标移动到当前文件的结尾处
Ctrl+Left	光标移动到前一个词的开始处
Ctrl+Right	光标移动到后一个词的开始处
Ctrl+A	选定本文件的全部内容
F3	继续向后搜索下一个
Shift+F3	继续向前搜索下一个
Ctrl+F3	把光标处的词作为搜索关键词

（3）Keil µVision 的 View 菜单主要提供界面显示内容的设置相关操作功能，如图 1.9 所示，其详细说明如下。

① Status Bar：显示或隐藏状态栏。

② File Toolbar：显示或隐藏文件工具栏。

③ Build Toolbar：显示或隐藏编译工具栏。

④ Debug Toolbar：显示或隐藏调试工具栏。

⑤ Project Window：显示或隐藏项目窗口。

⑥ Output Window：显示或隐藏输出窗口。

⑦ Source Browser：打开源浏览器窗口。

⑧ Disassembly Window：显示或隐藏反汇编窗口。

⑨ Watch&Call Stack Window：显示或隐藏观察及调用堆栈窗口。

⑩ Memory Window：显示或隐藏存储器窗口。

⑪ Code Coverage Window：显示或隐藏代码覆盖窗口。

⑫ Performance Analyzer Window：显示或隐藏性能分析窗口。

⑬ Symbol Window：显示或隐藏符号窗口。

⑭ Serial Window #1：显示或隐藏串行数据窗口 1 号。

⑮ Serial Window #2：显示或隐藏串行数据窗口 2 号。

⑯ Serial Window #3：显示或隐藏串行数据窗口 3 号。

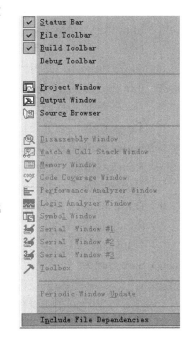

图 1.9　Keil µVision 的 View 菜单

⑰ Toolbox：显示或隐藏工具箱。

⑱ Periodic Window Update：程序运行时更新调试窗口。

⑲ Include File Dependencies：显示文件的相互依赖关系。

（4）Keil µVision 的 Project 菜单主要提供工程文件的配置管理，以及目标代码的生成管理相关操作功能，如图 1.10 所示，其详细说明如下。

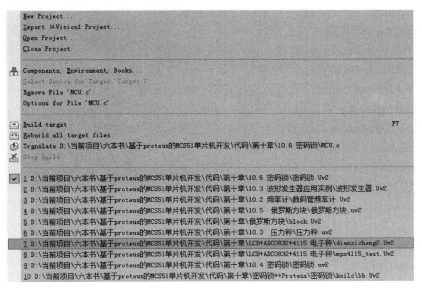

图 1.10　Keil µVision 的 Project 菜单

① New Project：建立一个新的工程文件。

② Import μVision1 Project：转换一个 μVision1 的工程文件。

③ Open Project：打开一个工程文件。

④ Close Project：关闭当前工程文件。

⑤ File Extensions，Books and Environment：设置各种文件类型的扩展名，在项目窗口中添加书籍，以及设置工作目录环境。

⑥ Targets, Groups, Files：管理项目中的目标、文件组及文件。

⑦ Select Device For Target：从设备数据库中选出一款 51 单片机作为目标器件。

⑧ Remove Item：从当前的工程文件中删除一个文件。

⑨ Options for Target：更改目标、文件组或者文件的工具选项。

⑩ Build Target：编译并且链接当前的工程文件。

⑪ Rebuild All Target Files：重新编译并且链接当前的工程文件。

⑫ Translate：只编译不链接当前工程文件。

⑬ Stop Build：停止当前的编译链接。

⑭ 1～9 + 项目名：打开最近使用过的 10 个项目。

（5）Keil μVision 的 Debug 菜单主要提供在软件和硬件仿真环境下的调试相关操作功能，如图 1.11 所示，其详细说明如下。

① Start/Stop Debug Session：开始或结束调试模式。

② Go：全速运行，如果有断点则停止。

③ Step：单步运行程序，包括子程序的内容。

④ Step Over：单步运行程序，遇到子程序则一步跳过。

⑤ Step Out of Current Function：在单步运行程序时，跳出当前所进入的子程序，进入该子程序的下一条语句。

⑥ Run to Cursor Line：运行至光标行。

⑦ Stop Running：停止运行。

⑧ Breakpoints：打开断点对话框。

⑨ Insert/Remove Breakpoint：在当前行设定或去除断点。

⑩ Enable/Disable Breakpoint：使能或去除当前行的断点。

⑪ Disable All Breakpoints：设定程序中所有的断点无效。

⑫ Kill All Breakpoints：去除程序中的所有断点。

⑬ Show Next Statement：显示下一个可以执行的语句。

⑭ Debug Setting：设置调试相关参数。

⑮ Enable/Disable Trace Recording：打开语句执行跟踪记录功能。

⑯ View Trace Records：查看已经执行过的语句。

⑰ Memory Map：打开内存对话框。

⑱ Performance Analyzer：打开性能分析的设置对话框。

⑲ Inline Assembly：停止当前编译的进程。

⑳ Function Editor（Open Ini File）：编辑调试程序和调试用 ini 文件。

注意：断点是 Keil μVision 提供的功能之一，可以让程序中断在需要的地方，从而方便其分

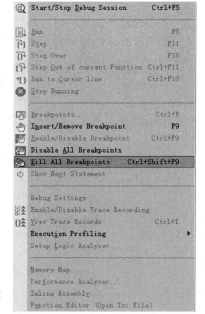

图 1.11　Keil μVision 的 Debug 菜单

析。也可以在一次调试中设置断点，下一次只需要让程序自动运行到设置断点的位置时中断下来，这样极大地方便了操作，同时也节省了时间。

（6）Keil μVision 的 Flash 菜单主要提供对 51 单片机的内部 Flash 进行在线下载和擦除等相关操作功能，如图 1.12 所示，其详细说明如下。

① Download：下载程序到 Flash 存储器中。

② Erase：擦除 Flash 存储器中的内容。

③ Configure Flash Tools：Flash 存储器的配置工具。

（7）Keil μVision 的 Peripherals 菜单主要用于在 Debug（调试）模式下打开其外围接口观察窗，如图 1.13 所示，其详细说明如下。

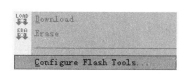

图 1.12　Keil μVision 的 Flash 菜单

图 1.13　Keil μVision 的 Peripherals 菜单

① Reset CPU：复位 51 单片机。

② Interrupt：打开中断观察窗。

③ I/O-Ports：打开 I/O 端口观察窗。

④ Serial：打开串行模块观察窗。

⑤ Timer：打开定时器/计数器观察窗。

在打开的各个观察窗中可以看到 51 单片机的对应状态，并且可进行相应的操作，图 1.14 是打开的中断观察窗。

注意：当工程文件选择的目标 51 单片机不同时，根据其实际内部硬件模块，出现在 Peripherals 菜单中的外围器件对话框也不同。

（8）Keil μVision 的 Tools 菜单主要应用于和第三方软件联合调试，如图 1.15 所示，其详细说明如下。

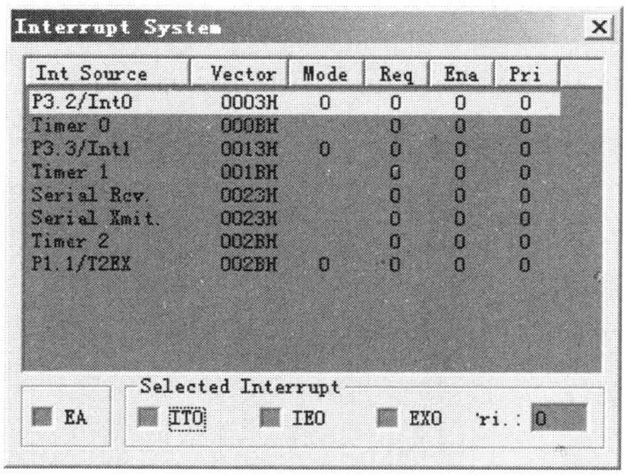

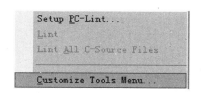

图 1.14　中断观察窗

图 1.15　Keil μVision 的 Tools 菜单

① Setup PC-Lint：从 Gimpel 软件中配置 PC-Lint。

② Lint：在当前编辑的文件中使用 PC.Lint。

③ Lint All C Source Files：在项目所包含的 C 文件中使用 PC.Lint。

④ Customize Tools Menu：在工具菜单中加入用户程序。

（9）Keil μVision 的 SVCS 菜单主要用于对工程项目进行版本控制，选择其中的"Configure Version Control"项，会弹出相应的配置对话框，如图 1.16 所示。

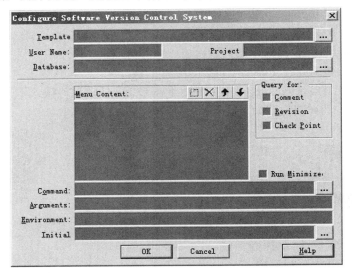

图 1.16　Keil μVision 的版本控制设置对话框

（10）Keil μVision 的 Windows 菜单主要用于提供窗口的视图管理，如图 1.17 所示，其详细说明如下。

① Cascade：使窗口交叠。

② Title Horizontally：横向平铺窗口。

③ Title Vertically：纵向平铺窗口。

④ Arrange Icons：在窗口底部排列图标。

⑤ Split：把当前窗口分割成 2～4 块。

⑥ Close All：关闭所有打开的窗口。

⑦ 1～9+窗口名：显示所选择的窗口。

（11）Keil μVision 的 Help 菜单主要用于给使用者提供包括库函数查询在内的帮助管理，如图 1.18 所示，其详细说明如下。

图 1.17　Keil μVision 的 Windows 菜单

图 1.18　Keil μVision 的 Help 菜单

① μVision Help：打开 Keil μVision 的帮助主题。

② Open Books Window：打开 Keil 提供的参考书籍窗口。

③ Simulated Peripherals for：为所选择的 51 单片机内部集成资源说明文档。

④ Internet Support Knowledgebase：网络支持库。

⑤ Contract Support：联系 Keil 公司技术支持。

⑥ Check for Update：查看版本更新。

⑦ Tip of the Day：每日提醒，会在软件启动时给出一些 Keil μVision 使用的基本知识。

⑧ About μVision：Keil μVision 的版本号。

4．Keil μVision 的库函数

库函数是指软件开发环境提供的一些可供用户调用的函数，这些函数一般被放在库里，源代码不可见，但是可通过头文件看到对外的接口。Keil 的库函数并不是 C51 语言本身的一部分，它是由 Keil 根据一般用户的需要编制并提供给用户使用的一组程序，这些库函数极大地方便了用户，同时也补充了 C51 语言本身的不足。在编写 C51 语言程序时，应当尽可能多地使用库函数，这样既可以提高程序的运行效率，又可以提高编程的质量。

C51 语言和标准 C 语言有很多共同的地方，其大部分库函数也和标准 C 语言兼容，但是其中部分函数为了能更好地发挥 MCS51 的结构特性做了少量的改动，主要是将函数的参数和返回值尽可能地使用体积最小的数据类型，如无符号数。

C51 语言有 6 种编译时间库，参见表 1.2，另外在 Keil μVision 的 LIB 目录下还有一些和硬件相关的低级输入/输出功能函数是以源文件形式提供的，可供用户根据自己的硬件环境修改这些文件替换函数库中对应的库函数，从而使得库函数能适应用户自己的硬件环境。

表 1.2　C51 语言的编译时间库

库　文　件	说　　　明
C51S.LIB	小模式，不支持浮点运算
C51FPS.LIB	小模式，支持浮点运算
C51C.LIB	紧凑模式，不支持浮点运算
C51FPC.LIB	紧凑模式，支持浮点运算
C51L.LIB	大模式，不支持浮点运算
C51FPL.LIB	大模式，支持浮点运算

5．Keil μVision 的使用

由于 Keil μVision 自带项目管理器，所以用户不需要在项目管理上花费过多的精力，只需要按照以下步骤操作即可建立一个属于自己的项目。

（1）启动 Keil μVision，建立工程文件并且选择器件。

（2）建立源文件、头文件等相应的文件。

（3）将工程需要的源文件、头文件、库文件等添加到工程中。

（4）修改启动代码并且设置工程相关选项。

（5）编译并且生成 HEX 文件或者 LIB 文件。

1.3　呼吸灯应用系统的硬件设计

呼吸灯应用系统的硬件设计重点是如何使用 RCL 电路对发光二极管进行驱动。

1.3.1 呼吸灯硬件系统的模块划分

呼吸灯的硬件模块是由 51 单片机、三极管开关电路、RCL 电路和发光二极管构成，如图 1.19 所示，其各个部分的详细说明如下。

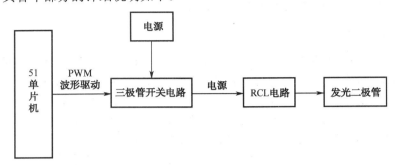

图 1.19 呼吸灯的硬件模块

（1）51 单片机：是呼吸灯系统的核心控制器。

（2）三极管开关电路：受到 51 单片机的 PWM 输出波形驱动，当输出为高电平时，三极管打开，电源给 RCL 电路充电；当输出为低电平时，三极管截止，电源从 RCL 电路上断开，RCL 电路开始放电。

（3）RCL 电路：利用充/放电原理将 51 单片机输出的数字信号转换为模拟信号后，用于对发光二极管进行控制。

（4）发光二极管：发光器件。

1.3.2 呼吸灯硬件系统的电路

呼吸灯硬件系统的电路如图 1.20 所示，图中 51 单片机使用 P2.0 引脚驱动了一个由 PNP 和 NPN 三极管构成的三极管开关电路（Q1 和 Q2）；一个 5V 的电源通过三极管开关电路给 L1、C4 和 R2 构成的 RCL 电路供电，在 R2 上串联了一个用于显示的发光二极管 D1。

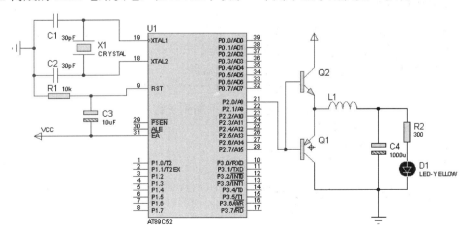

图 1.20 呼吸灯硬件系统的电路

呼吸灯硬件系统的电路中涉及的典型器件说明参见表1.3。

表 1.3　呼吸灯硬件系统的电路中涉及的典型器件说明

器 件 名 称	器 件 编 号	说 　 明
晶体振荡器	X1	51 单片机的振荡源
51 单片机	U1	51 单片机，系统的核心控制器件
电容	C1、C2、C3、C4	滤波、储能器件
电阻	R1、R2	限流、上拉
三极管	Q1、Q2	开关电路
电感	L1	构成 RCL 电路
发光二极管	D1	发光器件

1.3.3　硬件模块基础——发光二极管（LED）

发光二极管（LED）是构成呼吸灯的基础元件，也是最常见的 51 单片机人机交互通道器件，通常用于指示单片机系统的工作状态，有红、黄、绿等多种不同颜色以及不同的大小（直径），还有高亮等型号，它们主要的差别在于外形大小、发光功率和价格。

发光二极管 LED 和普通二极管一样，具有单向导电性，当加在发光二极管两端的电压超过 1.9V 时就会导通，当流过它的电流超过一定电流时（一般 2～3ms）则会发光。

51 单片机系统中发光二极管的典型应用电路可分为"灌电流"和"拉电流"两种，如图 1.21 所示。

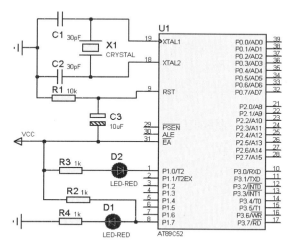

图 1.21　发光二极管的典型应用电路

在图 1.21 中，P1.0 引脚上的发光二极管 D2 驱动方式称为"灌电流"驱动方式，当 P1.0 输出高点平时，D2 两端无电压差，不发光；当 P1.0 输出低电平时，D2 两端有 5V 电压差，开始发光。P1.7 引脚上的发光二极管 D1 的驱动方式为"拉电流"驱动方式，当 P1.7 输出高电平时，D1 两端有 5V 的电压差，开始发光；当 P1.7 输出低电平时，5V 电压差将落在上拉电阻 R2 上，D1 两端无电压差，则不发光。R4 和 R3 都是限流电阻，当电阻值较小时，电流较大，发光二极管亮度较高，当该电阻值较大时，电流较小，发光二极管亮度较低。

1.3.4　硬件模块基础——三极管

在呼吸灯应用系统中，使用两个三极管构成了一个开关电路，用于控制电源对 RCL 电路的充电。三极管是一种用电流来控制电流的半导体器件，是 51 单片机系统中最常用的功率驱动器件，其作用是把微弱信号放大成辐值较大的电信号，也常常用作无触点开关（如用作多位数码管的选择控制器件）。

三极管可以按材料分为锗管和硅管，而每一种按照电流结构又有 NPN 和 PNP 两种形式，但使用最多的是硅 NPN 管和锗 PNP 管两种。

三极管有多种型号，但是都有三个引脚，分别为发射极（emitter/E）、基极（base/B）和集电极（collector/C），如图 1.22 所示。

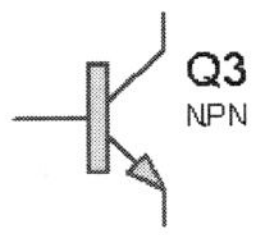

可以把三极管看作一个电子开关，其中基极是电子开关的控制端，当基极输出高电平时，三极管导通，在被控物体两端形成电压差；当控制端输出低电平时，三极和关断，被控物体两端的电压差消失。

图 1.22　三极管的引脚封装结构

注意：控制端上的电阻必须选取合适，因为较小的电流将不足以使三极管导通。

1.3.5　硬件模块基础——电阻、电容和电感

电阻、电容和电感是构成 RCL 电路的基础，同时也是 51 单片机中最常用的基础元器件。

1．电阻

电阻是用电阻材料制成的，有一定结构形式的，能在电路中起限制电流通过作用的两端电子元件，其中阻值不能改变的称为固定电阻器，而阻值可变的称为电位器或可变电阻器。

电阻可限制通过它所连支路的电流大小，例如，在图 1.21 中的 R2 就是用于限制发光二极管上的电流大小。

电阻的主要参数有标称阻值（简称阻值）、额定功率和允许偏差。

2．电容

电容是用于存储电荷能量的元件，其主要参数是工作电压和电容值的大小。

3．电感

电感是利用线圈通过电流后，在线圈中形成磁场感应，感应磁场又会产生感应电流来抵制通过线圈中的电流原理制成的器件，其包括自感和互感两种完全不同的效应。

（1）自感是指当线圈中有电流通过时，线圈的周围就会产生磁场，当线圈中电流发生变化时，其周围的磁场也产生相应的变化，此变化的磁场可使线圈自身产生感应电动势（感生电动势）的效应。

（2）互感是指当两个电感线圈相互靠近时，一个电感线圈的磁场变化将影响另一个电感线圈的效应，互感的大小取决于电感线圈的自感与两个电感线圈耦合的程度，利用此原理制成的

元件称为互感器。

电感主要参数是电感值的大小。

1.3.6　Proteus 硬件仿真环境的使用

Proteus 软件是英国 Labcenter Electronics 公司出品的 EDA 工具软件,它可对 51 单片机应用系统进行仿真,并且支持和 Keil μVision 进行联合调试,本章将介绍其基础使用方法,以及和 Keil μVision 的联合调试方法。

Proteus 是一个基于 ProSPICE 混合模型仿真器的、完整的嵌入式系统软/硬件设计仿真平台,它由 ISIS 和 ARES 两大应用功能软件组成,前者是一个原理图输入软件,用于电路原理设计和仿真,后者则用于 PCB 电路图布线。Proteus 可以实现从原理图设计、51 单片机编程、51 单片机应用系统仿真到应用系统 PCB 设计的流程化工作,其具体功能模块组成结构如图 1.23 所示。

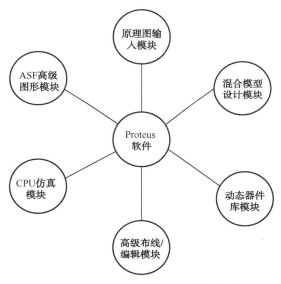

图 1.23　Proteus 的功能模块组成结构

1. Proteus 的界面

如图 1.24 所示为一个打开 Proteus ISIS 的工程文件后的运行界面,其由图纸预览窗口、图纸操作区域、当前项目器件库等窗口,以及标题栏、菜单栏、快捷工具栏、工具箱、仿真工具栏等组成。

Proteus ISIS 的运行界面可以分为图纸操作区域窗口、图纸预览窗口、当前项目器件库窗口三大窗口,每个窗口都有自己独特的作用,其详细说明如下。

(1) 图纸操作区域窗口 (Editing Window):图纸操作区域用于电路的设计和仿真操作,并且可以显示电路的仿真结果,包括了放置元器件,进行连线,绘制原理图,显示运行和仿真结果等功能,这是 Proteus ISIS 的主要操作和显示区域,在图 1.24 的"图纸操作区域"内可以看到一个完整的放大器电路。

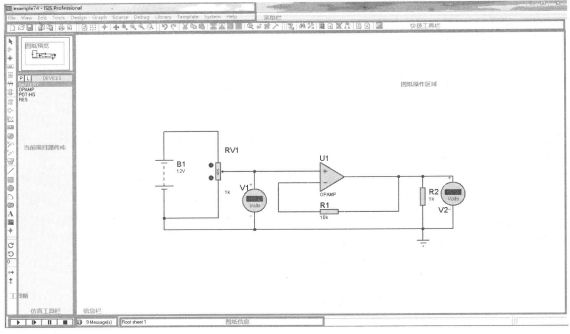

图 1.24　Proteus ISIS 的运行界面视图划分

（2）图纸预览窗口（Overview Window）：图纸预览窗口用于显示当前的图纸缩略布局或者正在操作的器件/部件相关情况。

（3）当前项目器件库窗口（Components Window）：当前项目器件库窗口用于在当前项目加载的各个器件的相关情况，包括器件名称、引脚分布等。

除了 3 个常用的窗口，Proteus ISIS 还有标题栏、菜单栏、快捷工具栏、工具箱、仿真工具栏等常用的辅助操作部件，其详细说明如下。

（1）标题栏：显示当前 Proteus ISIS 工程项目的名称，位于图 1.24 中的最上方部分。

（2）菜单栏：给 Proteus ISIS 软件用户提供相应的操作菜单，单击任何一个菜单栏后都会弹出子菜单栏。

（3）快捷工具栏：给 Proteus ISIS 软件用户提供相应的操作快捷按钮，单击后会启动对应的快捷操作，其是菜单栏功能对应的快捷方式。

（4）工具箱：给 Proteus ISIS 软件用户提供了诸如虚拟仪器、图形绘制等工具的启动操作，单击后则可以进入对应的工具模式，同时图纸预览窗口和当前项目器件库窗口会显示该工具对应的信息，如图 1.25 所示是虚拟仪器模式下对应的图纸预览窗口和当前项目器件库窗口。

（5）仿真工具栏：给 Proteus ISIS 软件用户提供了启动仿真、暂停仿真等操作的快捷按钮，四个按键从左到右分别对应启动、单步、暂停和停止，如图 1.26 所示，此外在不同的仿真下图纸信息栏也会显示对应的信息。

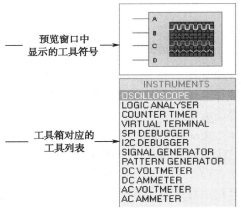

图 1.25　工具箱的虚拟仪器功能
激活后的对应窗口

图 1.26　仿真工具栏按钮和对应的信息

（6）信息栏：用于显示当前项目中的相应信息数，通常标志为绿色，如果有警告和错误该栏会变成黄色或者红色，点击信息栏会弹出详细的信息说明窗口，如图 1.27 所示即为一个弹出的详细信息说明窗口。

图 1.27　Proteus ISIS 的信息窗口

（7）图纸信息栏：用于显示当前图纸的相应信息，其会随着项目当前的不同状态显示不同的内容，无论在什么阶段，鼠标左键单击该信息栏会弹出图纸对应的硬件结构示意窗口。

2．Proteus 支持的文件格式

Proteus 支持以下文件格式。

（1）.DSN：Design Files，这是 Proteus ISIS 的设计文件。

（2）.DBK：Backup Files，这是 Proteus ISIS 的备份文件。

（3）.SEC：Section Files，这是 Proteus ISIS 的部分电路存盘文件。

（4）.MOD：Module Files，这是 Proteus ISIS 的器件仿真模式文件。

（5）.LIB：Library Files，这是 Proteus ISIS 的器件库文件。

（6）.SDF：Netlist Flies，这是 Proteus ISIS 的网络列表文件。

3．Proteus 的菜单栏、快捷工具栏和工具箱

如图 1.28 所示为 Proteus 的菜单栏示意，它有文件、视图、编辑、工具、设计、图形、源设置、调试、库元件、模板、系统设置和帮助 12 个菜单栏。

File	View	Edit	Tools	Design	Graph	Source	Debug	Library	Template	System	Help
文件菜单	视图菜单	编辑菜单	工具菜单	设计菜单	图形菜单	源设置菜单	调试菜单	库元件菜单	模板菜单	系统设置菜单	帮助菜单

图 1.28　Proteus 的菜单栏

Proteus ISIS 的快捷工具可分为菜单栏下方的快捷工具栏和左侧的工具箱两部分（见图 1.24），其为用户提供了一个快速操作的通道。

Proteus 的快捷工具栏位于菜单栏的下方，主要为用户提供文件（File Toolbar）、视图（View Toolbar）、编辑（Edit ToolBar）和设计（Design ToolBar）相关的快捷方式，关闭或者打开全部或者部分。

Proteus 的工具箱位于界面的左侧，提供了一些用于图形设计的命令和一些快捷工具箱的命令。

4．Proteus 的使用

Proteus ISIS 原理图设计的完整流程包括新建设计文档、设置编辑环境、放置元器件等 8 个步骤，如图 1.29 所示，其详细说明如下。

（1）新建设计文档。在进入原理图设计之前，首先要构思好原理图，即必须知道所设计的项目需要哪些电路来完成，用何种模板；然后在 Proteus ISIS 编辑环境中画出电路原理图。

（2）设置工作环境。根据实际电路的复杂程度来设置图纸的大小等。在电路图设计的整个过程中，图纸的大小可以不断地进行调整，设置大小合适的图纸是完成原理图设计的第一步。

（3）放置元器件。首先从添加元器件对话框中选取需要添加的元器件，将其布置到图纸的合适位置，并对元器件的名称、标注进行设定；然后根据元器件之间的走线等联系对元器件在工作平面上的位置进行调整和修改，使得原理图美观、易懂。

（4）原理图布线。根据实际电路的需要，利用 Proteus ISIS 编辑环境所提供的各种工具、命令进行布线，将工作平面上的元器件用导线连接起来，构成一幅完整的电路原理图。

（5）建立网络表。在完成上述步骤之后，即可看到一张完整的电路图，但要完成印制电路板的设计，还需要生成一个网络表文件。网络表是印制电路板与电路原理图之间的纽带。

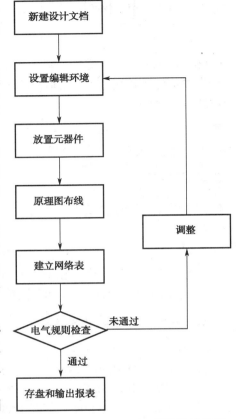

图 1.29　Proteus ISIS 原理图的设计流程

（6）电气规则检查。当完成原理图布线后，利用 Proteus ISIS 编辑环境所提供的电气规则检查命令对设计进行检查，并根据系统提示的错误检查报告修改原理图。

（7）调整。如果原理图已通过电气规则检查，那么原理图的设计就完成了，但是对于一般电路设计而言，尤其是较大的项目，通常需要对电路进行多次修改才能通过电气规则检查。

（8）存盘和输出报表。Proteus ISIS 提供了多种报表输出格式，同时可以对设计好的原理图和报表进行存盘和输出打印。

1.4　呼吸灯应用系统软件设计

呼吸灯的软件是系统设计的重点，其主要功能是要输出合适的 PWM 波形来驱动三极管开关以使得 RCL 电路上获得适当的电源，而输出 PWM 波形的重点是对于 51 单片机的定时器/计数器的控制。

1.4.1　呼吸灯应用系统的软件流程

呼吸灯需要输出的 PWM 波形应该是一个脉冲宽度逐步增加，然后，再逐步减小的脉冲序列，可以使用定时器/计数器来控制完成，其应用系统的软件流程如图 1.30 所示。

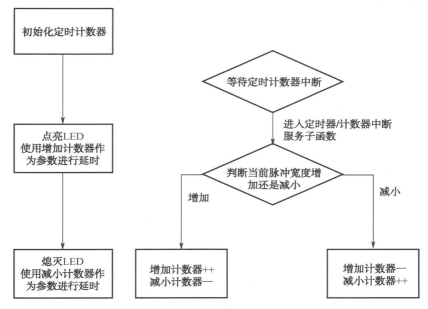

图 1.30　呼吸灯应用系统的软件流程

1.4.2　呼吸灯应用系统软件的应用代码

呼吸灯应用系统软件的应用代码如例 1.1 所示。

应用代码定义了一个标志位 bit ArrowFlg，使用其来判别计数方向，当到达输出波形的最大宽度或者最小宽度时，修改这个标志位，然后在进行相应的计数之前，对该标志位进行判断，以决定增加计数器 upCounter 和减小计数器 downCounter 的计数方向。

【例 1.1】　呼吸灯应用系统软件的应用代码。

```
#include <AT89X52.h>
#define MAX 0x50                          //定时上限定义
#define MIN 0x00                          //定时下限定义
#define TIMELINE 11                       //时间分频常数
#define TRUE    1
#define FALSE 0                           //标志位常数
unsigned int TimeCounter;
bit ArrowFlg = 0;                         //方向标志位
unsigned char upCounter,downCounter;      //增加计数器和减少计数器
sbit LED=P2^0;
//T0 的中断服务子函数
```

```
void T0Deal() interrupt 1 using 0
{
TH0=0xf1;
TL0=0xf1;
TR0=1;
TimeCounter++;                                      //定时器/计数器增加
if(TimeCounter == TIMELINE)
{
    if((upCounter == MAX)&&(downCounter == MIN))    //计数方向标志位切换
    {
      ArrowFlg = FALSE;
    }
    if((upCounter == MIN)&&(downCounter == MAX))
    {
      ArrowFlg= TRUE;
    }
    if(ArrowFlg == 1)                               //如果是增加计数
    {
      upCounter++;
      downCounter--;
    }
    else                                            //如果是减少计数
    {
      upCounter--;
      downCounter++;
    }
      TimeCounter=0;
  }
}
//延时函数
void Delay(unsigned int i)
{
unsigned int j;
while(i--)
{
    for(j=0;j<32;j++);                              //延时
  }
}
void main()
{
upCounter = MIN;
downCounter = MAX;                                  //计数器初始化
TMOD = 0x01;                                        //设置定时器工作方式
TH0 = 0xF0;
TL0 = 0xF0 ;                                        //T0 初始化值
EA = 1;
ET0 = 1;                                            //打开 T0 中断
```

```
        TR0 = 1;                          //启动 T0
        while(1)
        {
            LED=0;                        //输出变化的 PWM 波形
            Delay(downCounter);
            LED=1;
            Delay(upCounter);
        }
    }
```

1.5　呼吸灯应用系统的仿真与总结

在 Proteus 中绘制如图 1.20 的电路，其中所涉及的典型器件参见表 1.4。

表 1.4　Proteus 电路器件列表

器 件 名 称	库	子 库	说　明
AT89C52	Microprocessor ICs	8051 Family	51 单片机
RES	Resistors	Generic	通用电阻
CAP	Capacitors	Generic	电容
CAP-ELEC	Capacitors	Generic	极性电容
CRYSTAL	Miscellaneous	—	晶体振荡器
LED-YELLOW	Optoelectronics	LEDs	发光二极管（黄色）
2N3904	Transistors	Bipolar	三极管
2N3906	Transistors	Bipolar	三极管
B82432C1564K000	Inductors	SMT Inductors	电感
AX1000U16V	Capacitors	—	电容

1．使用 Proteus 和 Keil μVision 对 51 单片机进行仿真

使用 Proteus 和 Keil μVision 对 51 单片机进行仿真的流程如下。

（1）新建一个 Proteus ISIS 电路图文件，并绘制对应的电路。

（2）在 Keil μVision 中新建一个新的工程文件，输入对应的 C 语言代码，并且编译生成对应的.hex 文件。

（3）双击 Proteus 电路中的 AT89C52，弹出如图 1.31 所示的属性设置对话框，在 Program File 中选择上一步中生成的.hex 文件。

（4）单击运行。

在 51 单片机应用系统的开发过程中，如果希望对 51 单片机的运行情况进行进一步的调试（例如跟踪某个变量，某个寄存器的内容），此时可以在 Keil μVision 中启动 Proteus 进行调试，其详细操作步骤如下。

（1）检查计算机的 TCP/IP 协议是否正常安装（通常来说是没有问题的）。

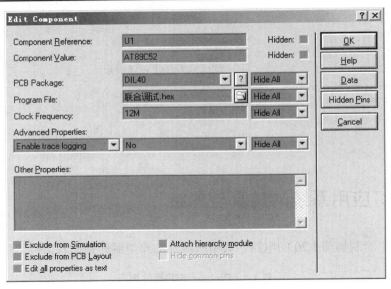

图 1.31　AT89C52 单片机的属性设置

（2）将 Proteus 安装目录 MODELS 文件夹里的 VDM51.dll 文件复制到 Keil μVision 的安装目录的 keilc/C51/bin 目录下，如图 1.32 所示。

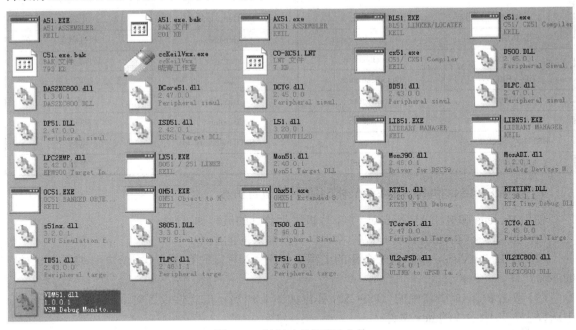

图 1.32　复制对应的驱动文件

注意： 新版本的 Proteus 的安装目录下可能没有提供 VDM51.dll 文件，此时可以从官方网站上自行下载。

（3）打开 Keil μVision 安装目录下的 Tools.ini 配置文件，查找"TDRV"字符串，在最后一行下添加 TDRV+编号=BIN\VDM51.DLL 字符串（"Proteus Emulator"），如图 1.33 所示。

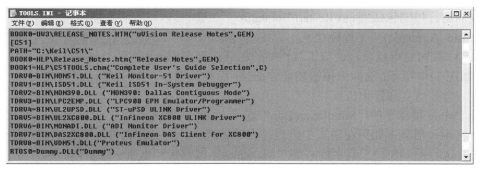

图 1.33　修改 Keil μVision 的配置文件

注意：TDRV 用于标注 Keil μVision 下的仿真器类型，TDRV 后的数字标号由 Keil μVision 下安装了多少个仿真器决定；等号后面的字符串用于指定对应的驱动文件 VDM51.DLL 的路径；括号里的字符串是对应的 Proteus ISIS 仿真器名称，这个可以由用户自行设置。

（4）选中 Proteus ISIS 的 Debug 菜单下的"Use Remote Debug Monitor"选项，允许使用外部的仿真器，如图 1.34 所示。

（5）在 Keil μVision 的 Project/Options for Target1 的 Debug 菜单中选择"Use Proteus Emulator"选项，如图 1.35 所示。

此时在 Keil μVision 下启动 Debug 或者在 Proteus 中启动仿真，可以调用相应的 Debug 工具，而这些工具的快捷菜单位于 Proteus 的 Debug 菜单项下，如图 1.36 所示。

注意：相应的一些仿真菜单只会在启动仿真之后才会出现。

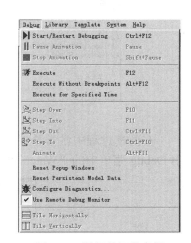

图 1.34　设置外部仿真器

图 1.35　在 Keil μVision 中选择仿真器

图 1.36　Proteus ISIS 的 Debug 菜单

仿真的运行控制包括"Start/Restart Debugging"（启动仿真）、"Pause Animation"（暂停仿真）、"Stop Animation"（停止仿真），同时也可以使用快捷工具栏中的相应按键来控制仿真，如图 1.37 所示，这四个按钮功能分别是：启动仿真、单步运行、暂停仿真和停止仿真。

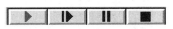

图 1.37　快捷工具栏中的仿真
运行控制

选择 Debug 菜单下的"Simulation Log"选项，会弹出如图 1.38 的记录窗体，其中记录了仿真中的一些相关信息，如果在仿真中出现错误或者警告，也会在其中体现出来。用户也可以通过单击仿真运行控制快捷工具栏的右侧"Messages"按钮来调出该记录窗体。

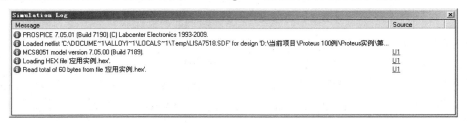

图 1.38　仿真的记录窗体

在仿真过程中常常希望观察单片机中的某些寄存器或者相应端口的运行情况，此时可以使用 Debug 菜单中的"Watch Window"选项，调出仿真观察窗体如图 1.39 所示。

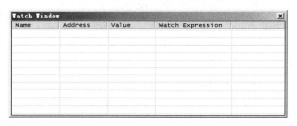

图 1.39　仿真的观察窗体

在观察窗体上单击鼠标右键，会出现相应的操作菜单，如图 1.40 所示，其中各个选项说明如下。

（1）Add Items（By Name）：按照名称添加观察对象，如图 1.41 所示，这些观察对象均为 51 单片机的内部寄存器，双击列表中对应的寄存器名称即可把需要观察的寄存器添加到观察窗体中。

图 1.40　右键操作菜单

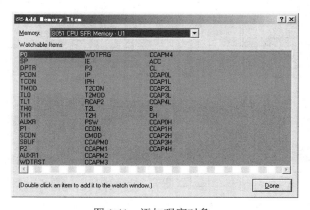

图 1.41　添加观察对象

（2）Add Items（By Address）：按照地址添加观察对象，如图 1.42 所示，用户可以在对话框中直接输入待观察的对象地址即可把需要观察的对象添加到观察窗体中。

添加了观察对象的观察窗体如图 1.43 所示，添加了 51 单片机的 I/O 寄存器 P2 和一个内部地址 0x54。

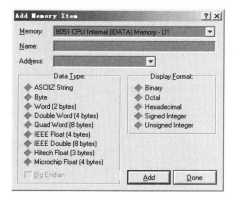

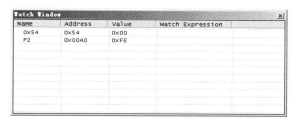

图 1.42　添加观察对象　　　　　　　　　　图 1.43　添加了观察对象的观察窗体

可以在观察窗体的"Value"列中看到观察项的当前值。

（3）Watchpoint Condition：断点条件设置，在图 1.44 对话框中设置仿真进入断点的条件，在后面两个选项中可以设置与观察项有关的条件表达式，例如可以设置当内存地址单元 0x54 内的值大于 0x34 时进入断点。

注意： 断点是调试器的功能之一，可以让程序中断在需要的地方，从而方便分析，也可以在一次调试中设置断点，下一次只需让程序自动运行到设置断点位置，便可在上次设置断点的位置中断下来，极大地方便了操作，同时节省了时间。

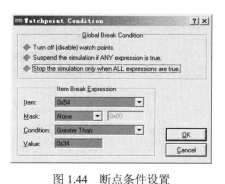

（4）Select All：选择所有观察项。

（5）Rename Item：修改观察项的名称。

（6）Copy to Clipboard：复制到粘贴板。

图 1.44　断点条件设置

（7）Delete Item：删除观察项。

（8）Find Item：查找观察项。

（9）Data Type：设置观察项的数据类型，包括字节类型、字类型、双字节类型和浮点类型等，如图 1.45 所示。

（10）Display Format：设置观察项的数据格式，包括二进制、十进制、十六进制等，如图 1.46 所示。

图 1.45　观察项的数据类型　　　　　　　　图 1.46　观察项的数据格式

（11）Show Addresses：显示地址栏。

（12）Show Types：显示数据类型栏。

（13）Show Previous Value：显示以前的观察项数值。

（14）Show Watch Expressions：显示断点表达式。

（15）Show Gridlines：显示分栏网格。

（16）Minimum：最小化，将观察窗体尽可能的变小。

（17）Set Font：设置观察窗体的字体。

（18）Set Colours：设置观察窗体的颜色。

（19）一个"完整的"观察窗体如图 1.47 所示，添加了尽可能多的列。

图 1.47　"完整的"观察窗体

在 Debug 菜单项中可以选择观察 51 单片机 CPU 内部的数据，包括寄存器空间（Registers）、特殊寄存器空间（SFR Memory）和内部数据空间（Internal（IDATA）Memory），如图 1.48 所示。

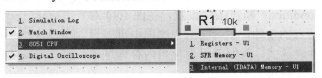

图 1.48　51 单片机的内部资源观察

图 1.49 是 51 单片机的 Registers 观察窗体，包括内部的常用寄存器数值，它会随着仿真的运行发生相应的改变，同时该显示窗口还会显示出当前正在执行的指令，如图中的"SJMP 0033"。

图 1.50 是 51 单片机的 SFR 特殊功能寄存器观察窗体，它也会随着仿真的运行反映出变化。

图 1.51 是 51 单片机的内部数据存储器（IDATA）的观察窗体，它同样会随着仿真的运行反映出变化。

图 1.49　51 单片机的 Registers 观察窗体

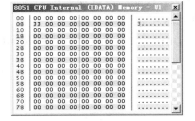

图 1.50　SFR 特殊功能寄存器观察窗体　　图 1.51　内部数据寄存器（IDATA）的观察窗体

2. Proteus 中的虚拟示波器

虚拟示波器（OSCILLOSCOPE）是用来观察当前电路某个点的波形变化的仪器，是 Proteus

仿真中最常用的虚拟仪器。

　　在 Proteus 中单击工具箱中的"⚉"按钮图标，此时当前窗口会出现包括虚拟示波器的所有虚拟仪器的列表，在该列表中选择虚拟示波器后，接着在电路图中单击则可放置虚拟示波器，如图 1.52 所示。

　　在仿真运行下，单击 Debug 菜单下的"Digital Oscilloscope"选项可以打开虚拟示波器的窗体，其可以分为波形输出区域、触发（Trigger）设置区域、水平（Horizontal）设置区域和通道（通道 A～通道 D）设置区域，如图 1.53 所示。

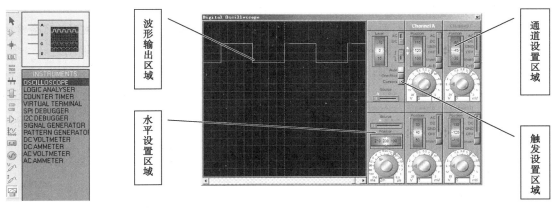

图 1.52　虚拟仪器列表　　　　　　　　图 1.53　虚拟示波器的窗体

　　（1）波形输出区域用于显示待输出波形，可以显示单通道到最多四个通道的输出波形。

　　（2）触发设置区域的相关按键、波轮和开关等用于设置所有通道信号的触发方式，其包括水平参考线位置设置（Level）、触发信号交/直流设置（AC/DC）、触发方式设置、光标设置（Cursors）和触发源设置。

　　① 水平参考线位置设置：用于设置当前水平参考线的位置，通过拖动波轮可以使其在−210～210 之间移动，同时波形输出区域的水平参考线将上下移动。

　　② 触发信号交/直流设置：用于设置待监视信号是交流还是直流信号，有"AC"和"DC"两个开关选项，AC∫
DC。

　　③ 触发方式设置：当设置为"Auto"时，随着输入信号的刷新，虚拟示波器的输出波形会自动跟随刷新；当设置为"One-Shot"时则只捕捉一帧波形，然后保持。

　　④ 光标设置：当该按钮被按下时，会在虚拟示波器的波形输出区域跟随鼠标状态放置一些参考线显示对应点的电压、时间信息等，并且可以拖动。

　　⑤ 触发源设置：将虚拟示波器的触发源分别设置为通道 A～通道 D，在完成设置之后水平参考线会出现在当前选择通道上。

　　（3）水平设置区域的相关按键、波轮和开关等用于设置所有通道信号输出的水平显示参数，包括参考源（Source）设置、位置设置（Position）和显示时间刻度设置。

　　① 参考源设置：用于设置在显示区域中显示波形的相对参考位置，包括水平、A、B、C、D5 个不同选项，通常来说选择水平即可，Source。

　　② 位置设置：用于控制显示波形左右移动。

　　③ 显示时间刻度设置：用于调整波形输出区域一个刻度所代表的时间长度，取值范围为 0.5μs～200ms，下方的大箭头用于整刻度调整，上面的小箭头用于较小刻度的调整。

（4）通道设置区域用于设置各个通道的相关参数，分为通道 A～通道 D，通道 A～通道 D 的设置区域是完全相同的，包括位置设置（Position）、触发设置、特殊功能开关和电压刻度设置。

① 位置设置：用于设置该通道在波形输出显示区域的位置，该波轮和水平参考线位置设置波轮使用方法类似，通过调节该波轮可以使对应的输出信号（A～D）在显示输出区域中移动。

② 触发设置：单独设置该通道的触发信号，包括交流（AC）、直流（DC）、地（GND）和关闭（OFF）。

③ 特殊功能开关：包括翻转（Invert）和重叠，前者将对应的波形翻转，后者将两个波形重叠，只有通道 A 和通道 C 具有该开关，分别对应"A+B"和"C+D"。

注意：在使用"A+B"或者"C+D"功能时，对应的通道 B 或者通道 D 的波形就不会输出了。

④ 电压刻度设置：和显示时间刻度设置类似，该波轮用于修改调整波形输出区域一个刻度所代表的电压宽度，取值范围为 20V～2mV，同样是大、小箭头配合使用。

3. 呼吸灯的仿真

在增加两个电压探针和一个虚拟示波器后，单击运行，可以看到发光二极管以"呼吸"效果点亮和熄灭，同时在电压探针上可以看到对应的电压变化，如图 1.54 所示。

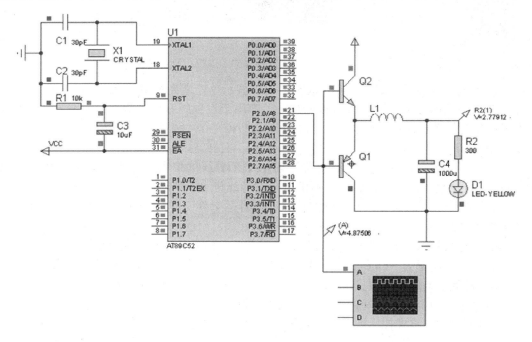

图 1.54　呼吸灯的 Proteus 仿真

调节示波器，可以看到 51 单片机 P2.0 引脚输出的波形，如图 1.55 所示，这是一个高电平宽度连续变化的波形。

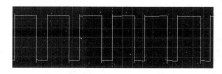

图 1.55　呼吸灯系统的 PWM 驱动波形

可以使用基于图表的仿真方式得到系统中 RCL 电路的响应曲线，如图 1.56 所示，从中可看到发光二极管上的电流变化情况与呼吸灯效果正好吻合。

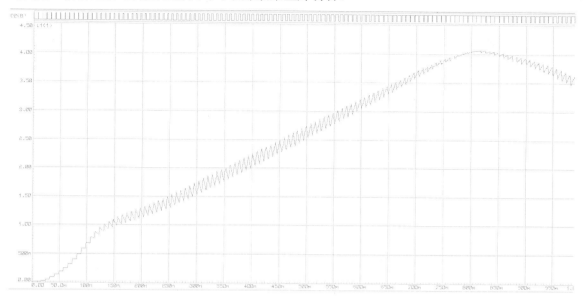

图 1.56　呼吸灯的 RCL 电路响应曲线

总结： 在实际应用中，可以通过两种方式来调整呼吸灯的效果变化，第一种是修改 51 单片机输出的 PWM 驱动波形，另外一种是修改 RCL 电路中电阻、电容和电阻的大小，通常来说，前一种方式更方便一些，所以其应用更加广泛。具体到本实例中，只需要修改应用代码中的 MAX 和 MIN 这两个宏定义对应的数值即可。

第2章　跑步机启/停和速度控制模块

跑步机是目前最常见的运动器械之一，而跑步机启/停和速度控制模块则是对跑步机的工作状态进行控制的模块，给使用跑步机的用户提供一个相应的控制输入通道。

本章应用实例涉及的知识如下：

➢ 长按键和短按键检测原理；

➢ 独立按键应用原理；

➢ 数码管应用原理。

2.1　跑步机启/停和速度控制模块的背景介绍

跑步机是通过电动机带动跑带使人以不同的速度被动地跑步或走动，由于被动地形成跑和走，从动作外形上看，几乎与普通在地面上跑或走一样，但从人体用力上看，在电动跑步机上跑或走比普通在地面上跑或走省去了一个蹬伸动作。正是这一点使每一个在电动跑步机上走或跑的人感到十分轻松自如，可使人比普通在地面上跑步多跑 1/3 左右的路程，能量消耗也比普通在地面上走或跑得多。另外，由于电动跑步机上的电子辅助装备功能非常多，可体验不同的跑步环境，如平地跑、上坡跑、丘陵跑、变速跑等。

跑步机启/停和速度控制模块需要实现以下的功能。

（1）启动：启动跑步机，开始跑步。

（2）暂停：在跑步过程中暂停跑步机，以便用户进行一些其他操作，如喝水、休息等。

（3）继续：从暂停状态启动，继续跑步的过程。

（4）复位：复位当前的跑步机记录。

（5）速度增加：增加跑步机的速度，开始增加的比较慢，然后快速上升。

（6）速度减慢：减小跑步机的速度，开始减少的比较慢，然后快速下降。

2.2　跑步机启/停和速度控制模块的设计思路

2.2.1　跑步机启/停和速度控制系统的工作流程

跑步机启/停和速度控制系统的工作流程如图 2.1 所示，需要注意的是这个模块也仅仅对用户的输入以及对用户作出反馈，并不涉及对电动机等控制。

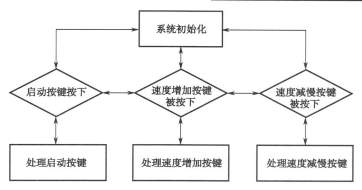

图 2.1　跑步机启/停和速度控制模块的工作流程

2.2.2　跑步机启/停和速度控制系统的需求分析与设计

设计跑步机启/停和速度控制模块，需要考虑以下几个方面：

（1）需要一个提供用户输入的通道，以供选择当前的跑步机状态；

（2）需要一个数字显示通道，用于显示当前的跑步机速度及跑步机工作状态；

（3）需要一个良好的算法来区分长时间按键和短时间按键；

（4）需要设计合适的单片机软件。

2.2.3　长按键和短按键检测原理

在 51 单片机应用系统中，要区别一个按键是被长时间按下还是被短时间按下，有两种检测原理。

（1）使用一个硬件定时器，在第一次检测到按键被按下时去启动这个定时器，当定时器计数溢出之后去检查按键的状态，如果此时按键还处于被按下的状态，则表明按键被长时间按下，需要注意的是在启动定时器之前首先要判断按键是否已经松开，这种检测原理的关键是选择一个合适定时器溢出时间间隔。该检测原理的缺点是要占用一个硬件定时器资源，而优点是可以在其间进行其他操作。

（2）使用一个软件定时器，在第一次检测到按键被按下时将这个软件定时器的计数值增加，在多次检查到这个计数值的状态之后判断按键是否仍然被按下，如果还是被按下，则判断按键为长时间被按下，否则为短时间被按下。该检测原理的关键是选择一个合适的定时器延时时长。该检测原理的缺点是在进行按键定时不能进行其他操作，而优点是不占用硬件定时器。

2.3　跑步机启/停和速度控制模块的硬件设计

2.3.1　跑步机启/停和速度控制硬件系统的模块划分

跑步机启/停和速度控制模块的硬件划分如图 2.2 所示，由 51 单片机、按键输入模块和显示模块组成，其各个部分详细说明如下。

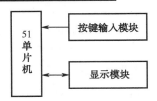

图 2.2　跑步机启/停和速度控制模块的硬件模块

（1）51 单片机：跑步机启/停和速度控制模块系统的核心控制器。

（2）按键输入模块：提供用户的输入通道。

（3）显示模块：显示跑步机当前的工作状态，包括速度和启/停等。

2.3.2　跑步机启/停和速度控制模块的电路

跑步机启/停和速度控制模块的电路如图 2.3 所示，51 单片机使用 P1.0 扩展了一个独立按键 K1 作为跑步机的启动、停止和暂停控制，使用 P1.4 和 P1.7 引脚扩展了 K1 和 K2 用作速度增加和速度减小的控制；使用 P2 和 P0 引脚分别扩展了两位独立数码管用作速度显示模块，使用 P3.0 和 P3.7 扩展两个发光二极管作为工作状态指示。

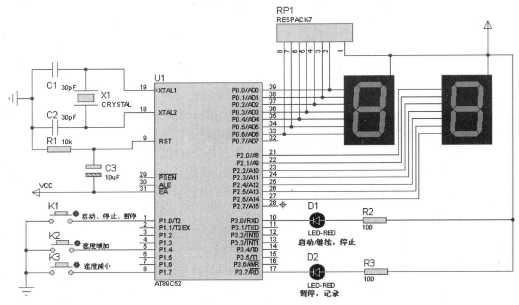

图 2.3　跑步机启/停和速度控制模块的电路

跑步机启/停和速度控制模块涉及的典型器件说明参见表 2.1。

表 2.1　跑步机启/停和速度控制模块涉及的典型器件说明

器 件 名 称	器 件 编 号	说　　　　明
晶体	X1	51 单片机的振荡源
51 单片机	U1	51 单片机，系统的核心控制器件

器 件 名 称	器 件 编 号	说　明
电容	C1、C2、C3	滤波、储能器件
电阻	R1	上拉
单电阻排	RP1	上拉电阻
独立按键	K1～K3	输入模块
发光二极管	D1、D2	工作状态指示
数码管	—	显示当前跑步机的跑步速度

2.3.3　硬件模块基础——独立按键

独立按键是 51 单片机应用系统中最常用的人机交互通道器件之一，通常用于给用户提供向 51 单片机输入信息的通道。

独立按键的工作基本原理是被按下时按键接通两个点，放开时则断开这两个点。按照结构可以把按键分为两类：触点式开关按键，如机械式开关、导电橡胶式开关等；无触点开关按键，如电气式按键、磁感应按键等。

51 单片机应用系统中典型的独立按键应用电路如图 2.4 所示，按键的一端连接到电源地，而另外一端通过一个电阻连接到电源正电压端，同时还连接到单片机的 I/O 引脚上。当按键没有被按下的时候，单片机的 I/O 引脚通过电阻连接到 VCC 上，I/O 引脚上被加上了一个高电平；当按键被按下的时候，单片机的 I/O 引脚直接连接到电源地，被加上低电平。

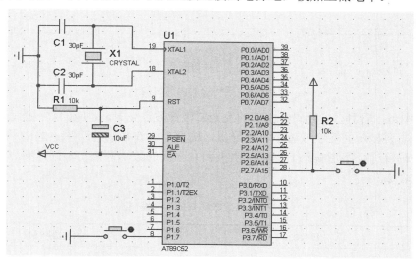

图 2.4　51 单片机应用系统中典型的独立按键应用电路

注意：图中 P1.7 引脚上没有加上拉电阻，因为 51 单片机的 P2.7 引脚内置一个上拉电阻，而 P2 引脚内部不带上拉电阻的必须外加电阻且该电阻不能太小，以防止电流过大烧毁单片机 I/O 引脚，通常以 10kΩ 左右为宜。

2.3.4　硬件模块基础——数码管

数码管是一种由多个发光二极管组成的半导体发光器件，常见的数码管可以按照显示的段数分为 7 段数码管、8 段数码管和异形数码管；按能显示多少个字符/数字可以分为一位、两位等 "X" 位数码管；按照数码管中各个发光二极管的连接方式可以分为共阴极数码管和共阳极数码管。

数码管本质是组合在一起的 8 个发光二极管，通过点亮不同的发光二极管组合可用来显示数字 0~9、字符 A、F、H、L、P、R、U、Y，以及符号 "–" 和小数点 "."。图 2.5 是数码管的引脚定义和内部等效发光二极管结构示意，可以看到共阴极数码管和共阳极数码管的内部连接方式是不同的。

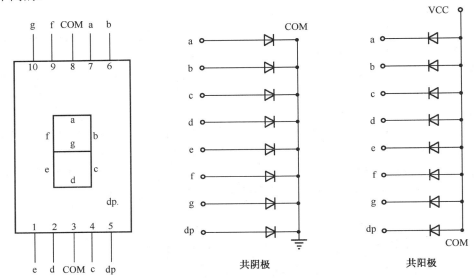

图 2.5　数码管的内部结构

从图 2.5 中可以看到，当数码管内部的发光二极管被点亮时，对应的数码管段发光，所以可以根据数码管需要显示的数字或者字符推导出，需要外加在数码管引脚上的电平组合，这个过程被称为对数码管进行字形编码。由于共阴极和共阳极的数码管结构不同，所以其对应的编码也不同，参见表 2.2。

表 2.2　八段数码管的字形编码

显示字符	共阳极数码管									共阴极数码管								
	dp	g	f	e	d	c	b	a	代码	dp	g	f	e	d	c	b	a	代码
0	1	1	0	0	0	0	0	0	C0H	0	0	1	1	1	1	1	1	3FH
1	1	1	1	1	1	0	0	1	F9H	0	0	0	0	0	1	1	0	06H
2	1	0	1	0	0	1	0	0	A4H	0	1	0	1	1	0	1	1	5BH
3	1	0	1	1	0	0	0	0	B0H	0	1	0	0	1	1	1	1	4FH

续表

显示字符	共阳极数码管									共阴极数码管								
	dp	g	f	e	d	c	b	a	代码	dp	g	f	e	d	c	b	a	代码
4	1	0	0	1	1	0	0	1	99H	0	1	1	0	0	1	1	0	66H
5	1	0	0	1	0	0	1	0	92H	0	1	1	0	1	1	0	1	6DH
6	1	0	0	0	0	0	1	0	82H	0	1	1	1	1	1	0	1	7DH
7	1	1	1	1	1	0	0	0	F8H	0	0	0	0	0	1	1	1	07H
8	1	0	0	0	0	0	0	0	80H	0	1	1	1	1	1	1	1	7FH
9	1	0	0	1	0	0	0	0	90H	0	1	1	0	1	1	1	1	6FH
A	1	0	0	0	1	0	0	0	88H	0	1	1	1	0	1	1	1	77H
B	1	0	0	0	0	0	1	1	83H	0	1	1	1	1	1	0	0	7CH
C	1	1	0	0	0	1	1	0	C6H	0	0	1	1	1	0	0	1	39H
D	1	0	1	0	0	0	0	1	A1H	0	1	0	1	1	1	1	0	5EH
E	1	0	0	0	0	1	1	0	86H	0	1	1	1	1	0	0	1	79H
F	1	0	0	0	1	1	1	0	8EH	0	1	1	1	0	0	0	1	71H
H	1	0	0	0	1	0	0	1	89H	0	1	1	1	0	1	1	0	76H
L	1	1	0	0	0	1	1	1	C7H	0	0	1	1	1	0	0	0	38H
P	1	0	0	0	1	1	0	0	8CH	0	1	1	1	0	0	1	1	73H
R	1	1	0	0	1	1	1	0	CEH	0	0	1	1	0	0	0	1	31H
U	1	1	0	0	0	0	0	1	C1H	0	0	1	1	1	1	1	0	3EH
Y	1	0	0	1	0	0	0	1	91H	0	1	1	0	1	1	1	0	6EH
—	1	0	1	1	1	1	1	1	BFH	0	1	0	0	0	0	0	0	40H
.	0	1	1	1	1	1	1	1	7FH	1	0	0	0	0	0	0	0	80H
无	1	1	1	1	1	1	1	1	FFH	0	0	0	0	0	0	0	0	00H

和发光二极管类似，数码管也有"灌电流"和"拉电流"两种不同的驱动方式。

2.4 跑步机启/停和速度控制模块的软件设计

跑步机启/停和速度控制模块的软件设计重点是按键长短判别代码。

2.4.1 跑步机启/停和速度控制模块的软件模块划分和流程设计

跑步机启/停和速度控制软件模块可以分为启/停控制模块和速度控制模块两个部分，其流程如图 2.6 所示。

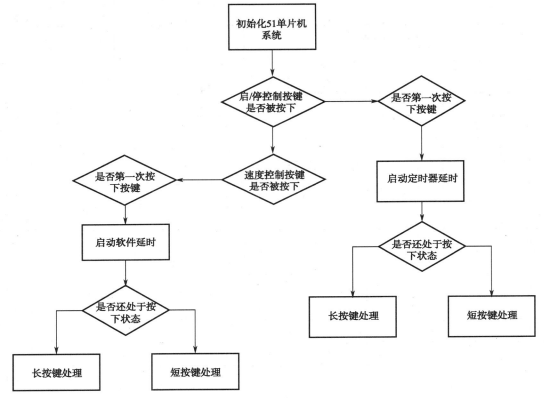

图 2.6　跑步机启/停和速度控制模块的软件流程

2.4.2　启/停控制模块设计

启/停控制模块的软件包括用于单按键状态判别的函数 void StartAndStopKeyScan()，以及定时器/计数器 T0 的中断处理函数，其应用代码如例 2.1 所示。

应用代码使用定时器/计数器 T0 作为长短按键判别的延时计数器，其使用了第一种检测原理来对按键的状态进行判别。

【例 2.1】　启/停控制模块的应用代码。

```
//扫描启动、停止、暂停按键
void StartAndStopKeyScan()
{
   if(SEKey == 0)                              //键被按下
{
   KeyDownFlg = 1;                            //置键被按下标志位
   TR0 = 1;                                   //启动定时器
}
if((SEKey == 1) && (KeyDownFlg == 1))         //判断设置键是否松开
{
    KeyDownFlg = 0;                           //清除键标志位
    if(keyFlg == 0)                           //如果是短按
```

```
        {
            stopLED = 1;
            pauseLED =~pauseLED;
        }
        TR0 = 0;                          //关闭定时器
            TimeCounter = 0;              //计数器清零
        keyFlg = 0;                       //清除短按、长按标志位
    }
}
void Timer0Interrupt(void) interrupt 1
{
TimeCounter++;
if(TimeCounter==250)                      //定时时间到
{
    keyFlg = 1;                           //置长按标志位
    pauseLED = 1;
    stopLED = ~stopLED;                   //取反
    TR0=0;                                //关闭定时器
}
    TH0 = 0xd8;
    TL0 = 0xf0;                           //定时器重新赋初值
}
```

2.4.3　速度控制模块设计

　　速度控制模块的软件包括了一个用于增加和减小按键进行扫描的函数 void keyscan1()，其应用代码如例 2.2 所示。

　　应用代码使用软件延时的方法分别对增加按键和减小按键进行了处理。

　　【例 2.2】　速度控制模块的应用代码。

```
    void keyscan1()                           //具有连加功能的按键扫描程序
    {
    if(INCKey= =0)                            //判断 INCKey 键是否按下
        {
            SegDisplay(tensdData,unitsdData);  //延时去抖动
            if(INCKey= =0)                     //如果键真按下就去执行键盘程序
            {
                if(keybz= =0)                  //判断是否是第一次按下
                    {
                    num++;                     //值加一
                    if(num= =100)              //判断是否加到 100
                        {num=0;}               //加到 100 清零
                    keybz=1;                   //第一次进来置标志位
                    key--;                     //按键次数计数器
                    keynum=5;                  //快加按键次数计数器
                    tensdData=num/10;          //BCD 码转为十进制值
```

```
                        unitsdData=num%10;
                        return;                    //不用检测松手直接返回


                }
         else                                       //如果是第二次按下则执行下面的语句
         {
             if(key= =0)                            //判断按键次数是否到 100 次
                {
                    if(keynum= =0)                 //检测按下时间是否超过加 5 次的时间
                       {
                          key=10;
//如果按键持续时间超过加 5 次的时间，则以后每 10 次执行加操作
                          num++;
                          if(num==99)
                              {
                                  num=0;
                              }
                          tensdData=num/10;
                          unitsdData=num%10;
                          return;
                       }
                    else                           //没有到 5 次，时间则执行下面的语句
                        keynum--;                  //快加计数器减一
                        key=100;
                        num++;
                    if(num==99)
                        {
                        num=0;
                        }
                    tensdData=num/10;
                    unitsdData=num%10;
                    return;


                }
             else                                   //没有到 100 次，下次再来判断
                 key--;
                 return;


             }


         }

    if(INCKey!=0)                                   //松手后所有的计数器清零并置默认值
        {
             keynum=5;
                key=30;
```

```
                                    keybz=0;
                                    return;                    //返回
                                }
                        }
            if(DECKey==0)
                {
                        SegDisplay(tensdData,unitsdData);
                        if(DECKey==0)
                        {
                            if(keybz==0)
                                {
                                    num--;
                                    if(num==-1)
                                        {num=99;}
                                    keybz=1;
                                    key--;
                                    keynum=5;
                                    tensdData=num/10;
                                    unitsdData=num%10;
                                    return;

                                }
                            else
                                {
                                    if(key==0)
                                        {
                                        if(keynum==0)
                                            {
                                            key=10;
                                            num--;
                                            if(num==0)
                                                {
                                                        num=99;
                                                }
                                            tensdData=num/10;
                                            unitsdData=num%10;
                                            return;
                                            }
                                        else
                                        keynum--;
                                        key=100;
                                        num--;
                                        if(num==0)
                                            {
                                            num=99;
                                            }
                                        tensdData=num/10;
```

```
                                    unitsdData=num%10;
                                    return;

                                }
                        else
                                key--;
                                return;

                        }
                }
        }
if(DECKey!=0)
    {
            keynum=5;
                key=30;
            keybz=0;
            return;

        }
```

2.4.4 跑步机启/停和速度控制模块的软件综合

跑步机启/停和速度控制模块的软件综合如例 2.3 所示，其中所设计的相应函数详细代码可以参考例 2.1 和例 2.2。

应用代码使用一个数组 SEGtable 来存放了数码管对应的编码，然后通过 I/O 引脚送出来驱动数码管显示。

【例 2.3】 跑步机启/停和速度控制模块的软件综合。

```
#include <AT89X52.h>
unsigned char code SEGtable[ ]={0xc0,0xf9,0xa4,0xb0,0x99,0x92,0x82,0xf8,0x80,0x90};    //字符编码
sbit SEKey =   P1 ^ 0;                  //启动、暂停和停止按键
sbit INCKey = P1 ^ 4;                   //速度增加键
sbit DECKey = P1 ^ 7;                   //速度减少键
sbit pauseLED = P3 ^ 0;                 //暂停指示灯
sbit stopLED = P3 ^ 7;                  //停止指示灯
bit keyFlg;                             //按键长按、短按标志位，0 为短按，1 为长按
unsigned char TimeCounter;              //计数专用
unsigned char KeyDownFlg,set;           //按键专用
unsigned char yansi,key,send,unitsdData,tensdData,num,keynum;
bit    keybz;
//延时函数
void delay(unsigned char time)
{
unsigned char x,y;
for(x=time;x>0;x--)
    {
            for(y=110;y>0;y--);
        }
```

```
    }
//扫描启动、停止、暂停按键
void SegDisplay(unsigned char tensdData,unsigned char unitsdData)
{
    P0 = SEGtable[tensdData];
        delay(10);
    P2 = SEGtable[unitsdData];
        delay(10);
}
//主函数
void main(void)
{
EA = 1;
TMOD = 0x01;
    TH0 = 0xd8;                          //10ms
    TL0 = 0xf0;
ET0 = 1;                                 //设置定时器 1
unitsdData=0;
tensdData=0;
P1=0xff;
P2=0;
key=100;
    SegDisplay(0,9);
while(1)
{
    StartAndStopKeyScan();               //调用按键扫描子程序
        keyscan1();
        SegDisplay(tensdData,unitsdData);
    }
}
```

2.5　跑步机启/停和速度控制模式的应用系统仿真与总结

在 Proteus 中绘制如图 2.3 所示的电路，其中设计的典型器件参见表 2.3。

表 2.3　Proteus 电路器件列表

器 件 名 称	库	子 库	说 明
AT89C52	Microprocessor ICs	8051 Family	51 单片机
RES	Resistors	Generic	通用电阻
CAP	Capacitors	Generic	电容
CAP-ELEC	Capacitors	Generic	极性电容
CRYSTAL	Miscellaneous	—	晶体振荡器

续表

器 件 名 称	库	子 库	说 明
BUTTON	Switches & Relays	Switches	独立按键
LED-RED	Optoelectronics	LEDs	发光二极管
7-SEG-COM-ANODE	Optoelectronics	7-Segment Displays	共阳极 7 段数码管

单击运行，按下对应的按键，可以看到对应的数码管和发光二极管的变化情况，如图 2.7 所示。

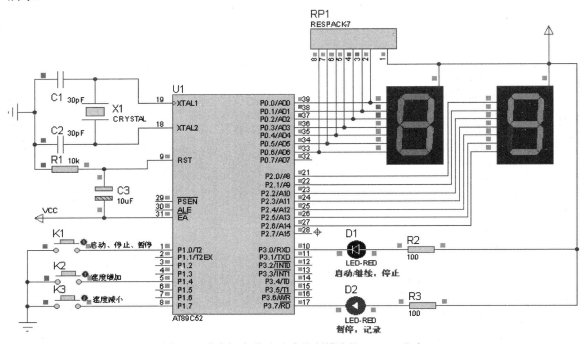

图 2.7　跑步机启/停和速度控制模块的 Proteus 仿真

总结：本应用实例的重点是对于按键被按下长、短的状态进行处理，这也是类似键盘输入法等输入方式设计的基础。

第 3 章　简易电子琴

简易电子琴是一种简易的演奏乐器，它能在 51 单片机的控制下根据用户的输入发出指定的音乐效果，这种效果可以应用在各种提示音和背景音中，能起到提示和渲染环气氛的作用。

本章应用实例涉及的知识如下：

➢ 声音频率和音乐的关系；

➢ 独立按键的应用原理；

➢ 蜂鸣器的应用原理。

3.1　简易电子琴应用系统的背景介绍

人类通常听到的声音可以分噪声和乐音两种，噪声是无规律的声音，而乐音是有规律的声音，简易电子琴所播放的声音主要是乐音。

从人的听觉来感受，乐音有高低之分，当发声物体振动频率高时，对应的乐音就高，反之则低。简易电子琴所使用的乐音范围通常从每秒振动 16 次（最低音）到振动 4186 次（最高音），可以划分为 97 个等级。

不同音高的乐音是用 "C、D、E、F、G、A、B" 这 7 个字母来表示的，它们被称为乐音的音名。在实际使用中，通常使用 "do、re、mi、fa、sol、la、si" 来对音名进行发声操作，其对应简谱中的 "1、2、3、4、5、6、7"。

对应的乐音持续时间称为乐音的持续时间，使用节拍数来表示。

对于一段音乐来说，它是由许多不同的音符组成的，而每个音符对应不同的发生频率，所以简易电子琴可以使用发声系统进行不同频率的发声，并且加以节拍数对应的延时，来产生音乐。

注意： 简谱中对应的 "1、2、3、4、5、6、7" 被称为自然音，除了自然音之外，乐音中还存在升、降、半音等概念和分类，读者可以自行参阅相应的资料。

简易电子琴提供了一系列按键来分别对应基本的自然音，当用户按下对应的按键时会发出对应的乐音，并且提供相应的指示，此外为了演示，在简易电子琴内还内置了一首音乐可以完整提供给用户播放试听。

3.2　简易电子琴应用系统的设计思路

3.2.1　简易电子琴应用系统的工作流程

简易电子琴应用系统的工作流程如图 3.1 所示，简易电子琴应用系统在初始化完成后等待按键被按下，当有按键被按下时首先判断按键的类型，如果是播放键，则播放预先内置的音乐，如果是演奏键，则驱动发声部件发出相应的乐音，并且给出相应的指示。

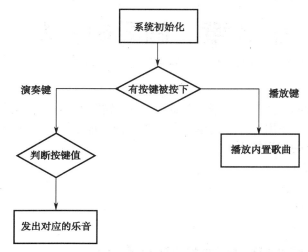

图 3.1　简易电子琴应用系统的工作流程图

3.2.2　简易电子琴应用系统的需求分析与设计

设计简易电子琴系统，需要考虑以下几个方面。

（1）要播放音乐，则需要一个能发出相应乐音的发声器件，并且使得 51 单片机能对该发生器件进行驱动。

（2）能让用户进行音乐的输入，需要提供和基本音符对应的按键。

（3）能让用户了解对应的按键已经被按下，需要有对应的指示灯。

（4）要根据相应的乐音基础概念来驱动发生器件发出不同的乐音效果，需要设计合适的单片机软件。

3.2.3　51 单片机播放音乐

由于乐音是由于不同的频率构成的，所以可以使用 51 单片机的定时器来产生不同的脉冲驱动发声器件，即可得到对应的音符。

假设 51 单片机工作时钟为 12MHz，使用定时器/计数器 T0 的工作方式 1 来进行定时操作，其初始化值和音符的对应关系如图 3.2 所示。

注意： 图中的#被称为 "升记号"，用于表示把乐音在原来的基础上升高半音，同理还有相对的 "降记号"，用 b 来表示。

在 3.1 小节中介绍过，一段音乐除了和音符有关系外，和节拍也有关系，也就是 51 单片机驱动发声器件发出乐音的长度，可以使用延时来实现。表 3.1 是各个节拍对应延时长度的关系。

音符	频率(HZ)	简谱码(T值)	HEX	音符	频率(HZ)	简谱码(T值)	HEX
低1 DO	262	63628	F88C	#4 FA#	740	64860	FD5C
#1 DO#	277	63731	F8F3	中5 SO	784	64898	FD82
低2 RE	294	63835	F95B	#5 SO#	831	64934	FDA6
#2 RE#	311	63928	F9B8	中6 LA	880	64968	FDC8
低3 M	330	64021	FA15	#6	932	64994	FDE2
低4 FA	349	64103	FA67	中7 SI	988	65030	FE06
#4 FA#	370	64185	FAB9	高1 DO	1046	65058	FE22
低5 SO	392	64260	FB04	#1DO#	1109	65085	FE3D
#5 SO#	415	64331	FB4B	高2 RE	1175	65110	FE56
低6 LA	440	64400	FB90	#2RE#	1245	65134	FE6E
#6	466	64463	FBCF	高3 M	1318	65157	FE85
低7 SI	494	64524	FC0C	高4 FA	1397	65178	FE9A
中1 DO	523	64580	FC44	#4 FA#	1480	65198	FEAE
#1 DO#	554	64633	FC79	高5 SO	1568	65217	FEC1
中2 RE	587	64684	FCAC	#5 SO#	1661	65235	FED3
#2 RE#	622	64732	FCDC	高6 LA	1760	65252	FEE4
中3 M	659	64777	FD09	#6	1865	65268	FEF4
中4 FA	698	64820	FD34	高7 SI	1976	65283	FF03

图 3.2　音符和定时器/计数器 T0 的初始化关系

表 3.1　单片机延时和节拍的关系

节拍（1/4 节拍标准）	延时长度（ms）	节拍（1/8 节拍标准）	延时长度（ms）
4/4	125	4/4	62
3/4	187	3/4	94
2/4	250	2/4	125

注意： 在用户使用简易电子琴进行音乐弹奏时，其节拍是由用户自行控制的，而在使用简易电子琴播放设置好的音乐时，则需要单片机对节拍进行相应的控制。

3.3　简易电子琴应用系统的硬件设计

简易电子琴应用系统的硬件设计重点是合理划分 51 单片机的 I/O 引脚，用于驱动不同的外围器件。

3.3.1　简易电子琴的硬件系统模块划分

简易电子琴的硬件模块划分如图 3.3 所示。它由 51 单片机、演奏按键播放按键、演奏指示灯和发声部件构成，其各个部分详细说明如下。

（1）51 单片机：简易电子琴系统的核心控制器。

（2）播放按键：当被用户按下后，播放单片机内置的音乐。

（3）演奏按键：当被用户按下后，发出对应的音符。

（4）发声器件：能够根据 51 单片机的驱动，发出对应的声音。

（5）演奏指示灯：用于指示当前的按键状态。

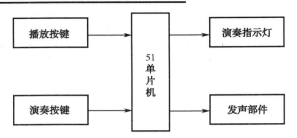

图 3.3　简易电子琴的硬件模块

3.3.2　简易电子琴的硬件系统电路

简易电子琴的硬件系统电路如图 3.4 所示，图中 51 单片机使用 P1 引脚扩展了 8 个独立按键，分别对应音调"1"～"#7"；使用 P3.7 引脚通过三极管驱动了一个蜂鸣器；8 个发光二极管使用灌电流的方式通过一个 8 位双排阻连接到 51 单片机的 P2 引脚，用于指示当前的演奏按键工作状态；此外还使用 P0.0 引脚扩展了一个按键，用于播放预先设置好的音乐。

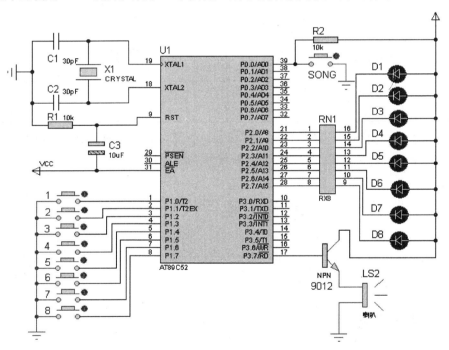

图 3.4　简易电子琴的硬件系统电路

简易电子琴电路中涉及的典型器件说明参见表 3.2。

表 3.2　简易电子琴电路中涉及的典型器件说明

器 件 名 称	器 件 编 号	说　　明
晶体	X1	51 单片机的振荡源
51 单片机	U1	51 单片机，系统的核心控制器件

器 件 名 称	器 件 编 号	说　　　明
电容	C1、C2、C3	滤波、储能器件
电阻	R1、R2	限流、上拉
三极管	9012	用于驱动蜂鸣器
独立按键	1～8、SONG	演奏和播放按键
发光二极管	D1～D8	发光器件
蜂鸣器	LS2	发声器件
排阻	RN1	8 位双排阻

3.3.3　硬件模块基础——独立按键

独立按键在简易电子琴系统中用作演奏按键和播放按键，它是 51 单片机中最常用的输入器件之一，基本工作原理是被按下时按键接通两个点，放开时则断开这两个点。按照结构可以把按键分为两类：触点式开关按键，如机械式开关、导电橡胶式开关等；无触点开关按键，如电气式按键、磁感应按键等。

51 单片机应用系统中典型的独立按键应用电路如图 3.5 所示，图中按键的一端连接到电源地，而另外一端通过一个电阻连接到电源正电压端，同时还连接到单片机的 I/O 引脚上。当按键没有被按下时，单片机的 I/O 引脚通过电阻连接到 VCC 上，I/O 引脚上被加上了一个高电平；当按键被按下时，单片机的 I/O 引脚直接连接到电源地，被加上低电平。

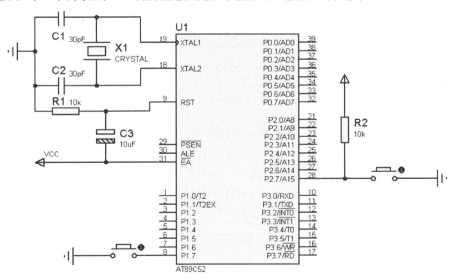

图 3.5　独立按键的典型应用电路

注意：图中 P1.7 引脚上没有加上拉电阻，是因为 51 单片机的 P1 引脚内置一个上拉电阻，而 P2.7 引脚内部不带上拉电阻的必须外加电阻，且该电阻不能太小，以防止电流过大烧毁单片机 I/O 引脚，通常以 10kΩ 左右为宜。

3.3.4 硬件模块基础——蜂鸣器

简易电子琴使用了蜂鸣器作为发声器件，按照工作原理，蜂鸣器分为压电式蜂鸣器和电磁式蜂鸣器，前者又被称为有源蜂鸣器，后者被称为无源蜂鸣器。

注意： 有源蜂鸣器和无源蜂鸣器中的"源"不是指的电源，而是指振荡源，其最大区别是前者只需要在蜂鸣器两端加上固定的电压差，则可激励蜂鸣器发声，而后者必须加上相应频率振荡信号才能发声。

压电式蜂鸣器（有源蜂鸣器）主要由多谐振荡器、压电蜂鸣片、阻抗匹配器及共鸣箱、外壳等组成。多谐振荡器由晶体管或集成电路构成，当接通电源后，多谐振荡器起振，输出 1.5～2.5kHz 的音频信号，阻抗匹配器推动压电蜂鸣片发声。压电蜂鸣片由锆钛酸铅或铌镁酸铅压电陶瓷材料制成，在陶瓷片的两面镀上银电极，经极化和老化处理后，再与黄铜片或不锈钢片粘在一起。

电磁式蜂鸣器（无源蜂鸣器）由振荡器、电磁线圈、磁铁、振动膜片及外壳等组成。在接通电源后，振荡器产生的音频信号电流通过电磁线圈，使电磁线圈产生磁场；振动膜片在电磁线圈和磁铁的相互作用下，周期性地振动发声。

通常来说，蜂鸣器需要的驱动电流比较大，所以一般需要使用对应的功率元件，如三极管来对其进行驱动。

3.4 简易电子琴应用系统的软件设计

简易电子琴应用系统的软件设计重点是如何使用定时器/计数器产生对应的频率波形来驱动蜂鸣器发声，在设计中可以将频率对应的时间常数放在一个数组中，在需要使用时查找输出即可。

3.4.1 简易电子琴应用系统的软件流程

简易电子琴应用系统的软件流程如图 3.6 所示。

3.4.2 简易电子琴的软件应用代码

简易电子琴的软件应用代码如例 3.1 所示。

简易电子琴的软件应用代码使用 freq[][2]二维数组，来存放不同音符对应的定时器/计数器的初始化值，然后使用 MUSIC 数组存放了一首音乐对应的音符数据，以供播放函数 PlaySong 调用，在主循环中通过对按键状态的判断来进行不同的处理。

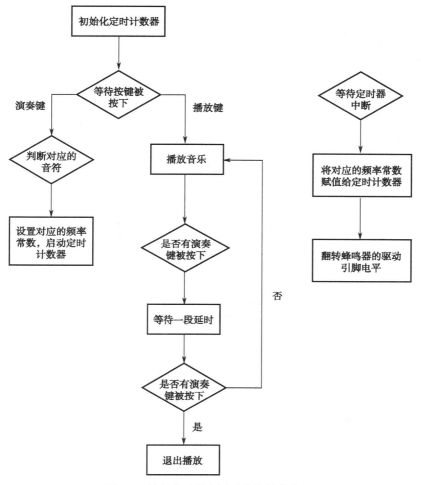

图 3.6　简易电子琴应用系统的软件流程

【例 3.1】　简易电子琴的应用代码。

```
#include<AT89X52.h>
#define KeyPort P1
unsigned char High,Low;                      //定时器预装值的高 8 位和低 8 位
sbit SPK=P3^7;                               //定义蜂鸣器接口
sbit playSongKey=P0^0;                       //功能键
unsigned char code freq[][2]={
    0xD8,0xF7,//00440HZ 1
    0xBD,0xF8,//00494HZ 2
    0x87,0xF9,//00554HZ 3
    0xE4,0xF9,//00587HZ 4
    0x90,0xFA,//00659HZ 5
    0x29,0xFB,//00740HZ 6
    0xB1,0xFB,//00831HZ 7
    0xEF,0xFB,//00880HZ `1
};
unsigned char Time;
```

```c
unsigned char code YINFU[9][1]={{' '},{'1'},{'2'},{'3'},{'4'},{'5'},{'6'},{'7'},{'8'}};
                        //世上只有妈妈好数据表
unsigned char code MUSIC[]={ 6,2,3,        5,2,1,        3,2,2,    5,2,2,    1,3,2,    6,2,1,      5,2,1,
                6,2,4,      3,2,2,      5,2,1,    6,2,1,    5,2,2,    3,2,2,        1,2,1,
                6,1,1,      5,2,1,      3,2,1, 2,2,4,       2,2,3,    3,2,1,    5,2,2,
                5,2,1,      6,2,1,      3,2,2, 2,2,2,      1,2,4, 5,2,3,        3,2,1,
                2,2,1,      1,2,1,      6,1,1, 1,2,1,      5,1,6,    0,0,0
                        };
                        //音阶频率表，高 8 位
unsigned char code FREQH[]={
                0xF2,0xF3,0xF5,0xF5,0xF6,0xF7,0xF8,
                0xF9,0xF9,0xFA,0xFA,0xFB,0xFB,0xFC,0xFC, //1,2,3,4,5,6,7,8,i
                0xFC,0xFD,0xFD,0xFD,0xFD,0xFE,
                0xFE,0xFE,0xFE,0xFE,0xFE,0xFE,0xFF,
                        };
                        //音阶频率表，低 8 位
unsigned char code FREQL[]={
                0x42,0xC1,0x17,0xB6,0xD0,0xD1,0xB6,
                0x21,0xE1,0x8C,0xD8,0x68,0xE9,0x5B,0x8F, //1,2,3,4,5,6,7,8,i
                0xEE,0x44, 0x6B,0xB4,0xF4,0x2D,
                0x47,0x77,0xA2,0xB6,0xDA,0xFA,0x16,
                        };
void Init_Timer0(void);                 //定时器初始化
//延时函数约为 2*z+5us
void delay2xus(unsigned char z)
{
    while(z--);
}
// 延时函数约为 1ms
void delayms(unsigned char x)
{
    while(x--)
    {
      delay2xus(245);
      delay2xus(245);
    }
}
//节拍延时函数
void delayTips(unsigned char t)
{
    unsigned char i;
  for(i=0;i<t;i++)
    {
    delayms(250);
    }
    TR0=0;
 }
```

```c
//播放音乐的函数
void PlaySong()
{
    TH0=High;                    //赋值定时器时间，决定频率
    TL0=Low;
    TR0=1;                       //打开定时器
    delayTips(Time);             //延时所需要的节拍
}
//定时器 T0 初始化子程序
void Init_Timer0(void)
{
    TMOD |= 0x01;                //使用模式 1，16 位定时器
    EA=1;                        //中断打开
    ET0=1;                       //定时器中断打开
}
//定时器 T0 中断子程序
void Timer0_isr(void) interrupt 1
{
    TH0=High;
    TL0=Low;
    SPK=!SPK;
}
//主函数
void main (void)
{
    unsigned char num,k,i;
    Init_Timer0();               //初始化定时器 0，主要用于数码管动态扫描
    SPK=0;                       //在未按键时，扬声器低电平，防止长期高电平损坏扬声器
    while (1)
    {
        switch(KeyPort)          //对按键进行处理
        {
            case 0xfe:num= 1;break;
            case 0xfd:num= 2;break;
            case 0xfb:num= 3;break;
            case 0xf7:num= 4;break;
            case 0xef:num= 5;break;
            case 0xdf:num= 6;break;
            case 0xbf:num= 7;break;
            case 0x7f:num= 8;break;       //分别对应不用的音调
            default:num= 0;break;
        }
        P2 = KeyPort;
        if(num==0)
        {
            TR0=0;
            SPK=0;                        //在未按键时，扬声器低电平，防止长期高电平损坏扬声器
```

```
            }
            else
            {
            High=freq[num-1][1];
                    Low =freq[num-1][0];
                TR0=1;
            }
            if(playSongKey==0)                              //如果按下播放音乐按键
            {
                delayms(10);
                if(playSongKey==0)
                {
                    i=0;
                    while(i<100)
                    {
                            k=MUSIC[i]+7*MUSIC[i+1]-1;       //去音符振荡频率所需数据
                            High=FREQH[k];
                            Low=FREQL[k];
                            Time=MUSIC[i+2];                 //节拍时长
                            i=i+3;
                            if(P1!=0xff)                     //长按任意8音键退出播放
                            {
                                delayms(10);
                                if(P1!=0xff)
                                    i=101;
                            }
                            PlaySong();
                    }
                    TR0=0;
                }
            }
        }

    }
}
```

3.5 简易电子琴应用系统的仿真与总结

在 Proteus 中绘制如图 3.4 的电路，其中所涉及的典型器件参见表 3.3。

表 3.3 Proteus 电路器件列表

器 件 名 称	库	子 库	说 明
AT89C52	Microprocessor ICs	8051 Family	51 单片机
RES	Resistors	Generic	通用电阻
CAP	Capacitors	Generic	电容

续表

器 件 名 称	库	子 库	说 明
CAP-ELEC	Capacitors	Generic	极性电容
CRYSTAL	Miscellaneous	—	晶体振荡器
NPN	Modelling Primitives	Analog	NPN 三极管
SPEAKER	Speakers & Sounders	—	蜂鸣器
BUTTON	Switches & Relays	Swiches	独立按键
LED-RED	Optoelectronics	LEDs	发光二极管（黄色）

单击运行，分别按下对应演奏按键，可以听到对应的音符并且能看到对应发光二极管被点亮，如果按下播放按键，则可以听到音乐播放，在播放音乐时如果长按任意一个播放键，则可以退出播放状态，如图 3.7 所示。

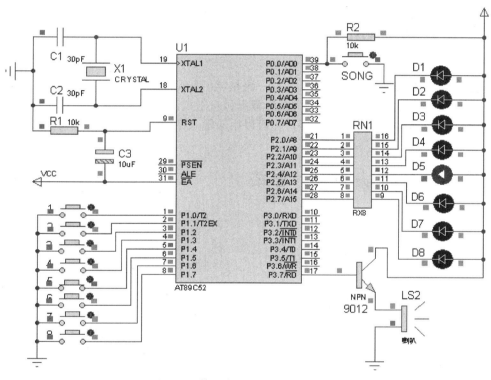

图 3.7　简易电子琴的 Proteus 仿真

总结： 在实际应用中，可以使用不同的乐音来表示 51 单片机应用系统的不同状态，如报警状态，空闲状态等，还可以使用同样的原理制作电子门铃等应用系统。

第4章　手机拨号模块

手机拨号模块是给需要数字串的应用系统提供输入的扩展模块的，通常应用于类似手机、电话、密码门禁等系统。

本章应用实例涉及的知识如下：

➤ 行列扫描键盘应用原理；
➤ 1602 数字字符液晶模块应用原理。

4.1　手机拨号模块的背景介绍

手机拨号模块要求系统接收用户输入的一串数字（通常来说是"0"～"9"，也许还包括"*"和"#"），并且还会将用户的输入的数字在屏幕上显示出来，当输入的数据串过长时，会自动清除屏幕显示。它可以用于输入手机号码，也可以用于输入密码。

4.2　手机拨号模块的设计思路

4.2.1　手机拨号模块的工作流程

手机拨号模块的工作流程如图 4.1 所示，需要注意的是，该模块并不提供对输入字符串的处理能力。

4.2.2　手机拨号模块的需求分析与设计

设计手机拨号模块，需要考虑以下几个方面：

（1）需要给用户提供输入"0"～"9"数字、"*"和"#"的相应数字键盘；

（2）需要一个能显示数字和特殊字符"*"和"#"的显示模块；

（3）51 单片机通过何种方式来驱动数字键盘和显示模块；

（4）需要设计合适的单片机软件。

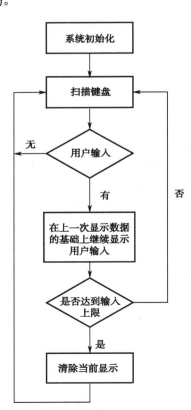

图 4.1　手机拨号模块的工作流程图

4.2.3　手机拨号模块的工作原理

手机拨号模块的工作原理非常简单，是由 51 单片机通过扫描键盘得到被按下的按键，然后根据不同的按键映射其对应的数字或者字符，并且将这些数字或者字符送到显示模块显示。

4.3　手机拨号模块的硬件设计

手机拨号模块硬件设计的重点是：如何实现对键盘的扫描及显示模块的驱动。

4.3.1　手机拨号模块的硬件划分

手机拨号模块的硬件划分如图 4.2 所示，它由 51 单片机、数字小键盘和 1602 液晶组成，其各个部分详细说明如下。

（1）51 单片机：手机拨号模块系统的核心控制器。

（2）数字小键盘：提供 "0" ～ "9"、"*" 和 "#" 供用户输入。

（3）1602 液晶：显示用户当前的输入。

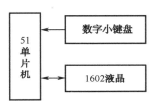

图 4.2　手机拨号模块的硬件划分

4.3.2　手机拨号模块的电路图

手机拨号模块的电路如图 4.3 所示，图中 51 单片机使用 P0 端口作为 1602 液晶的数据输入端口；使用 P2.0～P2.2 作为 1602 液晶的控制引脚；使用 P0 端口作为 I/O 端口，外加了一个电阻排作为上拉电阻；同时 51 单片机使用 P3 引脚以行列扫描连接方式，扩展了一个 3×4 的数字小键盘作为输入通道。

手机拨号模块中涉及的典型器件说明参见表 4.1。

表 4.1　手机拨号模块电路涉及的典型器件说明

器 件 名 称	器 件 编 号	说　　　明
晶体	X1	51 单片机的振荡源
51 单片机	U1	51 单片机，系统的核心控制器件
电容	C1、C2、C3	滤波、储能器件
电阻	R1	上拉
单电阻排	RP1	上拉电阻
数字小键盘		使用行列扫描键盘的组织形式，提供了 0～9、*和#输入
1602 液晶	LCD1	数字、字符液晶模块
滑动变阻器	RV1	用于调整 1602 的对比度

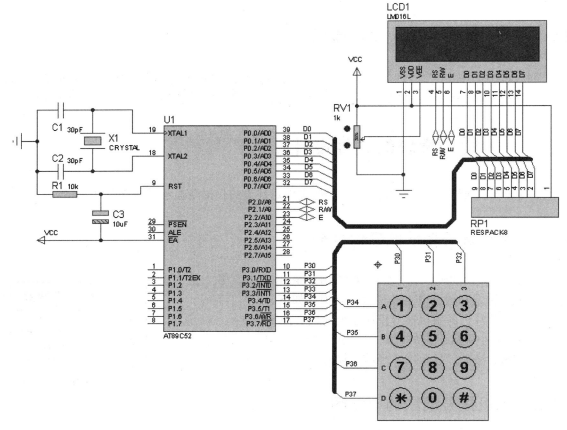

图 4.3　手机拨号模块的电路

4.3.3　硬件模块基础——行列扫描键盘

在跑步机控制模块应用实例（第 2 章）中，使用了独立按键作为 51 单片机应用系统的输入通道，在本应用实例中，虽然同样也可以扩展多个独立按键，使其分别对应"0～9"、"*"和"#"，但是这种方式会占用较多的 51 单片机 I/O 引脚，使得应用系统的电路变得繁杂，从而让电路板的体积增大，所以在实际应用中，通常使用行列扫描键盘的组织方式来扩展多个独立按键。

行列扫描键盘是将多个独立按键，按照行、列的结构组合起来构成一个整体键盘，这样可减少对 51 单片机 I/O 引脚的占用数目，其组成结构如图 4.4 所示。

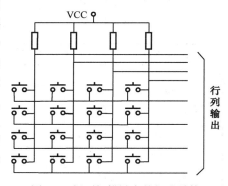

图 4.4　行列扫描键盘的组成结构

行列扫描键盘是把独立的按键跨接在行扫描线和列扫描线之间的，这样 $M \times N$ 个按键就只需要 M 根行线和 N 根列线，大大减少了 I/O 引脚的占用，因此行列扫描键盘也被称为 $M \times N$ 行列键盘。

在 51 单片机应用系统中，通常使用行列扫描法来读取行列扫描键盘的按键状态，行列扫描法是先将行列扫描键盘的行线和列线分别连接到单片机 I/O 引脚，然后再进行以下操作：

（1）将所有的行线都置为高电平；

（2）依次将所有的列线都置为低电平，然后读取行线状态；

（3）如果对应的行列线上有按键被按下，则读入的行线为低电平；

（4）根据行列键盘的输出将按键进行编码并且输出；

（5）当扫描到对应的按键后，则对其进行相应的处理。

4.3.4　硬件模块基础——1602 液晶模块

对于数字和简单字符的显示，固然可以使用如跑步机控制系统中的数码管来实现，但对于比较复杂的字符如"#"的显示就无能为力了，并且显示效果也比较差，在实际的系统应用中体现不出来相应的档次，此时可以使用 1602 液晶模块替代。

图 4.5 是 1602 液晶的引脚示意，其详细说明如下。

（1）VSS：电源地信号引脚。

（2）VDD：电源信号引脚。

（3）VEE：液晶对比度调节引脚，接 0～5V 以调节液晶的显示对比度。

（4）RS：寄存器选择引脚，当该引脚为高电平时选择的是数据寄存器，为低电平时选择的是指令寄存器。

（5）R/W：读/写操作选择引脚，当该引脚为高电平时选择为读操作，反之为写操作。

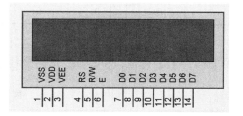

图 4.5　1602 液晶的引脚

（6）E：使能信号引脚，在该引脚的下降沿，数据被写入 1602；当该引脚为高电平时，可以对 1602 进行数据读操作。

（7）D0～D7：数据总线引脚。

（8）LEDA：背光电源引脚（图中未显示）。

（9）LEDK：背光电源地引脚（图中未显示）。

1602 液晶支持一系列指令，包括清屏命令、复位命令等，其详细说明如下。

（1）清屏指令：用于清除 DDRAM 和 AC 的数值，将屏幕的显示清空，参见表 4.2。

表 4.2　清屏指令

RS	R/W	D7	D6	D5	D4	D3	D2	D1	D0
0	0	0	0	0	0	0	0	0	1

（2）归零指令：将屏幕的光标回归原点，参见表 4.3。

表 4.3　归零指令

RS	R/W	D7	D6	D5	D4	D3	D2	D1	D0
0	0	0	0	0	0	0	0	1	*

（3）输入方式选择指令：用于设置光标和画面的移动方式。其中：I/D=1：数据读/写操作后，AC 自动加一；I/D=0：数据读/写操作后，AC 自动减一；S=1：数据读/写操作后，画面平移；S=0：数据读/写操作后，画面保持不变，参见表 4.4。

表 4.4　输入方式选择指令

RS	R/W	D7	D6	D5	D4	D3	D2	D1	D0
0	0	0	0	0	0	0	1	I/D	S

（4）显示开关控制指令：用于设置显示、光标及闪烁开、关。其中：D 表示显示开关：D=1 为开，D=0 为关；C 表示光标开关：C=1 为开，C=0 为关；B 表示闪烁开关：B=1 为开，B=0 为关，参见表 4.5。

表 4.5　显示开关控制指令

RS	R/W	D7	D6	D5	D4	D3	D2	D1	D0
0	0	0	0	0	0	1	D	C	B

（5）光标和画面移动指令：用于在不影响 DDRAM 的情况下使光标、画面移动。其中：S/C=1：画面平移一个字符位；S/C=0：光标平移一个字符位；R/L=1：右移；R/L=0：左移，参见表 4.6。

表 4.6　光标和画面移动指令

RS	R/W	D7	D6	D5	D4	D3	D2	D1	D0
0	0	0	0	0	1	S/C	R/L	*	*

（6）功能设置指令：用于设置工作方式（初始化指令）。其中：DL=1，8 位数据接口；DL=0，4 位数据接口；N=1，两行显示；N=0，一行显示；F=1，5×10 点阵字符；F=0，5×7 点阵字符，参见表 4.7。

表 4.7　功能设置指令

RS	R/W	D7	D6	D5	D4	D3	D2	D1	D0
0	0	0	0	1	DL	N	F	*	*

（7）CGRAM 设置指令：用于设置 CGRAM 地址，A5～A0=0×00～0×3F，参见表 4.8。

表 4.8　CGRAM 设置指令

RS	R/W	D7	D6	D5	D4	D3	D2	D1	D0
0	0	0	1	A5	A4	A3	A2	A1	A0

（8）DDRAM 设置指令：用于设置 DDRAM 地址，N=0，一行显示 A6～A0=0～4FH；N=1，两行显示，首行 A6～A0=00H～2FH，次行 A6～A0=40H～64FH，其中地址 A6～A0 和控制引脚的组合说明参见表 4.9。

表 4.9　DDRAM 设置指令

RS	R/W	D7	D6	D5	D4	D3	D2	D1	D0
0	0	1	A6	A5	A4	A3	A2	A1	A0

（9）读 BF 和 AC 指令：其中，BF=1 表示忙；BF=0 表示准备好。此时，AC 值意义为最近一次地址设置（CGRAM 或 DDRAM）定义，参见表 4.10。

表 4.10　读 BF 和 AC 指令

RS	R/W	D7	D6	D5	D4	D3	D2	D1	D0
0	1	BF	AC6	AC5	AC4	AC3	AC2	AC1	AC0

（10）写数据指令：用于将地址码写入 DDRAM，以使 LCD 显示出相应的图形或将用户自创的图形存入 CGRAM 内，参见表 4.11。

表 4.11　写数据指令

RS	R/W	D7	D6	D5	D4	D3	D2	D1	D0
1	0				数据				

（11）读数据指令：根据当前设置的地址，将 DDRRAM 或 CGRAM 的数据读出，参见表 4.12。

表 4.12　写数据指令

RS	R/W	D7	D6	D5	D4	D3	D2	D1	D0
1	1				数据				

对于 1602 的初始化操作，必须遵循以下步骤：
（1）设置 1602 的功能；
（2）设置 1602 的输入方式；
（3）设置 1602 的显示方式；
（4）清除屏幕。

4.4　手机拨号模块的软件设计

手机拨号模块的软件设计重点是：行列扫描键盘的按键扫描函数及 1602 液晶的驱动函数。

4.4.1　软件模块的划分和流程

手机拨号模块的软件模块可分为键盘扫描函数和 1602 液晶驱动函数两个部分，其流程如图 4.6 所示。

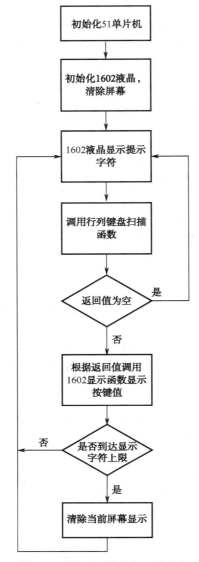

图 4.6   手机拨号模块的软件流程

4.4.2   行列扫描键盘的软件驱动模块设计

行列扫描键盘的软件驱动模块包括一个用于按键扫描的函数 unsigned char GetKey()，当有按键被按下时，该函数返回按键对应的键值，否则返回 0xff，其应用代码如例 4.1 所示。

应用代码将行列码存放在数组 KeyScanCode 中，依次送出选中对应的列，然后读出 P3 上的数据与存放按键编码的数组 KeyCodeTable 进行对比，如果相等，则将该按键值送出。

【例 4.1】   行列扫描键盘驱动模块的应用代码。

```
unsigned char GetKey()
{
unsigned char i,j,k=0;
```

```
unsigned char KeyScanCode[]={0xef,0xdf,0xbf,0x7f};          //行列扫描的行列码
unsigned char KeyCodeTable[]={
0xee,0xed,0xeb,0xde,0xdd,0xdb,0xbe,0xbd,0xbb,0x7e,0x7d,0x7b};
P3=0x0f;
if(P3!=0x0f)                                                //如果有按键被按下
{
 for(i=0;i<4;i++)                                           //依次进行扫描
 {
    P3=KeyScanCode[i];
    for(j=0;j<3;j++)
    {
       k=i*3+j;                                             //计算对应的按键编码
       if(P3= =KeyCodeTable[k])
       {
          return k;                                         //返回按键编码
       }
    }
 }
}
else
{
 return 0xff;                                               //或者返回 0xff
}
}
```

4.4.3　1602 液晶的软件驱动模块设计

1602 液晶的软件驱动模块包括多个用于 1602 液晶读/写驱动的函数，其应用代码如例 4.2 所示。

应用代码包括以下驱动函数。

（1）void Delayms(unsigned int x)：毫秒级延时函数，其参数为延时的长度。

（2）void Display_String(unsigned char *str,unsigned char LineNo)：在 1602 液晶的 LineNo 行上显示一个字符串 str。

（3）bit LCD_Busy_Check()：检查 1602 液晶是否处于忙状态，如果是，则返回 1，反之则返回 0。

（4）void LCD_Write_Command(unsigned char cmd)：向 1602 液晶写入指令 cmd。

（5）void LCD_Wdat(unsigned char dat)：向 1602 液晶写入数据 dat。

（6）void Init_LCD()：初始化 1602 液晶。

（7）void LCD_Pos(unsigned char pos)：设置 1602 液晶的光标位置为 pos。

【例 4.2】 1602 液晶驱动模块的应用代码。

```
//毫秒级延时函数
void Delayms(unsigned int x)
{
  unsigned char i;
```

```
    while(x--)
    {
        for(i=0;i<120;i++);
    }
}
//显示字符串
void Display_String(unsigned char *str,unsigned char LineNo)
{
    unsigned char k;
    LCD_Pos(LineNo);
    for(k=0;k<16;k++)
    {
        LCD_Wdat(str[k]);
    }
}
//检查 1602 是否处于忙状态
bit LCD_Busy_Check()
{
    bit Result;
    RS=0;
    RW=1;
    EN=1;
    Delaynop();
    Result=(bit)(P0 & 0x80);
    EN=0;
    return Result;
}
//向 1602 写入指令的函数
void LCD_Write_Command(unsigned char cmd)
{
    while(LCD_Busy_Check());          //检查是否处于忙状态
    RS=0;
    RW=0;
    EN=0;
    _nop_();
    _nop_();
    P0=cmd;                           //写入指令
    Delaynop();
    EN=1;
    Delaynop();
    EN=0;
}
    //向 1602 写入数据
void LCD_Wdat(unsigned char dat)
{
    while(LCD_Busy_Check());          //检查是否处于忙状态
    RS=1;
```

```
        RW=0;
        EN=0;
        P0=dat;                              //写入数据
        Delaynop();
        EN=1;
        Delaynop();
        EN=0;
}
//初始化 1602
void Init_LCD()
{
    LCD_Write_Command(0x38);Delayms(5);
    LCD_Write_Command(0x01);Delayms(5);
    LCD_Write_Command(0x06);Delayms(5);
    LCD_Write_Command(0x0c);Delayms(5);
}
//设置显示位置
void LCD_Pos(unsigned char pos)
{
    LCD_Write_Command(pos|0x80);
}
```

4.4.4　手机拨号模块的软件综合

　　手机拨号模块的软件综合如例 4.3 所示，其中所涉及的相应函数详细代码如例 4.1 和 4.2 所示。

　　应用代码首先在 while 主循环中调用 GetKey 函数对行列键盘进行扫描，然后判断其是否超过了最大显示字符（在本应用实例中设置为 11），如果超过则先将显示缓冲区 Dial_Code_Str 清除，然后再送 1602 液晶显示。

　　【例 4.3】　手机拨号模块的软件综合。

```
#include<AT89X52.h>
#include <intrins.h>
#define Delaynop(){_nop_();_nop_();_nop_();_nop_();}
sbit RS=P2^0;
sbit RW=P2^1;
sbit EN=P2^2;                              //定义 1602 的控制引脚
char code Title_Text[]={"--Phone Code--  "};    //液晶提示字符
unsigned char code Key_Table[]={'1','2','3','4','5','6','7','8','9','*','0','#'};
unsigned char Dial_Code_Str[]={"            "};
unsigned char KeyNo=0xff;
int tCount=0;
//主函数
void main()
{
 unsigned char i=0,j;
```

```
            P0 = 0xFF;
            P2 = 0xFF;
            P1 = 0xFF;                          //初始化端口
            Init_LCD();                         //初始化 1602 液晶
            Display_String(Title_Text,0x00);    //显示 --Phone Code--
            while(1)
            {
             KeyNo = GetKey();                  //获得按键状态
             if(KeyNo==0xff)
             {
                continue;                       //如果没有按键，则进入下一个循环
             }
             if(++i= =12)                       //如果已经超过 11 个数字，清除显示屏幕
             {
                for(j=0;j<16;j++)
                Dial_Code_Str[j]=' ';
                i=0;
             }
             Dial_Code_Str[i]=Key_Table[KeyNo]; //显示拨号数据
             Display_String(Dial_Code_Str,0x40);
             while(GetKey()!=0xff);
            }
          }
```

4.5 手机拨号模块的应用系统仿真与总结

在 Proteus 中绘制如图 4.3 的电路图，其中所涉及的典型器件参见表 4.13。

表 4.13 Proteus 电路器件列表

器 件 名 称	库	子 库	说 明
AT89C52	Microprocessor ICs	8051 Family	51 单片机
RES	Resistors	Generic	通用电阻
CAP	Capacitors	Generic	电容
CAP-ELEC	Capacitors	Generic	极性电容
CRYSTAL	Miscellaneous	—	晶体振荡器
KEYPAD-PHONE	Switches & Relays	Keypads	手机拨号键盘
RESPACK-8	Resistors	Resistor Packs	8 位电阻排
LM016L	Optoelectronics	Alphanumeric LCDs	1602 液晶模块
POT-HG	Resistors	Variable	滑动变阻器

单击运行，按下对应的按键，可以看到 1602 液晶显示出对应的字符串，如图 4.7 所示。

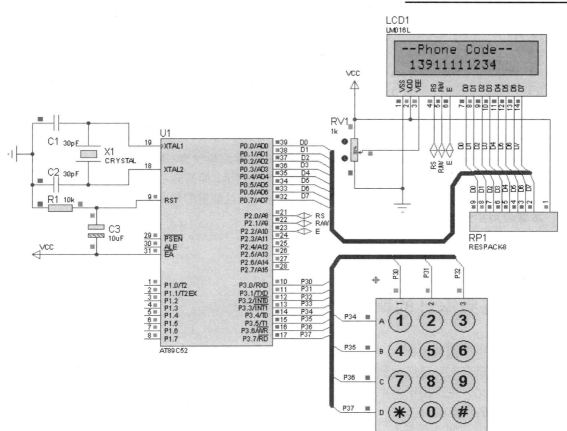

图 4.7　手机拨号模块的 Proteus 仿真

总结：手机拨号模块是类似应用系统的输入端基础模块，在这个基础上可以扩展输入法和组合键输入等应用，读者可以自行尝试。

第5章　简易频率计

频率计是一种用十进制数字显示被测信号频率的数字测量仪器,其基本功能是测量正弦信号、方波信号、尖脉冲信号及其他各种单位时间内变化的物理量。简易频率计是一个简易版的频率计,其"简易"的主要方面在于只能测量 5V 的方波信号,而且测量的频率范围只能为 0～3kHz。

本章应用实例涉及的知识如下:

➢ 频率测量原理;

➢ 多位数码管应用原理。

5.1　简易频率计的背景介绍

在传统的电子测量仪器中,示波器在进行频率测量时测量精度较低、误差较大,而频谱仪可以准确地测量频率并显示被测信号的频谱,但测量速度较慢,无法实时快速跟踪捕捉到被测信号频率的变化。正是由于频率计能够快速准确捕捉到被测信号频率的变化,因此,频率计拥有非常广泛的应用范围。

在传统的生产制造企业中,频率计被广泛的应用在流水线的生产测试中。频率计能够快速捕捉到晶体振荡器输出频率的变化,用户可通过使用频率计迅速发现有故障的晶振产品,来确保产品的质量。

在计量实验室中,频率计可对各种电子测量设备的本地振荡器进行校准;在无线通信测试中,频率计既可以对无线通信基站的主时钟进行校准,还可对无线电台的跳频信号和频率调制信号进行分析;而在 51 单片机应用系统中,某些类似压力传感器的输出是频率信号,此时就需要使用一个简易频率计对其进行测量,然后转换为所需要的传感器值。

频率计的典型参数包括测量范围、测量精度、显示分辨率、采样速率、输入信号类型、输入信号幅度和输入通道数。

简易频率计测量范围为 0～3000Hz,测量精度为 1Hz,显示分辨率为 1Hz,采样速率为 3000Hz,输入信号为单通道 0～5V 单极性方波信号。

5.2　简易频率计的设计思路

5.2.1　简易频率计应用系统的工作流程

简易频率计应用系统的工作流程如图 5.1 所示,这是一个等待频率信号输入、测量、显示测量结果的过程。

5.2.2　简易频率计应用系统的需求分析与设计

设计简易频率计系统，需要考虑以下几个方面：

（1）如何检测当前的频率信号；

（2）如何确定这个信号的频率；

（3）使用何种显示模块将检测得到的频率值显示出来；

（4）需要设计合适的单片机软件。

5.2.3　频率测量原理

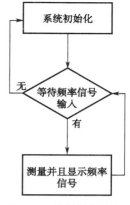

图 5.1　简易频率计应用系统的工作流程图

频率是指周期性信号在单位时间（1s）内变化的次数，若在一定时间间隔 T 内测得这个周期性信号的重复变化次数 N，则其频率 f 可表示为 $f=N/T$。

有两种使用 51 单片机进行频率测量的方法。

（1）测频法：在限定的时间内（如 1s）检测频率信号的脉冲个数。

（2）测周法：测试限定的脉冲个数之间的时间。

这两种方法的测量原理是相同的，但是在实际应用中，需要根据待测频率的范围，51 单片机的工作频率，以及所要求的测量精度等因素进行选择。在简易频率计应用系统中，使用的是测频法，它使用定时器/计数器来确定在固定时间 T 内的脉冲个数 N，如图 5.2 所示，然后根据这个 N 值来计算对应的频率。

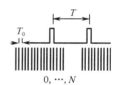

图 5.2　测频法的频率测量原理

5.3　简易频率计的硬件设计

简易频率计的硬件设计关键是使用何种显示部件。

5.3.1　简易频率计的硬件模块划分

简易频率计的硬件模块划分如图 5.3 所示。

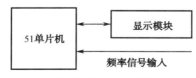

图 5.3　简易频率计的硬件模块划分

（1）51 单片机：简易频率计的核心控制器。

（2）显示模块：用于显示频率计的输出。

5.3.2 简易频率计的电路图

简易频率计的电路如图 5.4 所示，它是使用 51 单片机的内部定时器/计数器来进行输入频率的测量，所以将输入的频率信号直接连接到 51 单片机的 P3.4 引脚上。综合考虑到驱动方便的因素，频率计使用一个 8 位的 8 段共阳极数码管来显示频率值，使用 51 单片机的 P0 端口作为数码管的数据交互端口，使用 P2 端口作为数码管的位选择端口。

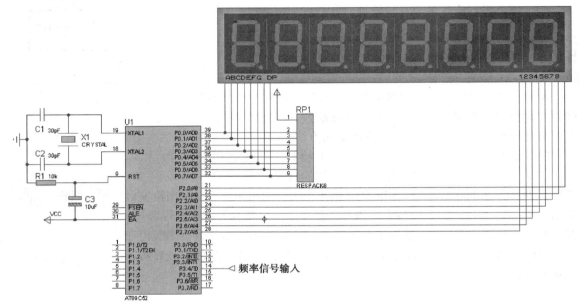

图 5.4　简易频率计的电路

简易频率计电路中涉及的典型器件说明参见表 5.1。

表 5.1　简易频率计电路涉及的典型器件说明

器 件 名 称	器 件 编 号	说　　明
晶体	X1	51 单片机的振荡源
51 单片机	U1	51 单片机，系统的核心控制器件
电容	C1、C2、C3	滤波、储能器件
电阻	R1	限流、上拉
电阻排	RP1	上拉
8 位数码管	—	显示器件

5.3.3 硬件模块基础——多位数码管

在第 2 章的跑步机控制模块中，使用了 2 位独立数码管来显示当前的数字信息，而在简易频率计应用系统中需要显示多位的频率数字，此时固然可以使用 51 单片机的多个 I/O 引脚来扩展多个独立数码管，但由于 51 单片机的 I/O 引脚的数量限制，采用多位数码管的方式来实现这种需求。

多位数码管可分为共阳极和共阴极两种，同时还可以按照能显示数字/字母的位数分为 2 位、4 位、8 位等，如图 5.5 所示为共阳极 4 位数码管。

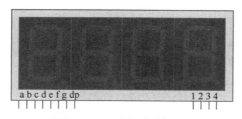

图 5.5　共阳极 4 位数码管

如图 5.5 所示，4 位数码管的 a、b、c、d、e、f、dp 数据引脚都集成到了一起，而位选择 1、2、3、4 引脚则分别对应位数码管的阳极端点，可以用于选择点亮的位。也就是说，如果在 4 位数码管的数据输出 0xc0（数字 0 对应的字形编码），同时在位选择引脚 1 上加上一个高电平，而其他位选择引脚上都保持低电平，则此时第 1 位数码管会显示数字 "0"。当快速切换选中的位控制引脚时，由于人眼的视觉残留效应，会看到多位数码管同时输出相应的数字或者字符，所以多位数码管的操作方式可以归纳为以下几点：

（1）输出第 1 位待显示字符的字形编码；

（2）选中第 1 位；

（3）输出第 2 位待显示字符的字形编码；

（4）选中第 2 位；

（5）……

（6）输出第 N 位待显示字符的字形编码；

（7）选中第 N 位。

所以，在 51 单片机的多位数码管应用中，通常使用一个端口（如 P1、P2 等）来向多位数码管的数据端口写入数据，而用另外的数据引脚来控制多位数码管的位控制引脚的导通。例如同时使用 P0 端口来向多位数码管写入数据，P1.0～P1.7 来控制 8 位数码管的位控制引脚。

注意： 由于 51 单片机的 I/O 端口驱动能力有限，通常很难提供多位数码管导通所需要的电流，所以一般会使用一个引脚通过驱动器件（如三极管、达林顿管等）来对数码管的位控制引脚进行控制。

5.4　简易频率计的软件设计

简易频率计的软件设计重点是在定时时间长度内获得脉冲的个数。

5.4.1　简易频率计的软件模块的划分和流程

简易频率计的软件模块可分为频率测量和计算模块及显示驱动模块，其流程如图 5.6 所示。

（1）频率测量和计算模块：测量当前的频率值，并且将其规格化为可送给数码管显示的数据。

（2）显示驱动模块：将测量得到的当前频率值送数码管显示。

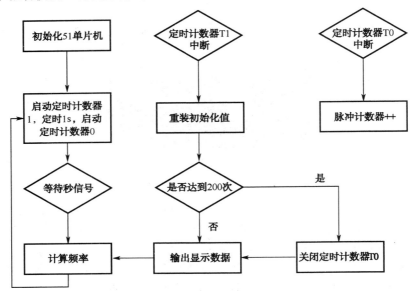

图 5.6 简易频率计应用系统的软件流程

5.4.2 频率测量和计算模块的设计

频率测量和计算模块的主要功能是测量得到当前的频率值，然后将其计算拆分为可供显示模块显示的数据，其操作步骤如下：

（1）定时器/计数器 T0 计算出 1s 中外加在其引脚上的脉冲个数。

（2）定时器/计数器 T0 的数据寄存器 TH0 和 TL0 的值拼接得到当前的频率值。

（3）将当前的频率值进行拆分为可供显示模块显示的数据，主要是查找并且存储对应的字形编码。

频率测量和计算模块包括 void HzCal(void)和 void t0(void) 两个函数，其应用代码如例 5.1所示。

在应用代码中，HzCal 函数用于拼接 T0 的数据寄存器 TH0 和 TL0，以及拆分显示数据，而t0 函数则将当前的脉冲计数器加 1。

【**例 5.1**】 频率测量和计算模块。

```
//频率计算函数
void HzCal(void)
{
  unsigned char i;
  x=T0count*65536+TH0*256+TL0;        //得到 T0 的 16 位计数器值
  for(i=0;i<8;i++)
  {
    temp[i]=0;
  }
        i=0;
```

```
            while(x/10)                     //拆分
                {
                    temp[i]=x%10;
                    x=x/10;
                    i++;
                }
            temp[i]=x;
            for(i=0;i<6;i++)                    //换算为显示数据
                {
                    dispbuf[i]=temp[i];
                }
            timecount=0;
            T0count=0;
        }
//定时器 T0 中断服务子函数
void t0(void) interrupt 1 using 0
{
    T0count++;
}
```

5.4.3　显示驱动模块设计

　　显示驱动模块的主要功能是扫描和输出待显示数据，在本应用实例中这些功能是在定时器/计数器 T1 的中断服务子函数中完成的，如例 5.2 所示。

　　应用代码其实是计数器 T1 的中断服务子函数，控制 P2 引脚对数码管进行扫描，并且输出对应的显示数据。

　　【例 5.2】　显示驱动模块。

```
//定时器 T1 中断服务子函数
void t1(void) interrupt 3 using 0
{
    TH1=(65536-5000)/256;
    TL1=(65536-5000)%256;           //初始化 T1 预装值，1ms 定时
    timecount++;                    //扫描
    if(timecount= =200)             //秒定时
      {
        TR0=0;                      //启动 T0
        timecount=0;
        flag=1;
      }
    P2=0xff;                        //初始化选择引脚
    P0=dispcode[dispbuf[dispcount]];  //输出待显示数据
    P2=dispbit[dispcount];
    dispcount++;                    //切换到下一个选择引脚
    if(dispcount==8)                //如果已经扫描完成切换
      {
        dispcount=0;
```

```
        }
    }
```

5.4.4 简易频率计的软件综合

简易频率计的软件综合如例 5.3 所示,其中所涉及的相应函数详细代码如例 4.1 和 4.2 所示。首先应用代码对定时器/计数器进行相应的初始化,然后等待对应的中断事件。

【例 5.3】 简易频率计的软件综合。

```
#include <AT89X52.H>
unsigned char code dispbit[]={0xfe,0xfd,0xfb,0xf7,0xef,0xdf,0xbf,0x7f};    //P2 的扫描位
unsigned char code dispcode[]={0x3f,0x06,0x5b,0x4f,0x66,
                    0x6d,0x7d,0x07,0x7f,0x6f,0x00,0x40};    //数码管的字形编码
unsigned char dispbuf[8]={0,0,0,0,0,0,10,10};    //初始化显示值
unsigned char temp[8];    //存放显示的数据
unsigned char dispcount;    //显示计数器值
unsigned char T0count;    //T0 的计数器值
unsigned char timecount;    //计时计数器值
bit flag;    //标志位
unsigned long x;    //频率值
//频率计算函数
void HzCal(void)
{
}
void main(void)
{
    TMOD=0x15;    //设置定时器工作方式
    TH0=0;
    TL0=0;
    TH1=(65536-5000)/256;
    TL1=(65536-5000)%256;    //初始化 T1
    TR1=1;
    TR0=1;
    ET0=1;
    ET1=1;
    EA=1;    //开中断
    while(1)
    {
        if(flag==1)
        {
            flag=0;
            HzCal();    //频率计算函数
            TH0=0;
            TL0=0;
            TR0=1;
        }
    }
```

```
}
//定时器 T0 中断服务子函数
void t0(void) interrupt 1 using 0
{
}
//定时器 T1 中断服务子函数
void t1(void) interrupt 3 using 0
{
}
```

5.5　简易频率计的应用系统仿真与总结

在 Proteus 中绘制如图 5.4 的电路图，其涉及的典型 Proteus 器件参见表 5.2。

表 5.2　Proteus 电路器件列表

器 件 名 称	库	子 库	说 明
AT89C52	Microprocessor ICs	8051 Family	51 单片机
RES	Resistors	Generic	通用电阻
CAP	Capacitors	Generic	电容
CAP-ELEC	Capacitors	Generic	极性电容
CRYSTAL	Miscellaneous	—	晶体
7SEG-MPX8-CC-BLUE	Optoelectronics	7-Segment Displays	8 位 8 段数码管
RESPACK-8	Resistors	Resistor-Packs	8 位排阻

1．Proteus 中的虚拟信号发生器

在使用 Proteus 对本应用实例进行仿真的过程中，需要提供一个信号源，此时可以使用虚拟信号发生器。

虚拟信号发生器（Virtual Signal Generator）是用来产生模拟激励信号的仪器，其主要特点如下：

（1）可以产生方波、锯齿波、三角波和正弦波。

（2）输出频率范围为 0～12MHz，提供 8 个可调范围。

（3）输出幅值为 0～12V，提供 4 个可调范围。

（4）提供幅值和频率的调制输入和输出。

在 Proteus 中单击工具箱中的"Virtual Instrument Mode"按钮图标，然后选择虚拟信号发生器即可在 Proteus 电路中放置一个虚拟信号发生器，如图 5.7 所示，其引脚说明如下。

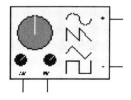

图 5.7　虚拟信号发生器模型

（1）"+"：信号发生器的高电平输出引脚。

（2）"–"：信号发生器的低电平输出引脚。

（3）"AM"：调幅信号输入引脚。

（4）"FM"：调频信号输入引脚。

当运行仿真时，会弹出如图 5.8 所示的虚拟信号发生器的控制面板。

图 5.8　虚拟信号发生器的控制面板

虚拟信号发生器的控制面板可以分为波形控制、极性控制、幅度控制和频率控制 4 个部分，各个部分的功能说明如下。

（1）波形控制通过在控制面板右上方的按钮切换来实现，Proteus ISIS 的虚拟信号发生器支持方波、锯齿波、三角波和正弦波（从上到下）的切换，每次按下该按钮都切换一次输出波形。

（2）极性控制通过在波形控制下方的按钮来切换，包括双极型（Bi）和单极性（Uni）两种选择。

（3）幅度控制。波形发生器的幅度控制如图 5.9 所示，它由右方的 Range 和左方的 Level 组成，右方的 Range 用于选择输出信号的幅度粗略范围，包括 1～10mV 和 0.1～1V 4 个挡位，而左方的 Level 则用于在 Range 设定的挡位中选择输出信号的具体值，包括 0～12 共 13 个挡位。

（4）频率控制。波形发生器的频率控制如图 5.10 所示，它由右方的 Range 和左方的 Centre 组成，Range 用于选择输出信号的频率粗略范围，包括 0.1～1MHz、0.1～1～10kHz、0.1～1～10Hz 8 个挡位，而左方的 Centre 则用于在 Range 设定的挡位中选择输出信号的具体值，包括 0～12 共 13 个挡位。

图 5.9　波形发生器的幅度控制

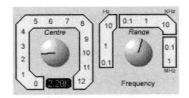

图 5.10　波形发生器的频率控制

注意：频率控制的 Centre 和幅度控制 Level 虽然有 0～12 个挡位，但其是可以连续细微调节的。

2. 简易频率计的 Proteus 仿真

在虚拟频率计的输入通道上外接一个虚拟信号发生器，单击运行，可以看到数码管显示对应的频率，如图 5.11 所示。

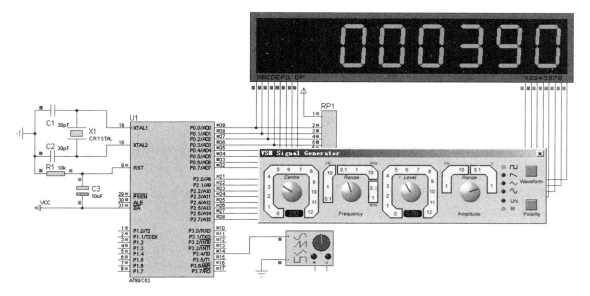

图 5.11 简易频率计的 Proteus 仿真

总结： 简易频率计只能对 0~5V 的方波信号进行测量，如果该波形是正弦波或三角波等，
51 单片机是不能直接"兼容"的，可以使用相应的调理电路变换成 51 单片机能"兼容的"格式，
即可对正弦波或三角波进行测量。

第6章　PC 中控系统

在实际应用系统中，常常需要通过 PC 对一些现场的灯光、继电器等进行控制，这种类型的应用系统被统一称为基于 PC 的中央控制系统，简称 PC 中控系统。

本章应用实例涉及的知识如下：

➤ 51 单片机应用系统的相关通信方法；

➤ 51 单片机内置串口模块的使用方法；

➤ RS-232 通信协议芯片 MAX232 的应用原理；

➤ 光电隔离器的应用原理；

➤ 继电器的应用原理。

6.1　PC 中控系统的背景介绍

PC 中控系统是指使用 PC 作为系统的主要控制核心，用户在 PC 上进行相应的操作时（如单击按键、设定对话框等），现场端的 51 单片机会根据 PC 的相应操作完成相应的动作。

本章应用的是一个 PC 通过串口向现场端的 51 单片机应用系统发送不同的控制命令，以控制 1 个继电器打开和关闭的实例。

6.2　PC 中控系统的设计思路

6.2.1　PC 中控系统的工作流程

PC 中控系统的工作流程如图 6.1 所示。

6.2.2　PC 中控系统的需求分析与设计

设计 PC 中控系统，需要考虑以下几个方面：

（1）PC 和 51 单片机应用系统采用何种通道进行数据交互；

（2）PC 和 51 单片机的数据包采用何种组织方式；

（3）51 单片机使用何种方式对继电器进行驱动；

（4）需要设计合适的单片机软件。

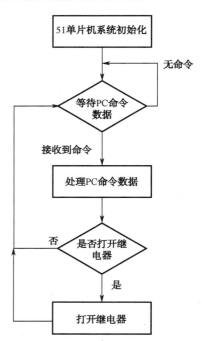

图 6.1　PC 中控系统的工作流程

6.2.3 PC 和 51 单片机应用系统的通信方式

在 51 单片机的应用系统中，常常需要在单片机和单片机之间、单片机和 PC 之间，以及单片机和其他处理器之间进行数据交互，这种数据交互被称为 51 单片机的数据通信。51 单片机的数据通信方式按照数据格式可分为串行通信和并行通信；按照信号媒介可分为有线通信和无线通信；按照硬件通信协议可分为 RS-232、RS-485、CAN 和 I^2C 等。

1. 串行和并行的通信方式

（1）串行通信方式是指 51 单片机将数据以 bit 为单位进行传输。串行通信一般使用 51 单片机内置的串口模块，常见的通信协议有 RS-232、RS-485 等。

（2）并行通信方式是指 51 单片机将数据以 Byte 为单位进行传输。并行通信一般外扩一个或者多个数据单元来进行数据交换，如双口 RAM、CPLD 等。

串行通信方式和并行通信方式的比较参见表 6.1。

表 6.1 串行通信方式和并行通信方式的比较

	串行通信方式	并行通信方式
通信速率	低	高
电路设计	较简单	较复杂
外扩硬件	绝大部分需要	绝大部分需要
软件设计	相对简单	较复杂
成本	较低	较高
通信媒介	布线简单、成本低	布线复杂、成本高

在 51 单片机应用系统的实际数据通信中，常常采用并-串行结合的方式，在这种通信方式中，51 单片机和通信模块之间的数据交换是并行的，而通信模块和通信模块之间的数据交换是串行的，如 CAN、以太网络接口等，如图 6.2 所示，这种方式的好处是既有并行通信方式的数据交换简单的优点，又有串行通信方式的通信媒介设计简单的优点。

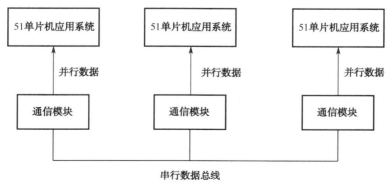

图 6.2 并-串行结合的通信方式

2．有线通信方式和无线通信方式

（1）有线通信方式是利用金属导线、光纤等有形媒质来传输数据的方式，常用的媒介是各种屏蔽双绞线。

（2）无线通信方式是和有线通信方式相对的，它使用电磁波信号可在自由空间中传播的特性进行数据传输的方式。

有线通信方式和无线通信方式的比较参见表 6.2。

表 6.2　有线通信方式和无线通信方式的比较

	有　线　通　信	无　线　通　信
通信速率	高	低
电路设计	由通信模块决定	由通信模块决定
外扩硬件	绝大部分需要	绝大部分需要
软件设计	由通信模块决定	由通信模块决定
传输距离	较长，由硬件决定，不受墙壁等障碍物限制，通信距离长度稳定	较短，由硬件功率决定，受到地形和障碍物限制，通信距离长度不稳定
通信媒介	布线麻烦，成本高	不需要布线，成本低

3．51 单片机应用系统常用的硬件通信协议

51 单片机应用系统常用的硬件通信协议有 RS-232、RS-485、CAN 等，它们分别有对应的硬件芯片来完成对应的协议转换工作。

（1）RS-232：EIA RS-232C 是由美国电子工业协会 EIA（Electronic Industry Association）在 1969 年颁布的串行物理接口标准。RS（Recommended Standard）是英文"推荐标准"的缩写，RS-232C 总线标准设有 25 条信号线，精简版的有 9 条信号线，包括一个主通道和一个辅助通道，这是一种全双工的通信协议，支持同时发送和接收数据。在 MCS51 单片机系统中 RS-232 常常用于和 PC 以及短距离的单片机和单片机/其他处理器之间的数据传输，常见的 RS-232 接口芯片有 MAX232、MAX3232 等。

（2）RS-485：RS-485 也是由美国电子工业协会 EIA 制定的串行物理接口标准，主要用于多机和长距离通信。由于 RS-485 采用平衡发送和差分接收，因此具有抑制共模干扰的能力，在要求通信距离为几十米到上千米时，广泛采用 RS-485 串行总线标准。RS-485 标准多采用的是两线制接线方式，这种接线方式为总线式拓扑结构，在同一总线上最多可以挂接 32 个节点。RS-485 是一种半双工的通信协议，在同一时间只能发送或者接收数据，常见的 RS-485 芯片有 MAX485 等。

说明：RS-485 的全双工版本是 RS-422，其使用四线制的物理连接方式，常见的 RS-422 芯片有 MAX491 等。

（3）CAN 总线：CAN 是控制器局域网络（Controller Area Network，CAN）的简称，是由研发和生产汽车电子产品著称的德国 BOSCH 公司研制的，是国际上应用最广泛的现场总线之一。它所具有的高可靠性和良好的错误检测能力受到重视，被广泛应用于汽车计算机控制系统和环境温度恶劣、电磁辐射强和振动大的工业环境。CAN 总线是一种多主总线，通信介质可以是双绞线、同轴电缆或光导纤维，通信速率可达 1Mb/s，常见的 CAN 芯片有 SAJ1000 等。

6.3　PC 中控系统的硬件设计

6.3.1　硬件系统模块划分

PC 中控系统的硬件模块划分如图 6.3 所示，由 51 单片机、串行数据通信模块和继电器控制模块组成，其各个部分详细说明如下。

（1）51 单片机：PC 中控系统的核心控制器。

（2）继电器控制模块：对继电器的开关状态进行控制的模块。

（3）串行数据通信模块：51 单片机和 PC 进行数据交换的数据通道。

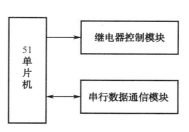

图 6.3　PC 中控系统的硬件模块

6.3.2　硬件系统的电路图

PC 中控系统的硬件电路如图 6.4 所示，51 单片机使用一片 MAX232 通过一个 COMPIM 接口和 PC 进行数据交互，其 1.7 引脚通过光电隔离器驱动了一个 12V 的继电器。

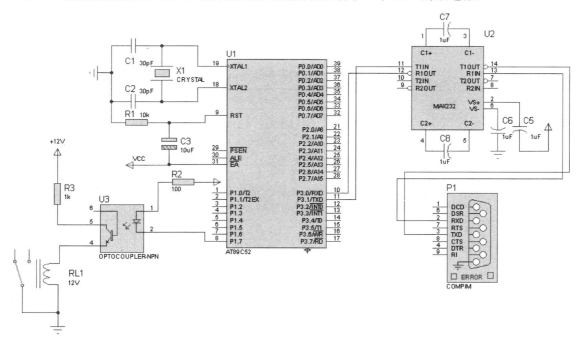

图 6.4　PC 中控系统的硬件电路

PC 中控系统涉及的典型器件说明参见表 6.3。

表 6.3　PC 中控系统设计的典型器件说明

器 件 名 称	器 件 编 号	说　　明
晶体振荡器	X1	51 单片机的振荡源
51 单片机	U1	51 单片机，系统的核心控制器件
电容	C1、C2、C3	滤波、储能器件
电阻	R1	上拉
MAX232	U2	RS-232 通信协议芯片
光电隔离器	U3	光隔
继电器	RL1	用于对其他大功率设备进行控制
COMPIM	P1	串口接插件

6.3.3　硬件模块基础——51 单片机的串口模块

51 单片机的串口模块是 51 单片机应用系统的数据通信基础，是内置最少的一个串行接口模块（UART），可以通过外部引脚 TXD、RXD 和其他处理器进行串行的数据交换。

1．相关寄存器

51 单片机串口相关的寄存器包括串行控制寄存器 SCON、串行数据寄存器 SBUF 及电源管理寄存器 PCON，51 单片机通过对这些寄存器的操作来实现对串口的控制。

（1）串行控制寄存器（SCON）用于对串口进行控制，其寄存器地址为 0x98，支持位寻址，内部功能参见表 6.4，在 51 单片机复位后该寄存器被清零。

表 6.4　串行控制寄存器 SCON

位 编 号	位 名 称	描　　述
7	SM0	串行口工作方式选择位
6	SM1	00：工作方式 0；10：工作方式 2； 01：工作方式 1；10：工作方式 3
5	SM2	多机控制通信位：当该位被置"1"后，启动多机通信模式，当该位被清零后，禁止多机通信模式。多机通信模式仅仅在工作方式 2 和工作方式 3 下有效；在使用工作方式 0 时，应该使该位为 0，在工作方式 1 中，通常设置该位为 1
4	REN	接收允许位：该位被置"1"时允许串行口接收，当被清零时禁止接收
3	TB8	存放在工作方式 2 或工作方式 3 模式下，等待发送的第 9 位数据
2	RB8	存放在工作方式 2 或工作方式 3 中接收到的第 9 位数据，在工作方式 1 下为接收到停止位，在工作方式 0 中不使用该位
1	TI	发送完成标志位：当 SBUF 中的数据发送完成后由硬件系统置"1"，并且当单片硬件中断被使能后触发串行中断事件，该位必须由软件清零，只有在该位被清零后，才能够进行下一个字节数据的发送
0	RI	发送完成标志位：当 SBUF 接收到一个字节的数据后由硬件系统置"1"，并且当单片硬件中断被使能后触发串行中断事件，该位必须由软件清零，只有在该位被清零后，才能够进行下一个字节数据的接收

（2）串行数据寄存器 SBUF 用于存放在串行通信中发送和接收的相关数据，其寄存器地址为 0x99。SBUF 由发送缓冲寄存器和接收缓冲寄存器两部分组成，这两个寄存器占用同一个寄存器地址，允许同时访问。其中发送缓冲寄存器只能够写入不能够读出，而接收缓冲寄存器只能够读出不能够写入，所以这两个寄存器在同时访问过程中并不会发生冲突。

当将一个数据写入 SBUF 后，单片机立刻根据选择的工作方式和波特率将写入的字节数据进行相应的处理后，从 TXD（P3.1）引脚串行发送出去，发送完成后置位相应寄存器里的标志位，只有当相应的标志位被清除后才能够进行下一次数据的发送。

当 RXD（P3.0）引脚根据工作方式和波特率接收到一个完整的数据字节后，单片机将把该数据字节放入到接收缓冲寄存器中，并且置位相应标志。接收缓冲数据寄存器是双字节的，这样就可以在单片机读取接收缓冲数据寄存器中的数据时，同时进行下一个字节的数据接收，不会发生前后两个字节数据冲突的问题。

（3）电源管理寄存器 PCON 里的 SMOD 与串口模块工作方式 1、工作方式 2、工作方式 3 下的波特率设置相关，其具体的使用方法参考后续内容。

2．工作方式

51 单片机的串口一共有 4 种工作方式，其中工作方式 0 为同步通信方式，其余 3 种为异步通信方式。

（1）工作方式 0：当 SM0SM1 = 00 时，串口使用工作方式 0，其本质是一个移位寄存器。SBUF 寄存器是移位寄存器的输入/输出寄存器；外部引脚 RXD（P3.0）为数据的输入/输出端；外部引脚 TXD（P3.1）则用来提供数据的同步脉冲，该脉冲为单片机频率的 1/12。在工作方式 0 下，串口不支持全双工，因此在同一时刻只能够进行数据发送或者接收操作，这种工作方式一般用于扩展外部器件或者两块单片机进行高速数据交互。在工作方式 0 下，串口模块有着很高的数据通信速率，能够达到 1Mb/s。

将一个字节的数据写入 SBUF 寄存器之后，单片机在下一个机器周期开始时把数据串行发送到外部引脚 RXD（P3.0）上，首先是字节数据的最低位，同时，外部引脚 TXD（P3.1）上会给出一个时钟信号，该时钟信号频率为单片机工作频率的 1/12，在机器周期的第 6 节拍起始时变高，在第 3 节拍到来时变低，在第 6 节拍的后半段进行一次数据移位操作。当 SBUF 内的 8 位数据发送完成后，串行口将置位 TI 位，申请串行口中断，并且只有在 TI 位被软件清零后才能够进行下一个字节数据的发送。

当 REN 位和 RI 位同时为零后的下一个机器周期，串行口将"1010 1010"写入接收缓冲寄存器，准备接收数据。当外部数据引脚 TXD（P3.1）上的时钟信号到来后，串行口在该机器周期的第 5 节拍的后半段对 RXD（P3.0）上的数据进行一次采集，并且将该数据送入接收缓冲寄存器。当完成一个字节的数据接收后，置位 RI 位并且申请一个串行中断，只有在 RI 位被清零之后才能够进行下一次接收。

注意：在工作方式 0 下进行串口通信不需要考虑波特率。

（2）当"SM0SM1 = 01"时，串口使用工作方式 1，该工作方式是波特率可变的 8 位异步通信方式，使用定时器/计数器 T1 作为波特率发生器，其波特率由下式决定：

$$波特率 = 2^{SMOD} \times \frac{F_{osc}}{384 \times (256 - 初始值 N)}$$

式中　SMOD——PCON 控制器的最高位；

F_{osc}——单片机的工作频率；

N——T1 的初始化值。

当定时器/计数器 T1 使用工作方式 2 时，可以得到初始化值为

$$初始值=256-2^{\text{SMOD}}\times\frac{F_{\text{osc}}}{384\times 波特率}$$

表 6.5 是常用波特率所对应的 T1 初始值。

表 6.5　51 单片机常用波特率对应的初始值

波特率/工作频率（b/s）	11.0592M	12M	14.7456M	16M	20M	SMOD 值
150	0x40H	0x30H	0x00H			0
300	0xA0H	0x98H	0x80H	0x75H	0x52H	0
600	0xD0H	0xCCH	0xC0H	0xBBH	0xA9H	0
1200	0xE8H	0xE6H	0xE0H	0xDEH	0xD5H	0
2400	0xF4H	0xF3H	0xF0H	0xEFH	0xEAH	0
4800		0xF3H	0xEFH	0xEFH		1
4800	0xFAH		0xF8H		0xF5H	0
9600	0xFDH		0xFCH			0
9600					0xF5H	1
19200	0xFDH		0xFCH			1
38400			0xFEH			
76800			0xFFH			

将一个字节的数据写入 SBUF 寄存器后，单片机在下一个机器开始时会把数据从 TXD（P3.1）引脚发出。每个数据帧包括一个起始位、低位在前高位在后的 8 位数据位和一个停止位。当一个数据帧发送完成后 TI 位被置"1"，如果使能了串行中断还会触发串行中断事件，那么只有在用户软件清除了 TI 位后，单片机才能够进行下一次的数据发送。

当满足下列条件时，单片机允许串行接收：

① 没有串行中断事件或者上一次中断数据已被取走，RI=0；

② 允许接收，REN=1；

③ SM2=0 或者是接收到停止位。

在接收状态中，外部数据被送入到外部引脚 RXD（P3.0）上。单片机以 16 倍波特率的频率来采集该引脚上的数据，当检测到引脚上的负跳变时，启动串行接收，当数据接收完成后，8 位数据被存放到数据寄存器 SBUF 中，停止位被放入 RB8 位，同时置位 RI。

（3）当"SM0SM1 = 10/11"时串口使用工作方式 2/3，这两种工作方式都是 9 位数据的异步通信工作方式，其区别仅仅在于波特率的计算方法不同，多用于多机通信的场合。

串口工作方式 2 的波特率计算公式为

$$波特率=2^{\text{SMOD}}\times\frac{F_{\text{osc}}}{64}$$

从上式可知，在工作方式 2 下，串口的波特率仅仅和单片机的工作频率及 SMOD 位有关，由于不需要定时器/计数器作为波特率发生器，可以在没有定时器/计数器空余时使用。该工作方

式的通信波特率较高，在单片机工作频率为 11.0592MHz 时即可达到 345.6Kb/s 的速率，缺点是波特率唯一且固定，只有两个选择项——SMOD=0 或者 SMOD=1，而且这种波特率通常是非标准波特率。

串口工作方式 3 的波特率计算公式和工作方式 1 相同。

当向 SBUF 寄存器中写入一个数据后，该数据开始发送，与工作方式 1 有所区别的是 8 位数据位和停止位之间添加了一个 TB8 位，该数据位可以用为地址/数据选择位，也可以用为前 8 位数据的奇、偶校验位，当一帧数据发送完成后，TI 位被置位。

在工作方式 2 和工作方式 3 下，串口的数据接收除了受到 REN 位和 RI 位控制之外，还受到 SM2 位的控制。在下列情况下，RI 标志位被置位，完成一帧数据的接收。

① 当 SM2＝0 时，接收到停止位，不管第 9 位是 0 或者 1 的均置位 RI 标志位；

② 当 SM2＝1 时，接收到停止位，且第 9 位为 1 时置位 RI 标志位；当第 9 位为 0 时不置位 RI 标志位，也不申请串行中断。

在上述情况下，数据帧中的第 9 位数据均将被放入 RB8 位中。

工作方式 2 和工作方式 3 常用于一个主机、多个子机的多单片机通信系统中。第 9 位可在多机通信中避免不必要的中断。在传送地址和命令时第 9 位置位，串行总线上的所有处理器都产生一个中断处理器将决定是否继续接收下面的数据，如果继续接收数据就清零 SM2，否则 SM2 置位后的数据流将不会使该单片机产生中断。

工作方式 2 和工作方式 3 还用于对数据传输准确度较高的场合，把 TB8 位放入需要传送数据字节的校验位。在 SM2 位复位后，每次接收到一帧数据后都将置位 RI 位，然后在中断服务子程序中判断接收到的数据的校验位和接收到的 RB8 位是否相同，如果不同，则说明该次传输出现了错误，需要作相应的处理。

在多机通信过程中，作为主控的单片机和作为接收端的从机之间必须存在一定的协同配合，遵循某些共同的规定，这个规定就是通信协议。当主机向从机发送数据包时，所有的从机都将收到这个数据包，但是从机根据数据包的内容来决定是否进入串行口中断。

主机可以发送的数据包分为数据包和地址包两种。在主机发送地址包后，系统中所有的从机都将接收到并且进入串口中断，然后根据数据包判断主机是否即将和自己进行数据包的通信，如果进行数据交换，则进行相应的准备；否则不进行任何操作。这个判断过程使用修改从机的 SM2 位的方式来完成，把主机发送的地址包第 9 位设置为 1，在所有从机的 SM2 位均为 1 时，从机均进入串口中断，判断是否是自己和主机通信，如果是则把自己的 SM2 位复位，准备接收数据包，否则不进行任何操作。当主机发送的数据包将第 9 位均设置为 0 时，系统中只有 SM2=0 的子机能够接收到这个数据包。在主机和子机通信完成后该子机将自己的 SM2 位置 "1"，以保证接下来的通信能够正常进行。从机和主机的通信可以全部是数据包，主机的 SM2 位始终为 0。

采用串行口工作方式 2 和工作方式 3 的多机通信操作步骤如下：

① 把所有的从机 SM2 位均置 "1"；

② 主机发送地址包；

③ 所有的从机接收到数据包，判断是否和自己通信，然后对自己的 SM2 位进行相应的操作（被选中的从机 SM2 被清零）；

④ 主机和从机进行通信；

⑤ 通信完成后，从机重新置自己的 SM2 位为 1，等待下一次地址包。

3．中断处理

当 51 单片机的中断控制寄存器 IE 中的 EA 位和 ES 位都被置"1"时，串口的中断被使能，在这种状态下，如果 RI 位或者 TI 位被置位，则会触发串口中断事件。由于串口的中断优先级别默认是最低的，可通过修改中断优先级寄存器 IP 中的 PS 位来提高串口的中断优先级。串口的中断处理函数结构如下：

```
void  函数名(void) interrupt 4 using  寄存器编号
{
        中断函数代码；
}
```

6.3.4　硬件模块基础——MAX232

MAX232 是美信公司（MAXIM）出产的最常见的 RS-232C 通信接口芯片，其通常用于和 PC 或者多个处理器之间的中、短距离的通信。

MAX232 芯片使用 5V 供电，其内部有两套发送/接收驱动器，可以同时进行两路 TTL 到 RS-232C 接口电平的转换，同时其内含两套电源转换电路，其中一个升压泵将 5V 电源提升到 10V，而另外一个反相器则提供-10V 的相关信号。

图 6.5 是 MAX232 的引脚封装结构，其详细说明如下。

（1）C1+：电荷泵 1 正信号引脚，连接到极性电容正向引脚。

（2）C1-：电荷泵 1 负信号引脚，连接到极性电容负向引脚。

（3）C2+：电荷泵 2 正信号引脚，连接到极性电容正向引脚。

（4）C2-：电荷泵 2 负信号引脚，连接到极性电容负向引脚。

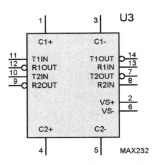

图 6.5　MAX232 的引脚封装结构

（5）VS+：电压正信号，连接到极性电容正向引脚，同一个电容的负向引脚连接到+5V。

（6）VS-：电压负信号，连接到极性电容负向引脚，同一个电容的正向引脚连接到地。

（7）T1IN：TTL 电平信号 1 输入引脚。

（8）T2IN：TTL 电平信号 2 输入引脚。

（9）T1OUT：RS-232 电平信号 1 输出引脚。

（10）T2OUT：RS-232 电平信号 2 输出引脚。

（11）R1IN：RS-232 电平信号 1 输入引脚。

（12）R2IN：RS-232 电平信号 2 输入引脚。

（13）R1OUT：TTL 电平信号 1 输出引脚。

（14）R2OUT：TTL 电平信号 2 输出引脚。

MAX232 是符合 RS-232C 标准的通信芯片，一个标准的 RS-232C 接口包括一个 25 针的 D 型插座（有公型和母型两种），以及主信道和辅助信道两个通信信道且主信道的通信速率高于辅助信道。在实际使用中，常常只使用一个主信道，此时 RS-232C 接口只需要 9 根连接线，使用一个简化为 9 针的 D 型插座，同样也分为公型和母型，表 6.6 是 RS-232C 接口的引脚定义。

表 6.6 RS-232C 接口的引脚定义

25 针接口	9 针接口	名　　称	方　　向	功　能　说　明
2	3	TXD	输出	数据发送引脚
3	2	RXD	输入	数据接收引脚
4	7	RTS	输出	请求数据传送引脚
5	8	CTS	输入	清除数据传送引脚
6	6	DSR	输出	数据通信装置 DCE 准备就绪引脚
7	5	GND	—	信号地
8	1	DCD	输入	数据载波检测引脚
20	4	DTR	输出	数据终端设备 DTE 准备就绪引脚
22	9	RI	输入	振铃信号引脚

RS-232C 标准推荐的最大物理传输距离为 15m，其逻辑电平 "0" 为+3～+25V，而逻辑电平 "1" 为-3～-25V，较高的电平保证了信号传输不会因为衰减而导致信号的丢失。

6.3.5　硬件模块基础——光电隔离器

光电隔离器是 51 单片机系统中最常用的避免外界干扰的器件，同时也常常用于驱动小功率的外围器件。其原理是将电信号转换为光信号，接着把光信号传输到接收侧后再转换为电信号。

由于光信号的传送不需要共地，因此可以将两侧的地信号隔离，从而杜绝了干扰信号通过信号地的传输，应用此种工作原理制造的器件称为光电隔离器/光耦器件（Optical Coupler）。它是一种以中间媒介来传输电信号的器件，通常将发光器件和光检测器封装在器件内部，当输入端被加上电信号后发光器件发光信号，而光检测器接收到光信号后，会产生电信号从输出端输出，从而实现 "电—光—电" 的转换。

Proteus 中常用的光电隔离器模型引脚封装结构如图 6.6 所示，其引脚详细说明如下。

（1）引脚 1：输入侧高电压输入端。

（2）引脚 2：输入侧低电压输入端。

（3）引脚 5：输出侧高电压输入端。

（4）引脚 4：输出侧低电压输入端。

（5）引脚 6：输出侧控制端。

图 6.6　光电隔离器模型引脚封装结构

6.3.6　硬件模块基础——继电器

在某些 51 单片机的应用系统中，需要使用 I/O 引脚来控制一些大电流设备的启动或者停止。（如电磁铁），此时就需要使用继电器作为中间介质，使单片机的 I/O 引脚来控制继电器的通/断，然后再用继电器来控制这些设备的启动或者停止。

继电器是一种电子控制器件，它由控制系统（又称输入回路）和被控制系统（又称输出回路）组成，通常应用于自动控制电路中，其实质上是用较小的电流去控制较大电流的一种"自动开关"，在应用系统中起着自动调节、安全保护和转换电路等作用。

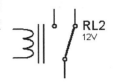

图 6.7 Proteus 中的继电器模型

Proteus 中的继电器模型如图 6.7 所示，其中左侧的两个引脚分别为继电器引脚的两个控制端，右侧的三个引脚是被控制端，当控制引脚两端没有电压差时，右侧的公共引脚和其中一个引脚导通，而当控制引脚两端有电压差时，右侧的公共引脚和其中另外一个引脚导通。

6.4 PC 中控系统的软件设计

PC 中控系统的软件设计重点是串口中断处理子函数的设计。

6.4.1 软件模块划分和流程设计

PC 中控系统的软件流程如图 6.8 所示。

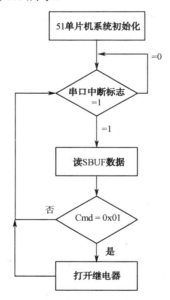

图 6.8 PC 中控系统的软件流程

6.4.2 软件综合

PC 中控系统的软件综合代码如例 6.1 所示。

PC 中控系统在 Serial 中断服务子函数中对接收到的 PC 命令数据进行判断，如果是关闭继电器命令则闭合继电器。

【例 6.1】　PC 中控系统的应用代码。

```
#include <AT89X52.h>
#define ON 0
#define OFF 1
sbit Relay = P2^7;                      //继电器控制引脚
//初始化串口
void InitUART(void)
{
    TMOD = 0x20;                        //9600b/s
    SCON = 0x50;
    TH1 = 0xFD;
    TL1 = TH1;
    PCON = 0x00;
    EA = 1;
    ES = 1;
    TR1 = 1;
}
//发送一个字节的数据
void Send(unsigned char x)
{
  SBUF = x;
  while(TI==0);
  TI = 0;
}
void Serial(void) interrupt 4 using 0
{
  unsigned char temp;
  if(RI == 1)                           //接收数据
  {
    RI = 0;
    temp = SBUF;
    if(temp == 0x01)                    //如果是打开继电器
    {
      Relay = ON;                       //打开继电器
      Send(0x01);                       //反馈继电器状态信息
    }
    else if(temp == 0x02)               //如果是关闭继电器
    {
      Relay = OFF;
      Send(0x02);                       //反馈继电器状态
    }
    else
    {
      Send(0x03);                       //无动作
    }
  }
```

```
    }

    main()
    {
        InitUART();
        Relay = OFF;                    //继电器断开
    while(1)
    {

    }
    }
```

6.5   PC 中控系统的仿真与总结

在 Proteus 中绘制如图 6.4 所示的电路，其中设计的典型器件参见表 6.7。

表 6.7   Proteus 电路器件列表

器 件 名 称	库	子 库	说 明
AT89C52	Microprocessor ICs	8051 Family	51 单片机
RES	Resistors	Generic	通用电阻
CAP	Capacitors	Generic	电容
CAP-ELEC	Capacitors	Generic	极性电容
CRYSTAL	Miscellaneous	—	晶体振荡器
COMPIM	Miscellaneous	—	串行接口模块
MAX232	Microprocessor ICs	Peripherals	RS-232 电平转换芯片
Relay	Switches & Relays	Relays(Generic)	继电器
OPOTCOUPLER-NPN	Optoelectronics	Optocouplers	光电隔离器

1. Proteus 中的 COMPIM 模块

COMPIM 模块是一个用于在 Proteus 中调试单片机(不限于 51 单片机)的模块，其位于 Proteus 的 Miscellaneous 类库中，如图 6.9 所示。

在使用 COMPIM 模块时，需要将其引脚和对应的单片机引脚连接起来，通常来说只需要连接 TXD（数据发送）和 RXD（数据接收）引脚即可，双击 COMPIM 模块可以弹出如图 6.10 所示属性设置对话框，其中涉及的主要参数说明如下。

（1）Physical Port：物理端口，在和 PC 通信时这个端口必须与 PC 的相应端口映射相同。

（2）Physical Baud Rate：物理端口的波特率，可以选择为 50～57600b/s。

（3）Physical Data Bits：物理端口的数据位。

（4）Physical Parity：物理端口的奇偶校验。

（5）Virtual Baud Rate：虚拟串口的波特率。

（6）Virtual Data Bits：虚拟串口的数据位。

（7）Virtual Parity：虚拟端口的奇偶校验位。

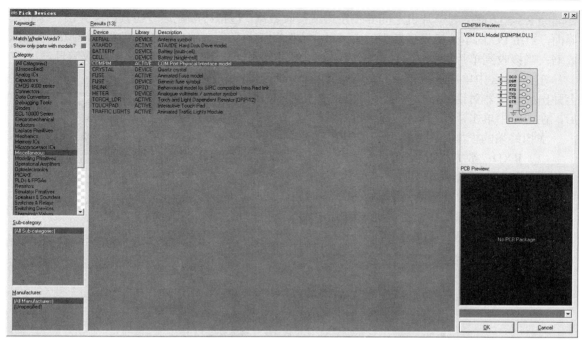

图 6.9　Proteus 中的 COMPIM 模块库

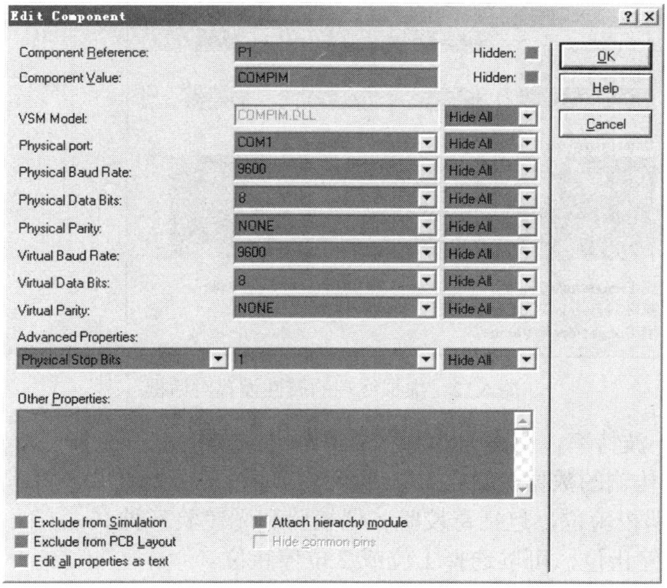

图 6.10　COMPIM 属性设置对话框

注意： 通常来说，Physical 的参数和 Virtual 的参数设置为相同即可。

2．Proteus 中的虚拟终端

Proteus 提供了一个虚拟终端来进行串行通信的仿真，其相当于键盘和屏幕的双重功能，免去了上位机系统的仿真模型，使用户在用到单片机与上位机之间的串行通信时，能直接由虚拟

终端经 RS-232 模型与单片机之间异步发送或接收数据。虚拟终端在运行仿真时会弹出一个仿真界面，当由 PC 向单片机发送数据时，可以和实际的键盘关联，用户可以从键盘经虚拟终端输入数据；当接收到单片机发送来的数据后，虚拟终端相当于一个显示屏，会显示相应信息。

在 Proteus 中单击工具箱中的"Virtual Instrument Mode"按钮图标，会弹出虚拟仪器对话框，从中选择虚拟终端"VIRTUAL TERMINAL"后，在电路中单击，即可放置一个虚拟终端。

虚拟终端的模型如图 6.11 所示，其引脚说明如下。

（1）RXD：数据接收引脚。

（2）TXD：数据发送引脚。

（3）RTS：请求发送信号引脚。

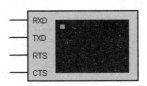

图 6.11　虚拟终端的模型

（4）CTS：清除发送信号引脚，输出对 RTS 的响应信号。

在虚拟终端上双击，可以弹出如图 6.12 所示的对话框，其主要参数说明如下。

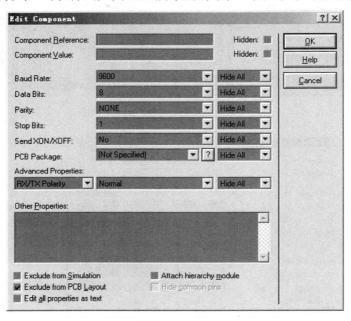

图 6.12　虚拟终端的属性设置对话框

（1）Baud Rate：波特率，范围为 300～57600b/s。

（2）Data Bits：传输的数据位数，7 位或 8 位。

（3）Parity：奇偶校验位，包括奇校验、偶校验和无校验三种。

（4）Stop Bits：停止位，可以选择 1 位或 2 位停止位。

（5）Send XON/XOFF：第 9 位发送允许/禁止控制。

注意：虚拟终端不仅能显示串口发送的数据，还可以输入相应的数据通过串口进行发送，读者可以自行参考相应的资料。

3. 在 Proteus 中仿真 PC 中控系统

单击运行，通过串口发送相应的控制命令 0x01 和 0x02，可以看到相应的继电器动作，如图 6.13 所示。

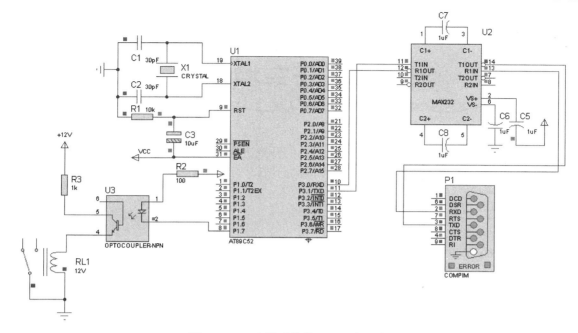

图 6.13　PC 中控系统的 Proteus 的仿真

总结：Proteus 中的 MAX232 在仿真过程中有一些 bug，读者可以去掉这个元件直接验证系统的功能性。

第7章 天车控制系统

天车控制系统是用于对天车的行进、吊钩的升降进行控制的模块，也可应用于其他类似需要对电动机的运动进行手动操作的场合，如电动小车。

本应用实例涉及的知识如下：

➤ 直流电动机和步进电动机的应用原理；

➤ H桥驱动直流电动机的应用方法；

➤ ULN2803的应用原理。

7.1 天车控制系统的背景介绍

天车又称桥式起重机，是桥架在高架轨道上运行的一种桥架型起重机，其可以沿着铺设在两侧高架上的轨道纵向运行，而内置的起重小车则可以沿铺设在桥架上的轨道横向运行，构成一矩形的工作范围，这样就可以充分利用桥架下面的空间吊运物料，而不受地面设备的阻碍，所以被广泛地应用在室内外仓库、厂房、码头和露天储料场。

桥式起重机可分为普通桥式起重机、简易梁桥式起重机和冶金专用桥式起重机三种，图7.1是用于工厂车间的普通桥式起重机。

图 7.1 普通桥式起重机

普通桥式起重机一般由起重小车、桥架运行机构、桥架金属结构组成，而起重小车又由起升机构、小车运行机构和小车架三部分组成。其中，起升机构包括电动机、制动器、减速器、卷筒和滑轮组。它的原理是电动机通过减速器，带动卷筒转动，使钢丝绳绕上卷筒或从卷筒放下，以升降重物；小车架是支托和安装起升机构及小车运行机构等部件的机架，通常为焊接结构。

天车控制系统是对天车的起重小车进行控制的应用系统，其用于对起重小车的小车运行机构及起升机构进行控制。

对小车运行机构的控制精度不要求太高，只需要能控制起重小车在桥梁上进行前后位移运送即可，而对起重小车的起升机构的控制要求较为严格，需要让起重小车的吊钩悬停在一个指定的位置，以便操作人员进行下一步的工作。

7.2　天车控制系统的设计思路

7.2.1　天车控制系统的工作流程

天车控制系统的工作可分为两个部分：控制起重小车在桥梁上进行前后运动和控制起升机构带动吊钩升降，其工作流程如图 7.2 所示。

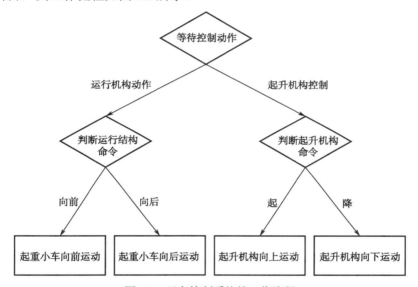

图 7.2　天车控制系统的工作流程

7.2.2　天车控制系统的需求分析与设计

设计天车控制系统，需要考虑以下几个方面：
（1）需要给用户提供对天车控制进行操作的输入通道；
（2）需要一个能控制起重小车前后运行的机构；
（3）需要一个能控制起重小车的起升装置做比较精确起降的机构；
（4）需要设计合适的单片机软件。

7.2.3　天车控制系统的工作原理

天车控制系统的工作原理非常简单,是通过 51 单片机扫描用户的输入得到用户的操作动作,然后根据不同的操作驱动对应的电动机进行动作即可。

7.3　天车控制系统的硬件设计

7.3.1　天车控制系统的硬件模块划分

天车控制系统的硬件模块划分如图 7.3 所示,其各个部分的详细说明如下。

（1）51 单片机:天车控制系统的核心控制器,主要功能是根据用户的输入对起重小车的运动进行控制。

（2）升降执行机构:控制起重小车的吊钩上升或者下降。

（3）运动执行结构:控制起重小车前后运动。

（4）用户输入模块:用于控制选择当前的运行状态。

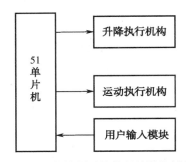

图 7.3　天车控制系统的硬件模块划分

7.3.2　硬件系统的电路

天车控制系统的电路如图 7.4 所示,51 单片机使用 P1.0～P1.3 引脚扩展了 4 个独立按键作为用户的输入通道,使用 P2.0 和 P2.1 引脚通过 H 桥扩展了一个直流电动机作为起重小车的运动执行机构,使用 P3.0～P3.3 通过一片 ULN2803 扩展了一个步进电动机作为起重小车的升降控制机构。

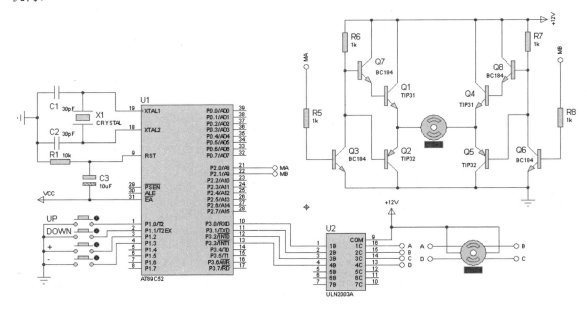

图 7.4　天车控制系统的电路

天车控制系统的硬件电路涉及的典型器件说明参见表 7.1。

表 7.1 天车控制系统电路涉及的典型器件说明

器 件 名 称	器 件 编 号	说 明
晶体振荡器	X1	51 单片机的振荡源
51 单片机	U1	51 单片机，系统的核心控制器件
电容	C1、C2、C3	滤波，储能器件
电阻	R1	上拉
独立按键	—	用户的输入通道
ULN2003A	U2	达林顿管驱动器
三极管	Q1、Q2 等	构成直流电动机驱动桥
直流电动机	—	用于控制起重小车的前后运动
步进电动机	—	用于控制起重小车的升降运动

7.3.3 硬件模块基础——直流电动机

直流电动机是单片机系统中最常用的电动机，只要在它的两个控制端之间加上有电压差的电压它就会转动，而改变加在两端的电压就可改变转动方向，在负载变化不大时，加在直流电动机两端的电压大小与其速度近似成正比。

直流电动机的引脚封装结构如图 7.5 所示，当其两个引脚之间的电压差为额定电压（直流电动机的工作电压）和额定电压的负值时，直流电动机分别向正向和反向转；当两个引脚之间的电压差为 0 时，直流电动机停止转动。

直流电动机的主要参数说明如下。

（1）Nominal Voltage：直流电动机的工作电压。

（2）Coil Resistance：直流电动机的电阻。

（3）Coil Inductance：直流电动机的电感。

（4）Zero Load RPM：空载转速。

（5）Load/Max Torque%：负载/最大转矩。

（6）Effective Mass：有效质量。

图 7.5 直流电动机的
引脚封装结构

7.3.4 硬件模块基础——H 桥

在 51 单片机系统的实际应用中，使用全桥（H 桥）来驱动直流电动机，如图 7.6 所示。图中 Q1～Q4 是功率 MOSFET 管，Q1 和 Q2 组成一个桥臂，而 Q3 和 Q4 组成另一个桥臂，而每个 MOSFET 旁边有一个续流二极管。当 Q1 和 Q4 打开时，电动机的控制电流从 A 流向 B，此时电动机正转；而当 Q2 和 Q4 打开时，电动机的电流从 B 流向 A，此时电动机反转，这样通过对 Q1～Q4 的控制就可以控制电动机的转向。

注意：图 7.6 给出的只是全桥（H 桥）的典型电路，在实际应用中，常常会根据需要对其进行扩展，如在 Q1 上方增加一个三极管等。

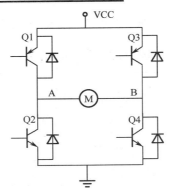

图 7.6　直流电动机的全桥（H 桥）驱动模块

7.3.5　硬件模块基础——步进电动机

直流电动机的控制非常简单，但是其不能完成精确的角度操控，如果需要对电动机的行进路径做精确的操控，则可以使用步进电动机。

与直流电动机不同，步进电动机是一步一步转动的，故称步进电动机。具体而言，每当步进电动机的驱动收到一个驱动脉冲信号时，步进电动机将会按照设定的方向转动一个固定的角度（有的步进电动机可以直接输出线位移，称为直线电动机），因此步进电动机是一种将电脉冲转换成角位移（或直线位移）的执行机械。对于经常使用角位移步进电动机的用户来说，可以通过控制脉冲的个数来控制角位移量，从而达到准确定位的目的。同时，还可以通过控制脉冲频率来控制步进电动机转动的速度和加速度，从而达到调速的目的。

步进电动机将电脉冲信号转换成角位移，实质上是一种数字/角度转换器。步进电动机的转子为多极分布，转子上嵌有多相星形连接的控制组，由专门电源输入电脉冲信号。每输入一个脉冲信号，步进电动机的转子就前进一步，即转动一个角度，由于输入的是脉冲信号，输出的角位移是断续的，所以又称为脉冲电动机。

步进电动机可分为反应式步进电动机（简称 VR）、永磁式步进电动机（简称 PM）和混合式步进电动机（简称 HB）三种。

图 7.7 是最常用的反应式步进电动机的内部结构示意，图中的 1、2、3 分别被称为定子、转子和定子绕组。定子上有 6 个均布的磁极，其夹角是 60°，每个磁极上都有线圈，按图 7.7 组成 A、B、C 三相绕组。转子上均布 40 个小齿，所以每个齿的齿距为 $\theta_E=360°/40=9°$，而定子每个磁极的极弧上也有 5 个小齿，并且定子和转子的齿距和齿宽均相同。由于定子和转子的小齿数目分别是 30 和 40，其比值是一分数，这就产生了所谓的齿错位的情况。若以 A 相磁极的小齿和转子的小齿对齐，则 B 相和 C 相磁极的小齿就会分别和转子的小齿相错 $\frac{1}{3}$ 的齿距，即 3°，所以 B、C 磁极下的磁阻比 A 磁极下的磁阻大。若给 B 相通电，B 相绕组则会产生定子磁场，其磁力线穿越 B 相磁极，并力图按磁阻最小的路径闭

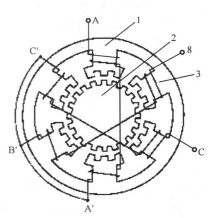

图 7.7　步进电动机的内部结构图

合，这就使转子受到反应转矩（磁阻转矩）的作用而转动，直到 B 磁极上的齿与转子的小齿对齐，恰好转子转过 3°，此时 A、C 磁极下的齿又分别与转子的小齿错开 $\frac{1}{3}$ 的齿距。接着停止对 B 相绕组通电，而改为 C 相绕组通电，同理受反应转矩的作用，转子按顺时针方向再转动 3°，依此类推，当三相绕组按 A→B→C→A 顺序循环通电时，转子会按顺时针方向，以每个通电脉冲转动 3° 的规律步进式转动起来，若改变通电顺序，按 A→C→B→A 顺序循环通电时，则转子就按逆时针方向以每个通电脉冲转动 3° 的规律转动。

因为每一瞬间只有一相绕组通电，并且按三种通电状态循环通电，故称为单三拍运行方式。单三拍运行时的步矩角 θ_b 为 30°。三相步进电动机还有两种通电方式，它们分别是双三拍运行，即按 AB→BC→CA→AB 顺序循环通电的方式，以及单、双六拍运行，即按 A→AB→B→BC→C→CA→A 顺序循环通电的方式。

常用的步进电动机的引脚封装结构如图 7.8 所示，6 个引脚分别对应 A、B、C 和 A'、B'、C'，其参数说明如下。

图 7.8　步进电动机的引脚封装结构

（1）Nominal Voltage：工作电压。

（2）Step Angle：步进角，是步进电动机每次步进所转动的角度。

（3）Maximum RPM：最大转速。

（4）Coil Resistance：线圈电阻。

（5）Coil Inductance：线圈电感。

综上所述，步进电动机的转动方向取决于定子绕组通电的顺序，而转动速度则取决于驱动方波的频率，所以 51 单片机可以通过三极管、达林顿管和专用驱动芯片等来驱动步进电动机。

7.3.6　硬件模块基础——ULN2003A

ULN2003A 是达林顿管，其又被称复合管，其原理是将两只三极管适当地连接在一起，以组成一只等效的新的三极管，该等效三极管的放大倍数是前两只三极管之积，常常用于驱动需要较大驱动电流的器件。

ULN2003A 的引脚封装结构如图 7.9 所示，其详细说明如下。

（1）1B～8B：输入引脚，可以直接由 51 单片机的 I/O 引脚控制。

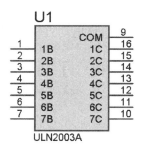

图 7.9　ULN2003A 的引脚封装结构

（2）1C～8C：输出引脚，达林顿管的输出引脚，其逻辑是输入引脚的输入逻辑取反，当输入为逻辑"1"时输出为逻辑"0"，其需要加上拉电阻，该上拉电阻的上拉电压必须和 COM 引脚上的电压相同。

（3）COM：电源正输入引脚，该引脚外加电压可以为 0～50V，由被驱动的通道所决定。

注意：ULN2003A 的输出逻辑和输入逻辑是相反的。

7.4　天车控制系统的软件设计

天车控制系统的软件设计重点是步进电动机的驱动模块设计，其需要按照一定的步骤对步进电动机的各个引脚进行控制。

7.4.1 天车控制系统的软件模块划分和流程设计

天车控制系统的软件模块可分为直流电动机驱动模块和步进电动机驱动模块两个部分，其流程如图 7.10 所示。

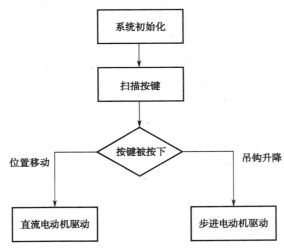

图 7.10 天车控制系统的软件流程

7.4.2 直流电动机驱动模块设计

直流电动机驱动模块包括一个用于对直流电动机进行控制的函数 void DCMotoDeal(void)，其应用代码如例 7.1 所示。

直流电动机驱动模块的应用代码首先对按键状态进行判断，然后根据判断结果进行相应的动作。

【例 7.1】 直流电动机驱动模块的应用代码。

```
void DCMotoDeal(void)
{
    if(!Inc)
    {
        speed = speed > 0 ? speed - 1 : 0;
    }
    if(!Dec)
    {
        speed = speed < 500 ? speed + 1 : 500;
    }
    PWM=1;
    delay(speed);
    PWM=0;
    delay(500-speed);
}
```

7.4.3　步进电动机驱动模块设计

步进电动机驱动模块包括一个用于对步进电动机进行控制的函数 void StepMotoDeal (void)，其应用代码如例 7.1 所示。

步进电动机驱动模块的应用代码首先使用数组 sequence 存放了一个步进电动机的驱动序列，然后根据相应的状态送出控制序列。

【例 7.2】　步进电动机驱动模块的应用代码。

```
void StepMotoDeal(void)
{
    unsigned char i;
    if (!key_for)
    {
        i = i<8 ? i+1 : 0;
        out_port = sequence[i];
        delayms(50);
    }
    else if (!key_rev)
    {
        i = i>0 ? i-1 : 7;
        out_port = sequence[i];
        delayms(50);
    }
}
```

7.4.4　天车控制系统的软件综合

天车控制系统的软件综合如例 7.3 所示。

天车控制系统的应用代码首先在主循环中扫描当前的按键状态，然后根据其状态调用相应的电动机控制函数。

【例 7.3】　天车控制系统的软件综合。

```
#include "AT89X52.h"
#include "intrins.h"
#define out_port    P3
unsigned char const sequence[8] = {0x02,0x06,0x04,0x0c,0x08,0x09,0x01,0x03};
sbit key_for = P1 ^ 2;
sbit key_rev = P1 ^ 3;
sbit Inc = P1 ^ 0;
sbit Dec = P1 ^ 1;
sbit Dir = P2 ^ 0;
sbit PWM = P2 ^ 1;
int speed;
void delay(unsigned int j)
{
```

```
    for(; j>0; j--);
}
void delayms(unsigned int j)
{
    unsigned char i;
    for(; j>0; j--)
    {
        i = 120;
        while (i--);
    }
}
void main(void)
{
    // 选择方向和时间
    Dir = 1;
    if (Dir)
    {
        speed = 400;
    }
    else
    {
        speed = 100;
    }
    out_port = 0x03;
    while(1)
    {
        DCMotoDeal();
        StepMotoDeal();
    }
}
```

7.5 天车控制应用系统的仿真与总结

在 Proteus 中绘制如图 7.4 所示电路，其中所涉及的典型器件参见表 7.2。

表 7.2 Proteus 电路器件列表

器 件 名 称	库	子 库	说 明
AT89C52	Microprocessor ICs	8051 Family	51 单片机
RES	Resistors	Generic	通用电阻
CAP	Capacitors	Generic	电容
CAP-ELEC	Capacitors	Generic	极性电容
CRYSTAL	Miscellaneous	—	晶体振荡器
MOTOR-STEPPER	Electromecharical	—	直流电动机

续表

器 件 名 称	库	子 库	说 明
MOTOR-DC	Electromecharical	—	直流电动机
TIP32	Transistors	Bipolar	三极管
BC184	Transistors	Bipolar	三极管
BUTTON	Switches & Relays	Switches	独立按键

　　单击运行，按下对应的按键，可以看到直流电动机和步进电动机的相应动作，如图 7.11 所示。

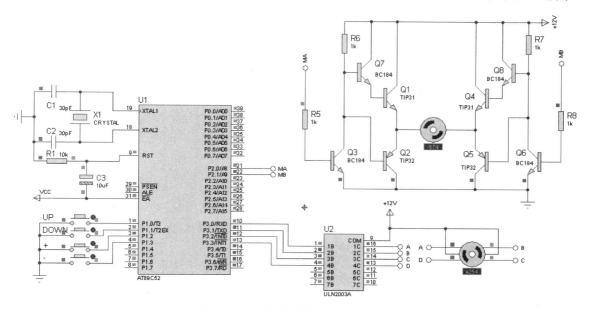

图 7.11　天车控制系统的 Proteus 仿真

　　总结： 在实际应用中，也可以使用专用的步进电动机驱动芯片对步进电动机进行驱动，使用专用芯片的好处能减少 51 单片机的工作负担。

第8章　负载平衡监控系统

在某些对负载平衡性有严格要求的系统中，如大型渡轮中，要求左右两侧的负载重量不能有明显的差异，否则会导致载体侧翻等事故，而负载平衡系统则是用于对平衡性进行监控的应用系统。

本应用实例涉及的知识如下：

➢ RS-422 差分通信协议的应用原理。

➢ RS-422 通信芯片 SN75179 的应用原理。

➢ 拨码开关的应用原理。

8.1　负载平衡监控系统的背景介绍

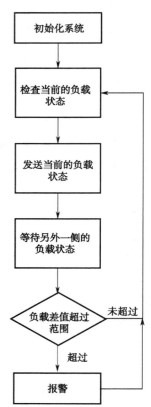

负载平衡监控系统由两个完全相同的模块组成，其能根据当前的负载情况选择 0%～80% 的负载状态，最小分辨率为 10% 的负载状态，然后将这个状态通过有线电缆传送到到另外一方，同时接收另外一方的负载，当这个本方的负载高于另外一方 20% 时，报警发声，当这个负载值相差越大时，报警声音会越急迫。

负载平衡监控系统可以用于轮渡、水位调节等应用系统，以维持一个较平衡的状态，避免出现意外情况。

8.2　负载平衡监控系统的设计思路

8.2.1　负载平衡监控系统的工作流程

负载平衡监控系统的工作流程如图 8.1 所示。

8.2.2　负载平衡监控系统的需求分析与设计

设计负载平衡监控系统，需要考虑以下几个方面：

（1）选择合适的通道提供负载输入通道；

（2）选择合适的显示模块显示另一侧的负载状态；

（3）两侧的通信模块使用何种方式进行数据通信；

图 8.1　负载平衡监控系统的工作流程

（4）采用何种模块提供相应的报警；

（5）需要设计合适的单片机软件。

8.2.3　51 单片机应用系统的通信模型和 RS-422 协议

传统的 OSI 网络通信模型由物理层、数据链路层、网络层、传输层、会话层、表示层、应用层组成，而 51 单片机应用系统的通信模型可以参考 OSI 模型精简为物理层、数据链路层和应用层，如图 8.2 所示，其详细说明如下。

| 应用层 |
| 数据链路层 |
| 物理层 |

图 8.2　51 单片机应用系统的通信模型

（1）物理层：决定 MCS51 单片机系统采用的信号传输媒介，常用的有双绞线、双绞线×2、无线等。

（2）数据链路层：决定 MCS51 单片机系统的硬件接口标准，常用的有 RS-232、RS-485、CAN 等。

（3）应用层：决定 MCS51 单片机系统的数据交换过程及应用，其中必须包含一个通信协议。通信协议是指通信各方事前约定的必须共同遵循的规则，可以简单地理解为各计算机之间进行相互会话所使用的共同语言。两个系统在进行数据通信时必须使用通信协议，其特点是具有层次性、可靠性和有效性。

51 单片机应用系统的通信协议其实就是一组约定，以说明数据的组成内容及规则。如果把 51 单片机的数据通信过程看做信件的交流，那么需要传输的是信件的内容，而通信协议则是信封上的地址、邮编和信件的投递规则。

在第 6 章 PC 中控系统中介绍的 RS-232 标准是一种基于单端非对称电路的接口标准，这种结构对共模信号的抑制能力很差，在传输线上会有非常大的压降损耗，所以不适合应用于长距离信号传输，在需要进行较长距离的数据传输时，可以使用 RS-422 的接口标准。

RS-422 标准是在 51 单片机中最常用的有线通信协议，其全称是"平衡电压数字接口电路的电气特性"，它定义了接口电路的特性。RS-422 有 A、B 等修改版本，其核心思想是使用平衡差分电平来传输信号，即每一路信号都是用一对以地为参考的对称正/负信号，在实际的使用过程中不需要使用地信号线。RS-422 是一种全双工的接口标准，可以同时进行数据的接收和发送，它有点对点和广播两种通信方式，在广播模式下只允许在总线上挂接一个发送设备，而接收设备可以最多为 10 个，最高速率为 10Mb/s，最远传输距离为 1219m。

注意：随着电子技术的飞速发展，一些比较新的 RS-422 通信接口芯片已经可以支持更多的通信设备、更高的通信速率和传输距离。

8.3　负载平衡监控系统的硬件设计

8.3.1　负载平衡监控系统的硬件划分

负载平衡监控系统的硬件划分如图 8.3 所示，由 51 单片机、RS-422 通信模块、显示模块及负载状态输入模块组成，其各个部分详细说明如下。

（1）51 单片机：负载平衡监控系统的核心控制器。

（2）负载状态输入模块：用于向系统输入当前的负载状态。

（3）显示模块：显示远端检测端的负载信息。

（4）报警模块：当负载不平衡时提供报警信息。

（5）RS-422 通信模块：负载平衡监控模块之间的数据交互通道。

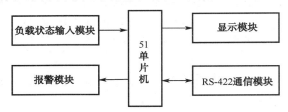

图 8.3　负载平衡监控系统的硬件模块

8.3.2　负载平衡监控系统的硬件电路

负载平衡监控系统的硬件电路如图 8.4 所示。图中 51 单片机使用 P0 端口扩展了一位 8 位数码管来作为负载状态输入；用 P2 端口扩展了一位 7 段共阳极数码管作为显示设备；使用 P1.7 引脚扩展了一个蜂鸣器作为声音报警设备；在串行端口上扩展了一个 RS-422 通信协议芯片 SN75179 作为通信芯片。

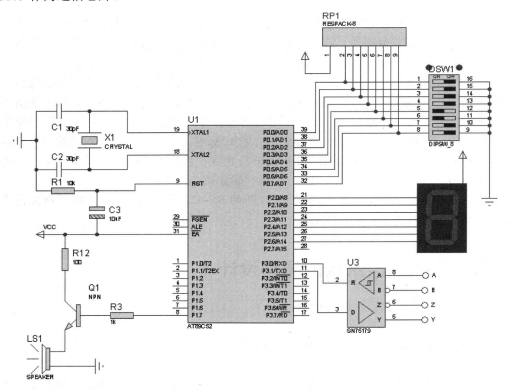

图 8.4　负载平衡监控系统的硬件电路

负载平衡监控系统涉及的典型器件说明参见表 8.1。

表 8.1 负载平衡监控系统的典型器件说明

器 件 名 称	器 件 编 号	说　　　明
晶体振荡器	X1	51 单片机的振荡源
51 单片机	U1	51 单片机，系统的核心控制器件
电容	C1、C2、C3	滤波、储能器件
电阻	R1	上拉
SN75179	U3	RS-422 通信协议芯片
数码管		显示设备
拨码开关	DSW1	提供当前的负载状态输入
三极管	Q1	三极管，用于驱动蜂鸣器
排阻	RP1	上拉

8.3.3 硬件模块基础——SN75179

SN75179 是最常用的 RS-422 通信接口协议芯片之一，图 8.5 是 SN75179 的引脚封装结构，其详细说明如下。

（1）Y：驱动器同相输出端引脚。

（2）Z：驱动器反相输出端引脚。

（3）A：接收器同相输入端引脚。

（4）B：接收器反相输入端引。

（5）R：串行数据接收引脚。

（6）D：串行数据发送引脚。

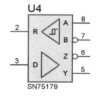

图 8.5 SN75179 的引脚封装结构

RS-422 通信协议的核心思想是使用平衡差分电平来传输信号，即每一路信号都是用一对以地为参考的对称正负信号，在实际的使用过程中不需要使用地信号线。RS-422 是一种全双工的接口标准，可以同时进行数据的接收和发送，其有点对点和广播两种通信方式，而在广播模式下只允许在总线上挂接一个发送设备。

8.3.4 硬件模块基础——拨码开关

拨码开关是一种有通、断两种稳定状态的开关，使用方法和按键类似，它和按键的区别在于不会自动恢复到未接通状态，也就是说如果将其接通，那么就会保持该接通状态，直到用户手动切换到断开为止，同理将其断开的时候，一般用 2～8 个做成一组。

市场上通常存在 DIPSW 系列和 DIPSWC 系列两种不同的拨码开关，两者的区别是后者把所有拨码开关的一端连接到了一起，这种适用于将拨码开关的一端都连接到 VCC 或者 GND 的情况。

拨码开关的常见相关属性说明如下。

（1）Set Value：设置值，这是拨码开关的设置状态，可以在此处设置，也可以在电路中通过单击拨码开关来进行。

（2）Switch Time：接通和断开之间的切换时间。

（3）Resistance OFF：断开时候的电阻。

（4）Resistance ON：接通时候的电阻。

8.4　负载平衡监控系统的软件设计

和 PC 中控系统类似，负载平衡监控系统的软件设计重点也是对于串口通信数据的处理。

8.4.1　负载平衡监控系统的软件模块划分和流程设计

负载平衡监控系统的软件流程如图 8.6 所示。

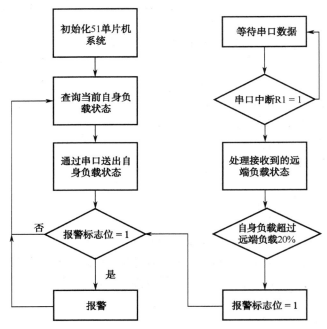

图 8.6　负载平衡监控系统的软件流程

8.4.2　负载平衡监控系统的软件综合

负载平衡监控系统的软件综合应用代码如例 8.1 所示。

应用代码使用 unsigned char 对位变量进行强制转换后，将计数器增加，用于统计拨码开关中闭合的数量。

【例 8.1】　负载平衡监控系统的应用代码。

```
#include <AT89X52.h>
unsigned char code SEGtable[]=
```

```
{
    0xc0,0xf9,0xa4,0xb0,0x99,0x92,0x82,0xf8,0x80,0x90,0x88,0x83,0xc6,0xa1,0x86,0x8e,0x00
};
sbit sw7 = P0 ^ 7;
sbit sw6 = P0 ^ 6;
sbit sw5 = P0 ^ 5;
sbit sw4 = P0 ^ 4;
sbit sw3 = P0 ^ 3;
sbit sw2 = P0 ^ 2;
sbit sw1 = P0 ^ 1;
sbit sw0 = P0 ^ 0;
sbit FMQ = P1 ^ 7;
bit alarmflg = 0;
unsigned RxByte = 0x00;
unsigned char counter = 0;
unsigned char Scounter,Lcounter;         //分别存放自己的水位状态和远方的水位状态
unsigned char FMcounter = 0x02;          //报警状态参数
void DelayFM(unsigned int x)
{
    unsigned char t;
while(x--)
{
    for(t=0;t<120;t++);
  }
}
//蜂鸣器驱动函数,参数为发声声调
void FM(unsigned char x)
{
    unsigned char i;
for(i=0;i<100;i++)
{
    FMQ = ~FMQ;
    DelayFM(x);
}
FMQ = 0;
}
void Delayms(unsigned int MS)            //延时 ms 函数
{
unsigned int i,j;
for( i=0;i<MS;i++)
    for(j=0;j<1141;j++);
}
void InitUART(void)
{
    TMOD = 0x20;                          //9600b/s
    SCON = 0x50;
    TH1 = 0xFD;
```

```
        TL1 = TH1;
        PCON = 0x00;
        EA = 1;
        ES = 1;
        TR1 = 1;
}
void Send(unsigned char x)
{
    SBUF = x;
    while(TI == 0);
    TI = 0;
}
void Serial(void) interrupt 4 using 1
{
unsigned char RxByte;
if(RI == 1)
{
        RxByte = SBUF;
        RI = 0;
        P2 = RxByte;
        switch(RxByte)
        {
            case 0x00: Lcounter = 0;break;
            case 0xf9: Lcounter = 1;break;
            case 0xa4: Lcounter = 2;break;
            case 0xb0: Lcounter = 3;break;
            case 0x99: Lcounter = 4;break;
            case 0x92: Lcounter = 5;break;
            case 0x82: Lcounter = 6;break;
            case 0xF8: Lcounter = 7;break;
            case 0x80: Lcounter = 8;break;
            default:{};
        }
        if(Scounter > Lcounter)
        {
            if((Scounter - Lcounter) > 2)              //如果超过 2%
            {
                FMcounter = Scounter - Lcounter;
                alarmflg = 1;                          //报警标志位
            }
            else
            {
                alarmflg = 0;
            }
        }
        else
        {
```

```
            alarmflg = 0;                              //清除
        }
    }
}
main(void)
{
    InitUART();
    while(1)
    {
        Delayms(100);
        P0 = 0xFF;
        counter = 0;
        counter = counter + (unsigned char)sw7;
        counter = counter + (unsigned char)sw6;
        counter = counter + (unsigned char)sw5;
        counter = counter + (unsigned char)sw4;
        counter = counter + (unsigned char)sw3;
        counter = counter + (unsigned char)sw2;
        counter = counter + (unsigned char)sw1;
        counter = counter + (unsigned char)sw0;      //计算当前的负载
        Scounter = counter;
        Send(SEGtable[counter]);
        if(alarmflg == 1)
        {
            FM(FMcounter);
        }
    }
}
```

8.5　负载平衡监控应用系统的仿真与总结

在 Proteus 中绘制如图 8.4 所示的电路，其中涉及的典型器件参见表 8.2。

表 8.2　Proteus 电路器件列表

器 件 名 称	库	子 库	说 明
AT89C52	Microprocessor ICs	8051 Family	51 单片机
RES	Resistors	Generic	通用电阻
CAP	Capacitors	Generic	电容
CAP-ELEC	Capacitors	Generic	极性电容
CRYSTAL	Miscellaneous	—	晶体
SN75179	Microprocessor ICs	Peripherals	422 电平转换芯片
DIPSW_8	Switches & Relays	Switches	8 位拨码开关
7SEG-COM-ANODE	Optoelectronics	7-Segment Displays	7 段共阳极数码管
RESPACK-8	Resistors	Resistor Packs	单电阻排

在同一张 Proteus 图纸中再增加一个模块，单击运行，修改拨码开关的状态，可以看到相应的数码管显示和听到对应的报警声，如图 8.7 所示。

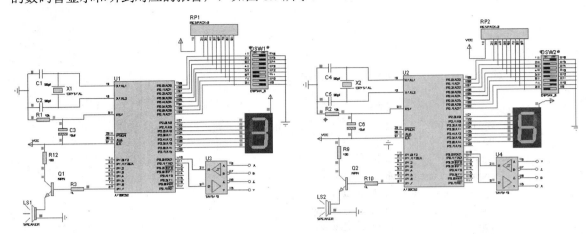

图 8.7　负载平衡监控系统的 Proteus 仿真

总结：在本应用实例中，使用拨码开关模拟了负载的状态输入，而在实际使用中，可以修改为实际传感器等。

第9章　电子抽奖系统

在各种常见庆典、宴会等活动中，为活跃现场气氛通常会穿插一些抽奖过程，或者在彩票系统中需要抽取获奖的号码，此时可以使用电子抽奖系统。电子抽奖是摆脱了传统人工收集名片或人手抽奖券的繁杂程序，而采用智能电子抽奖的方式。

本应用实例涉及的知识如下：

➢ C51 语言的随机数产生函数使用方法；
➢ 51 单片机的外部中断应用原理；
➢ 51 单片机的内置定时器/计数器应用原理；
➢ 74HC595 串并转换芯片的应用原理。

9.1　电子抽奖系统的背景介绍

51 单片机的电子抽奖系统是一个可以在操控者的控制下，选择一个随机 5 位整数作为中奖号码，并且能显示出来的应用系统。

9.2　电子抽奖系统的设计思路

9.2.1　电子抽奖系统的工作流程

电子抽奖系统的工作流程如图 9.1 所示。

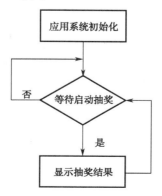

图 9.1　电子抽奖系统的工作流程

9.2.2 电子抽奖系统的需求分析与设计

设计电子抽奖系统，需要考虑以下几个方面：
（1）如何产生这个用于抽奖的随机数；
（2）如何启动和停止抽奖；
（3）如何显示抽奖结果；
（4）需要设计合适的单片机软件。

9.2.3 单片机系统的随机数产生原理

在统计学的不同技术中需要使用随机数，例如在统计总体中抽取有代表性的样本时，或者将实验动物分配到不同的试验组的过程中，再或者在进行蒙特卡罗模拟法计算时等。

产生随机数有多种不同的方法，这些方法被称为随机数发生器。随机数最重要的特性是：它所产生后面的那个数与前面的那个数毫无关系。

真正的随机数是使用物理现象产生的，如掷钱币、骰子、转轮、使用电子元件的噪声、核裂变等。这样的随机数发生器称为物理性随机数发生器，它们的缺点是技术要求比较高。

在实际应用中往往使用伪随机数就足够了，这些数列"似乎"是随机的数，但在实际上它们是通过一个固定的、可以重复的计算方法产生的。计算机或计算器产生的随机数有很长的周期性，它们不是真正的随机，因为它们实际上是可以计算出来的，具有类似于随机数的统计特征，这样的发生器称为伪随机数发生器。

一般伪随机数的生成方法主要有以下 3 种。

（1）直接法（Direct Method）：根据分布函数的物理意义生成。缺点是仅适用于某些具有特殊分布的随机数，如二项式分布、泊松分布。

（2）逆转法（Inversion Method）：假设 U 服从[0, 1]区间上的均匀分布，令 $X=F^{-1}(U)$，则 X 的累计分布函数（CDF）为 F，该方法原理简单、编程方便、适用性广。

（3）接收拒绝法（Acceptance-Rejection Method）：假设希望生成的随机数的概率密度函数（PDF）为 f，则首先找到一个 PDF 为 g 的随机数发生器与常数 c，使得 $f(x) \leqslant cg(x)$，然后根据接收拒绝算法求解，由于算法平均运算 c 次才能得到一个希望生成的随机数，因此 c 的取值必须尽可能小，显然，该算法的缺点是较难确定 g 与 c。

在 51 单片机实际应用系统中，常常使用以下方法来产生一个伪随机数。

（1）启动定时器/计数器，在某一个时刻从定时器/计数器的计数寄存器 TH 或者 TL 中读出当前值，把这个值作为该时刻的随机数。这种方法的优点是简单，从大规模重复实验来看这个值近似于一个随机数；缺点是占用一个定时器/计数器，并且从短时间来看这些随机数的取值是逐步增大的，是有规律可循的。

（2）使用"stdlib.h"库中的 rand 函数，产生一个伪随机数。这种方法的优点是不占用硬件资源，而且在短时间内来看这些随机数的取值是近似随机的；缺点是从长时间来看这些随机数的取值是有规律可循的。

以下是 stdlib.h 库中的 rand 函数和 srand 函数的介绍，前者用于产生一个随机数，后者用于对 rand 函数进行初始化。

1. rand 函数说明

用 rand 函数得到的随机数是一个伪随机数,它表现为每一段 51 单片机代码,每次重新运行,其取出的随机数序列是完全相同的, 表 9.1 是 rand 函数的说明。

表 9.1　rand 函数的说明

函数原型	int　rand ( );
函数参数	无
函数功能	随机返回一个在 0~32767 之间的整型数据
函数返回值	一个随机整型数

2. srand 函数说明

rand 函数产生的是一个伪随机数,也就是说每次 51 单片机开始运行时得到的随机数序列是相同的,为了避免这种情况,可以使用 srand 函数对 rand 函数进行初始化。srand 函数的输入值是一个整数,这个整数作为 rand 的“种子”存在,当种子不同时,rand 函数产生的随机数序列也是不同的, 表 9.2 是 srand 函数的说明。

表 9.2　srand 函数的说明

函数原型	void　srand (int c);
函数参数	c:整数 c
函数功能	初始化 rand 函数
函数返回值	无

rand 函数可以看作始终被种子“0”初始过。如果实例中使用固定数对 rand 函数进行初始化,其得到的也并不是一个真正的随机数序列,如果想要得到真正的随机数序列,可以读取单片机系统的外部时钟,用该时间作为种子来对 rand 函数进行初始化,此时可以得到真正的随机数。如果没有外部时钟,则可以启动一个内部定时器/计数器,读取该定时器/计数器的数据寄存器的值来初始化 rand 函数,从而可以得到比较“随机”的伪随机数。

9.3　电子抽奖系统的硬件设计

9.3.1　电子抽奖系统的硬件划分

电子抽奖系统的硬件划分如图 9.2 所示,由 51 单片机、显示模块和用户输入模块组成,其各个部分详细说明如下。

(1)51 单片机:电子抽奖系统的核心控制器。

(2)用户输入模块:用户启动和停止抽奖,并且给抽奖系统提供相关的随机数选择项。

(3)显示模块:显示抽奖结果。

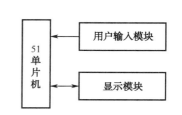

图 9.2　电子抽奖系统的硬件划分

9.3.2 抽奖系统的硬件电路

抽奖系统的硬件电路如图 9.3 所示,图中,51 单片机使用 P2 和 P3 端口扩展了 5 个 74HC595 用于扩展数码管显示抽奖结果;使用一个独立按键连接到外部中断 0 引脚上,作为启动和停止 抽奖的控制;使用 P1 端口扩展了一个拨码开关,作为抽奖系统的相应控制参数(提供伪随机数 种子的选择)。

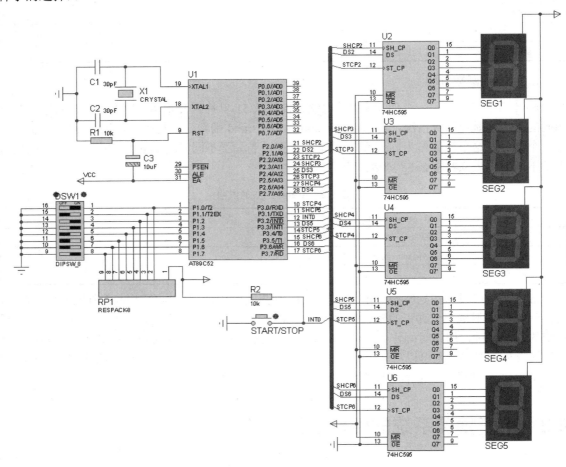

图 9.3　电子抽奖系统的硬件电路

电子抽奖系统涉及的典型器件说明参见表 9.3。

表 9.3　电子抽奖系统涉及的典型器件说明

器 件 名 称	器 件 编 号	说　　明
晶体	X1	51 单片机的振荡源
51 单片机	U1	51 单片机,系统的核心控制器件
电容	C1、C2、C3	滤波,储能器件

续表

器 件 名 称	器 件 编 号	说　　明
电阻	R1	上拉
拨码开关	DSW1	用户控制伪随机数种子
独立按键		启动或停止抽奖
74HC595	U2～U6	串/并转换数码管
数码管	SEG1～SEG5	显示模块

9.3.3　硬件模块基础——51 单片机的外部中断

51 单片机内置一个完整的中断体系，包括两个外部中断、一个串口中断和 2～3 个定时器/计数器中断，合理利用这些中断可以让单片机的应用系统及时地对某些外部或内部事件进行响应。

51 单片机的外部中断模块由中断系统和外部引脚组成，其使用 P3 端口的 P3.2/$\overline{INT0}$ 和 P3.3/$\overline{INT1}$ 引脚来作为外部信号的输入引脚。

表 9.4 是 51 单片机的中断控制寄存器 IE（Interrupt Enable Register）的内部结构，这个寄存器可以位寻址，也可以对该寄存器相应位进行置 1 或清零，来对相应的中断进行操作。

表 9.4　51 单片机的中断控制寄存器 IE 的内部结构

位 序 号	位 名 称	描　　述
7	EA	单片机中断允许控制位，当 EA=0 时，单片机禁止所有的中断；当 EA=1 时，单片机使能中断，但是各个中断是否使能还需要看其相应的中断控制位的状态
6～5	—	—
4	ES	串行中断允许控制位，当 ES=0 时，禁止串行中断；当 ES=1 时，使能串行中断
3	ET1	定时器/计数器 1 中断允许位，当 ET1=0 时，禁止定时器/计数器 1 溢出中断；当 ET1=1 时，使能定时器/计数器 1 溢出中断
2	EX1	外部中断 1 允许位，当 EX1=0 时，禁止外部中断 1；当 EX1＝1 时，使能外部中断 1
1	ET0	定时器/计数器 0 中断允许位，使用方法同 ET1
0	EX0	外部中断 0 允许位，使用方法同 EX1

从表 9.4 中可以看出，如果要使能外部中断，则需要让 IE 寄存器的 EA 位和 EX1/EX0 位都被置"1"。

在 51 单片机运行中，常常会出现几个中断同时产生的情况，此时需要使用 51 单片机的中断优先级判断系统，来决定先对那一个中断事件进行响应，51 单片机的中断默认优先级如图 9.4 所示。

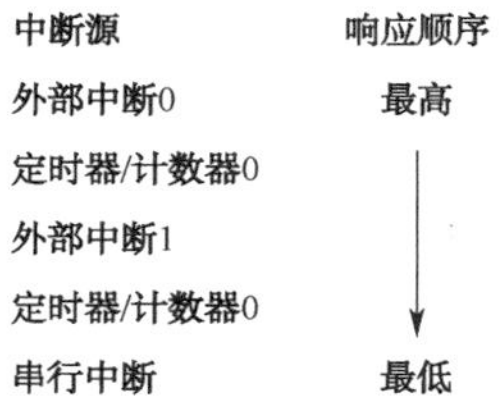

在单片机对中断优先级别的处理过程中，单片机遵循以下两条原则：

（1）高优先级别的中断可以中断低优先级别所请求的中断，反之不能；

（2）同一级别的中断一旦得到响应后随即屏蔽同级的中断，也就说相同优先级的中断不能够再次引发中断。

中断源	响应顺序
外部中断0	最高
定时器/计数器0	
外部中断1	
定时器/计数器0	
串行中断	最低

图 9.4　51 单片机中断
默认优先级别

可以使用中断优先级控制寄存器 IP（Interrupt Priority Register）来提高某个中断的优先级别，从而达到在多个中断同时发生时先处理该中断的目的，表 9.5 是中断优先级控制寄存器的内部结构，该寄存器可以位寻址，如果中断源对应的控制位被置位为 1，则该中断源被置位为高优先级，否则则为低优先级别。

表 9.5　中断优先级控制寄存器的内部结构

位 序 号	位 名 称	描　　述
7～5	—	—
4	PS	串行口中断优先级控制位
3	PT1	定时器/计数器 1 中断优先级控制位
2	PX1	外部中断 1 中断优先级控制位
1	PT0	定时器/计数器 0 中断优先级控制位
0	PX0	外部中断 0 中断优先级控制位

51 单片机的外部中断 $\overline{\text{INT0}}$ 和 $\overline{\text{INT1}}$ 在使能后有两种触发方式，一种是下降沿触发，另一种是低电平触发，可以选择这两种方式，对定时器/计数器控制寄存器 TCON（Timer/Counter Control Register）的相关位的设置进行切换，参见表 9.6。

表 9.6　TCON 寄存器中关于外部中断设置的相关位

位 序 号	位 名 称	说　　明
2	IT1	外部中断 1 触发方式控制位，其功能和 IT0 相同
0	IT0	外部中断 0 触发方式控制位，置位时为下降沿触发方式，清除时为低电平触发方式

当 IT0/IT1 被置 1 时，$\overline{\text{INT0}}$ / $\overline{\text{INT1}}$ 被引脚上的下降沿触发，否则由引脚上的低电平触发。

9.3.4　硬件模块基础——51 单片机的定时器/计数器

51 单片机内部集成了两个 16 位定时器/计数器 T0 和 T1，可以用于定时或计数操作，某些型号的 51 单片机还有第三个和这两个定时器/计数器略有区别的定时器/计数器 T2。

51 单片机通过对相关寄存器的操作，来实现对定时器/计数器 T0 和 T1 的控制，这些寄存器包括工作方式寄存器 TMOD、控制寄存器 TCON、T0 数据寄存器 TH0 和 TL0、T1 数据寄存器 TH1 和 TL1。

TMOD 是定时器/计数器的工作方式寄存器，其地址为 0x89，TMOD 的内部结构参见表 9.7。它不支持位寻址，在 51 单片机复位后初始化值将所有位都被清零。

表 9.7　定时器/计数器的工作方式寄存器 TMOD

位 编 号	位 名 称	描　　述
7	GATE1	定时器/计数器 1 门控位，当 GATE1=0 时，T1 的运行只受到控制寄存器 TCON 中运行控制位 TR1 控制；当 GATE1=1 时，T1 的运行受到 TR1 和外部中断输入引脚上电平的双重控制

位 编 号	位 名 称	描　　　　述
6	C/T1#	定时器/计数器 1 的定时/计数方式选择位，当 C/T1# = 0 时，T1 工作在计数状态下，此时计数脉冲来自 T1 引脚（P3.5），当引脚上检测到一次负脉冲时，计数器加 1；当 C/T1# = 1 时，T1 工作在定时状态下，此时每过一个机器周期，定时器加 1
5	M10	T1 工作方式选择位
4	M01	M10M01　　　　　　　　工作方式 00　　　　　　　　　　　　0 01　　　　　　　　　　　　1 10　　　　　　　　　　　　2 10　　　　　　　　　　　　3
3	GATE0	定时器/计数器 0 门控位，其功能和 GATE1 相同
2	C/T0#	定时器/计数器 0 定时/计数选择位，其功能和 C/T1# 相同
1	M10	T0 工作方式选择位，其功能和 M10M01 相同
0	M00	

TCON 是定时器/计数器的控制寄存器，其地址为 0x88，TCON 的内部结构参见表 9.8，在单片机复位后初始化值将所有位都被清零。

表 9.8　定时器/计数器的运行控制寄存器 TCON

位 序 号	位 名 称	说　　明
7	TF1	定时器/计数器 1 溢出标志位，其功能和 TF0 相同
6	TR1	定时器/计数器 1 启动控制位，其功能和 TR0 相同
5	TF0	定时器/计数器 0 溢出标志位，该位被置位则说明单片机检测到了定时器/计数器 0 的溢出，并且 PC 自动跳转到该中断向量入口，当单片机响应中断后，该位被硬件自动清除
4	TR0	定时器/计数器 0 启动控制位，当该位被置位时启动定时器/计数器 0
3	IE1	外部中断 1 触发标志位，其功能和 IE0 相同
2	IT1	外部中断 1 触发方式控制位，其功能和 IT0 相同
1	IE0	外部中断 0 触发标志位，该位被置位则说明单片机检测到了外部中断 0，并且 PC 自动跳转到外部中断 0 中断向量入口，当单片机响应中断后，该位被硬件自动清除
0	IT0	外部中断 0 触发方式控制位，当该位被置位时为下降沿触发方式，当该位被清除时为低电平触发方式

数据寄存器 TH0、TL0、TH1、TL1 用于存放相关的计数值，当定时器/计数器收到一个驱动事件（定时/计数）后，数据寄存器的内容加 1，当数据寄存器的值到达最大时，将产生一个溢出中断，在 51 单片机复位后，所有寄存器的值都被初始化为 0x00，这些寄存器都不能位寻址。

51 单片机的定时器/计数器 T0 和 T1 有 4 种工作方式，由 TMOD 寄存器中间的 M1 和 M0 这两位来决定。

工作方式 0 和工作方式 1：当 M1M0=00 时，T0/T1 工作于工作方式 0，其内部计数器由 TH0/TH1 的 8 位和 TL0/TL1 的低 5 位组成的 13 位计数器，当 TL0/TL1 溢出时将向 TH0/TH1 进位，当 TH0/TH1 溢出后则产生相应的溢出中断，由 GATE 位、C/T#位来决定定时器的驱动事件来源。当 M1M0=01 时，T0/T1 工作于工作方式 1，其内部计数器为 TH0/TH1 和 TL0/TL1 组成的 16 位计数器，其溢出方式和驱动事件的来源和工作方式 0 相同。51 单片机在接收到一个驱动事件后计数器加 1，当计数器溢出时则产生相应的中断请求。在定时的模式下，定时器/计数器的驱动事件为单片机的机器周期，也就是外部时钟频率的 1/12，可以根据定时器的工作原理计算出工作方式 0 和工作方式 1 的最长定时长度 T 为

$$T = \frac{2^{13/16} \times 12}{F_{\text{osc}}}$$

通过对定时器/计数器的数据寄存器赋一个初始化值的方法，可以让定时器/计数器得到 0 到最大定时长度中任意选择的定时长度，初始化值 N 的计算公式为

$$N = \frac{T \times F_{\text{osc}}}{2^{13/16} \times 12}$$

定时器/计数器的工作方式 0 和工作方式 1，不具备自动重新装入初始化值的功能，所以如果要想循环得到确定的定时长度，就必须在每次启动定时器之前重新初始化数据寄存器，通常是在中断服务程序里完成这项工作。

工作方式 2：当 M1M0=10 时，T0/T1 工作于工作方式 2。定时器/计数器的工作方式 2 和前两种工作方式有很大的不同，工作方式 2 下的 8 位计数器的初始化数值可被自动重新装入。在工作方式 2 下 TL0/TL1 为一个独立的 8 位计数器，而 TH0/TH1 用于存放时间常数，当 T0/T1 产生溢出中断时，TH0/TH1 中的初始化数值被自动装入 TL0/TL1 中，这种方式可大大减少程序的工作量，但其定时长度也大大地减少，因此只适用于较短的重复定时或用作串行口的波特率发生器。

工作方式 3：当 M1M0=11 时，T0 工作于工作方式 3。在工作方式 3 下 T0 被拆分成了两个独立的 8 位计数器 TH0 和 TL0，TL0 使用 T0 本身的控制和中断资源，而 TH0 则占用了 T1 的 TR1 和 TF1 作为启动控制位和溢出标志。在这种情况下，T1 将停止运行并且数据寄存器将保持其当前数值，所以设置 T0 为工作方式 3 也可以代替复位 TR1 来关闭 T1 定时器/计数器。

当 51 单片机的中断控制寄存器 IE 中的 EA 位和 ET0/ET1 都被置 1 时，定时器/计数器 T0/T1 的中断被使能，在这种状态下，如果定时器/计数器 T0/T1 出现一个计数溢出事件，则会触发定时器/计数器中断事件。由第 2 章可知，可以通过修改中断优先级寄存器 IP 中的 PT0/PT1 位来提高定时器/计数器的中断优先级。定时器/计数器 T0/T1 的中断处理函数的结构如下：

```
void 函数名(void) interrupt 1 using 寄存器编号
//这是定时器/计数器 0 的中断服务子程序,如果需要使用定时器/计数器 1 只需要将中断标号修改为 3
即可
    {
        中断函数代码;
    }
```

9.3.5　硬件模块基础——74HC595

如果 51 单片机的串行模块还需要作为其他用途（如和 PC 通信等），此时可以使用 51 单片机普通的 I/O 引脚扩展移位寄存器来完成端口的扩展，最常用的扩展芯片是 74HC595。

74HC595 芯片是一个 8 位串入并出的移位芯片，图 9.5 是 74HC595 的引脚封装结构，详细说明如下。

（1）Q0～Q7：8 位并行输出端引脚。

（2）Q7'：级联输出端引脚。

（3）DS：串行数据输入端引脚。

（4）SH_CP：为低电平时将 74HC595 的数据清零。

（5）$\overline{MR}$：在时钟上升沿时将 74HC595 的数据移位，在下降沿时移位寄存器数据不变。

（6）ST_CP：在上升沿时将 74HC595 的数据送入数据存储寄存器，在下降沿时存储寄存器数据不变。

（7）$\overline{OE}$：在高电平时禁止 74HC595 输出，此时输出引脚为高组态。

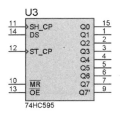

图 9.5 74HC595 的引脚封装结构

表 9.9 是 74HC595 的真值表。

表 9.9 74HC595 的真值表

输　　入					输　　出		功　能　说　明
$\overline{MR}$	ST_CP	$\overline{OE}$	SH_CP	DS	Q7'	Qn	
×	×	L	L	×	L	NC	MR 上的低电平清除所有的数据
×	↑	L	L	×	L	L	把寄存器数据送入锁存器
×	×	H	L	X	L	Z	OE 上的高电平使得输出为高阻态
↑	×	L	H	H	Q6'	NC	串行移位输出
×	↑	L	X	H	NC	Qn'	串行移位输出
↑	↑	L	H	X	Q6'	Qn'	数据直接输出

74HC595 的输出有锁存功能，当 SH_CP 为高电平，$\overline{OE}$ 为低电平时，从 DS 端输入串行位数据，串行输入时钟 $\overline{MR}$ 发送一个上升沿，直到 8 位数据输入完毕，使输出时钟上升沿有效一次，此时输入的数据就被送到了输出端。

9.4 电子抽奖系统的软件设计

9.4.1 电子抽奖系统的软件模块划分和流程设计

电子抽奖系统的软件可以划分为 74HC595 驱动函数模块和抽奖两个部分，其流程如图 9.6 所示。

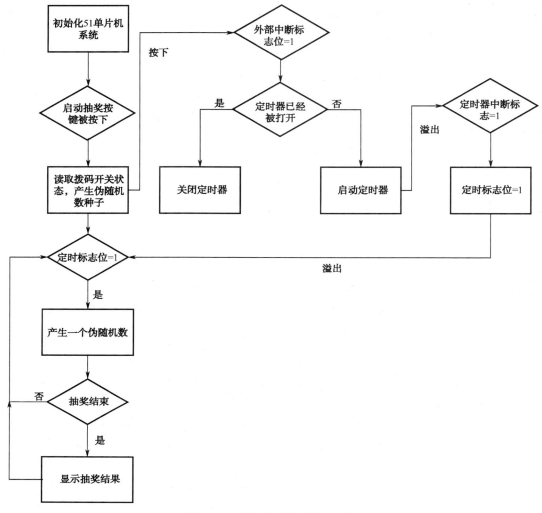

图 9.6 电子抽奖系统的软件流程

9.4.2 74HC595 的驱动函数模块设计

74HC595 驱动函数模块用于对 U2～U5 进行读/写操作，其应用代码如例 9.1 所示。

74HC595 驱动函数的应用代码使用 51 单片机的普通 I/O 引脚进行移位操作，以完成对 74HC595 的数据读/写操作。

【例 9.1】 74HC595 驱动函数的应用代码。

```
//595 输入函数 2 号
void Input5952()
{
    unsigned char i;
for(i=0;i<8;i++)
{
    temp2 <<= 1;
```

```
        sbDS2    = CY;
        sbSHCP2 = 1;
        _nop_();
        _nop_();
        sbSHCP2 = 0;
  }
}
//595 输出函数 2 号
void Output5952()
{
        sbSTCP2 = 0;
_nop_();
sbSTCP2 = 1;
_nop_();
sbSTCP2 = 0;
}
//595 输入函数 3 号
void Input5953()
{
        unsigned char i;
for(i=0;i<8;i++)
{
        temp3 <<= 1;
        sbDS3    = CY;
        sbSHCP3 = 1;
        _nop_();
        _nop_();
        sbSHCP3 = 0;
  }
}
//595 输出函数 3 号
void Output5953()
{
        sbSTCP3 = 0;
_nop_();
sbSTCP3 = 1;
_nop_();
sbSTCP3 = 0;
}

//595 输入函数 4 号
void Input5954()
{
        unsigned char i;
for(i=0;i<8;i++)
{
        temp4 <<= 1;
```

```
        sbDS4    = CY;
        sbSHCP4 = 1;
        _nop_();
        _nop_();
        sbSHCP4 = 0;
    }
}
//595 输出函数 4 号
void Output5954()
{
        sbSTCP4 = 0;
_nop_();
sbSTCP4 = 1;
_nop_();
sbSTCP4 = 0;
}

//595 输入函数 5 号
void Input5955()
{
        unsigned char i;
for(i=0;i<8;i++)
{
        temp5 <<= 1;
        sbDS5    = CY;
        sbSHCP5 = 1;
        _nop_();
        _nop_();
        sbSHCP5 = 0;
    }
}
//595 输出函数 5 号
void Output5955()
{
        sbSTCP5 = 0;
_nop_();
sbSTCP5 = 1;
_nop_();
sbSTCP5 = 0;
}

//595 输入函数 6 号
void Input5956()
{
        unsigned char i;
for(i=0;i<8;i++)
{
```

```
        temp6 <<= 1;
        sbDS6    = CY;
        sbSHCP6 = 1;
        _nop_();
        _nop_();
        sbSHCP6 = 0;
   }
  }
//595 输出函数 6 号
void Output5956()
{
        sbSTCP6 = 0;
_nop_();
sbSTCP6 = 1;
_nop_();
sbSTCP6 = 0;
}
```

9.4.3　电子抽奖系统的软件综合

电子抽奖系统的软件综合如例 9.2 所示，其中涉及 74HC595 的驱动函数代码可以参考 9.4.1 节。

应用代码在外部中断 0 的服务子函数中启动或停止抽奖，当启动抽奖时，首先根据拨码开关的设置获得 srand 函数的种子数，然后对 rand 函数进行初始化，同时启动定时器/计数器 T0，在 T0 定时溢出时获得一次当前的抽奖值，以此循环，直到接收到停止抽奖的外部中断事件。

【例 9.2】　电子抽奖系统的软件综合。

```
#include <AT89X52.h>
#include <intrins.h>
#include <stdlib.h>
#define TRUE   1
#define FALSE 0
bit    bT0Flg = FALSE;
//U2 595 的驱动引脚定义
sbit sbSHCP2 = P2^0;
sbit sbDS2 = P2^1;
sbit sbSTCP2 = P2^2;
//U3 595 的驱动引脚定义
sbit sbSHCP3 = P2^3;
sbit sbDS3 = P2^4;
sbit sbSTCP3 = P2^5;
//U4 595 的驱动引脚定义
sbit sbSHCP4 = P2^6;
sbit sbDS4 = P2^7;
sbit sbSTCP4 = P3^0;
//U5 595 的驱动引脚定义
sbit sbSHCP5 = P3^1;
```

```c
sbit sbDS5 = P3^3;
sbit sbSTCP5 = P3^4;
//U6 595 的驱动引脚定义
sbit sbSHCP6 = P3^5;
sbit sbDS6 = P3^6;
sbit sbSTCP6 = P3^7;
unsigned char temp2,temp3,temp4,temp5,temp6;
bdata unsigned char sw;                          //位定义
sbit sw0 = sw ^ 0;
sbit sw1 = sw ^ 1;
sbit sw2 = sw ^ 2;
sbit sw3 = sw ^ 3;
sbit sw4 = sw ^ 4;
sbit sw5 = sw ^ 5;
sbit sw6 = sw ^ 6;
sbit sw7 = sw ^ 7;
unsigned char code SEGtable[]=
{
    0xc0,0xf9,0xa4,0xb0,0x99,0x92,0x82,0xf8,0x80,0x90,
};
void initrand(void)
{
    unsigned char counter=0;
    P1 = 0xff;
    sw = P1;
    counter = 0;                                 //统计开关闭合的数码
    if(sw0 == 1)
    {
        counter++;
    }
    if(sw1 == 1)
    {
        counter++;
    }
    if(sw2 == 1)
    {
        counter++;
    }
    if(sw3 == 1)
    {
        counter++;
    }
    if(sw4 == 1)
    {
        counter++;
    }
    if(sw5 == 1)
```

```c
            counter++;
        }
        if(sw6 == 1)
        {
            counter++;
        }
        if(sw7 == 1)
        {
            counter++;
        }
        srand(counter);                     //初始化种子
}
void Timer0Init(void)                       //定时器 0 初始化函数
{
    TMOD = 0x01;                            //设置 T1 工作方式
TH0 = 0x00;
TL0 = 0x0C;                                 //100ms 定时
    ET0 = 1;                                //开启定时器 0 中断
//TR0 = 1;                                  //启动定时器
}
void Timer0Deal(void) interrupt 1 using 1   //定时器 0 中断处理函数
{
ET0 = 0;                                    //首先关闭中断
TH0 = 0x00;                                 //然后重新装入预制值
TL0 = 0x0C;
    ET0 = 1;                                //打开 T0 中断
    bT0Flg = TRUE;                          //定时器中断标志位
}
EX_INT0() interrupt 0 using 1               //外部中断 0 服务函数
{
    if(TR0 == 1)                            //判断当前定时器/计数器的状态
    {
        TR0 = 0;
    }
    else
    {
        TR0 = 1;
        initrand();                         //初始化种子
    }
}
void main()
{
    unsigned int randdata = 0;
    unsigned char wdata,qdata,baidata,sdata,gdata;
    Timer0Init();                           //初始化时钟
    IT0 = 1;                                //设置外部中断 0 触发方式为低脉冲
```

```
    EX0 = 1;                               //使能外部中断 0
    EA = 1;                                //打开串口中断标志
while(1)
{
    while(Bt0Flg==FALSE);                  //等待延时标志位
    Bt0Flg=FALSE;
    randdata = 2 * rand();                 //获得随机数
    wdata = randdata/10000;                //输出万位
    temp2 = SEGtable[wdata];
    Input5952();
     Output5952();
    qdata = randdata%10000/1000;           //输出千位
    temp3 =   SEGtable[qdata];
    Input5953();
     Output5953();
    baidata = randdata%1000/100;           //输出百位
    temp4 =   SEGtable[baidata];
    Input5954();
     Output5954();
    sdata = randdata%100/10;               //输出 10 位
    temp5 =   SEGtable[sdata];
    Input5955();
     Output5955();
    gdata = randdata%10;                   //输出个位
    temp6 =   SEGtable[gdata];
    Input5956();
     Output5956();
}
}
```

9.5   电子抽奖应用系统的仿真与总结

在 Proteus 中绘制如图 9.3 的电路，其中涉及的典型 Proteus 器件参见表 9.10。

表 9.10   Proteus 电路器件列表

器 件 名 称	库	子　库	说　明
AT89C52	Microprocessor ICs	8051 Family	51 单片机
RES	Resistors	Generic	通用电阻
CAP	Capacitors	Generic	电容
CAP-ELEC	Capacitors	Generic	极性电容
CRYSTAL	Miscellaneous	—	晶体振荡器
74HC595	TTL 74HC series	Registers	移位寄存器
DIPSW_8	Switches & Relays	Switches	8 位拨码开关

器 件 名 称	库	子 库	说 明
7SEG-COM-AN-GRN	Optoelectronics	7-Segment Displays	7 段绿色共阳极数码管
SWITCH	Switches & Relays	Switches	开关

单击运行,按下按键启动抽奖,可以看到数码管上依次显示当前的随机值,再次按下按钮停止抽奖,可以看到本次抽奖的结果,如图 9.7 所示。

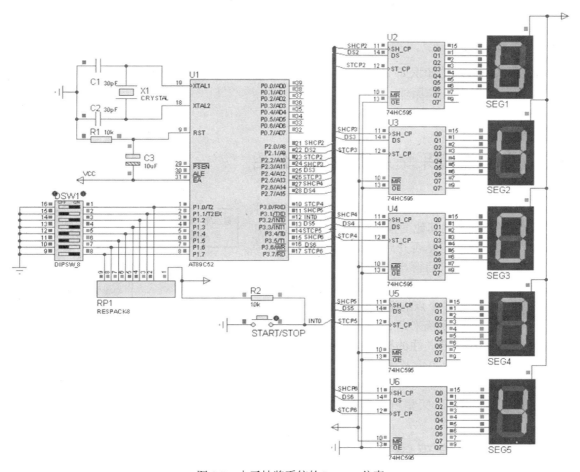

图 9.7 电子抽奖系统的 Proteus 仿真

总结: 在实际应用中,还需要考虑更多的因素,如需要能设置抽奖值的区间(只能落在 0~1000)。

第 10 章　多点温度采集系统

多点温度采集系统是一个对多个点的温度数据进行采集的应用系统，通常可以应用于监控一个地区范围内或物体的不同区域内的温度数据，以供进行相应的动作，如冷库温度控制、温室自动通风系统等。

本应用实例涉及的知识如下：

➢ 1-wire 总线的工作原理；

➢ DS18B20 温度传感器芯片的应用原理。

10.1　多点温度采集系统的背景介绍

51 单片机温度采集应用系统常用于环境变量的采集，并对应用系统中的其他变量或动作进行控制，例如采集冷库的温度来决定是否开启或关闭制冷，采集温室内的温度决定是否要开启窗户进行通风。而在实际应用中，这些工作往往不是只使用一个点的温度数据作为参考量，需要同时参考多个点的温度数据，此时需要使用一个多点的温度采集系统来完成相应的工作。

温度采集系统需要关注的指标包括采集点数目、采集点距离、待采集温度范围及采集精度。本系统需要对 8 个距离在 10m 范围内的点数据进行采集，其采集温度范围在-30～50℃区间，采集精度为 0.5℃。

10.2　多点温度采集系统的设计思路

10.2.1　多点温度采集系统的工作流程

多点温度采集系统的工作流程如图 10.1 所示，需要注意的是该系统并没有提供根据采集到的温度，来对相关量进行控制的功能。

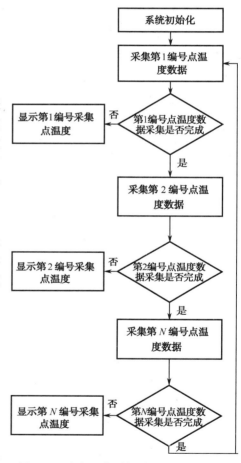

图 10.1　多点温度采集系统的工作流程图

10.2.2　多点温度采集系统的需求分析与设计

设计多点温度采集系统，需要考虑如下几个方面：

（1）需要一个能将温度数据转换为采集数据的传感器，其相关指标必须符合采集系统的需求；

（2）需要一个能显示温度数据的显示模块；

（3）51 单片机通过何种方式来和传感器进行数据交互；

（4）需要设计合适的单片机软件。

10.2.3　单片机应用系统的温度采集方法

单片机应用系统对于温度信号采集有两种常见的方法：

（1）数字温度传感器采集。通常利用两个不同温度系数的晶振控制两个计数器进行计数，利用温度对晶振精度影响的差异测量温度。

（2）PT 铂电阻采集。利用 PT 金属在不同温度下的电阻值和不同的原理来测量温度。

两种采集方法的比较参见表 10.1。

表 10.1　PT 铂电阻和数字温度传感器的比较

	PT 铂电阻	数字温度传感器
温度精度	高，很容易达到 0.1℃	低，0.5℃左右
测量范围	几乎没有限制	有相当的限制
采样速度	快，受到模/数字转换器件的限制	慢，几十至几百毫秒
体积	小，但是需要额外的器件	较大
和 51 单片机的接口	需要通过电压调理电路和模/数字转换器件	数字接口电路
安装位置	任意位置	有限制

需要注意的是 PT 铂电阻根据温度变化的只是其电阻值，所以在实际使用过程中，需要额外的辅助器件将其转换为电压信号，并且通过调整后送到模/数字转换器件才能让 51 单片机进行处理，其组成如图 10.2 所示。

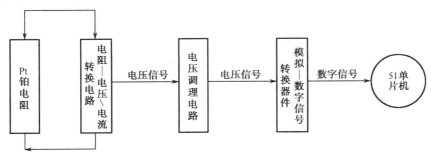

图 10.2　使用 PT 铂电阻来测量温度

在多点温度采集系统中，选择了使用 1-wire 总线接口的温度传感器 DS18B20 来测量温度，这是因为系统对采集精度要求不高，而且温度传感器没有额外的附加器件，比较方便和 51 单片机连接。

10.2.4 1-wire 总线的工作原理

多点温度采集系统的 51 单片机使用 1-wire 总线和温度传感器 DS18B20 进行数据交互，该总线是美国达拉斯公司推出的一种总线接口技术，其技术特点是只用一根数据线，既传输时钟，也传输数据，且数据通信是双向的，还可以利用该总线给器件完成供电的任务。1-wire 总线具有占用 I/O 资源少，硬件简单的优点，在一条 1-wire 总线上可以挂接多个器件。这些器件既可以是主机，也可以是从机器件。图 10.3 是使用 1-wire 总线来扩展多个 51 单片机系统外围器件的结构示意图。

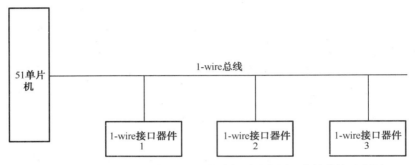

图 10.3 使用 1-wire 总线扩展 51 单片机系统外围器件的结构示意图

1-wire 总线的接口器件通过一个漏极开路的三态端口连接到总线上，这样使得器件在不使用总线时可以释放信号线，以便于其他器件使用总线。由于是漏极开路，所以 1-wire 要在总线上拉一个 5kΩ左右的电阻到 VCC，并且在使用寄生方式供电时，为了保证器件在所有的工作状态下都有足够的电量，在总线上还必须提供一个 MOSFET 管，以存储电能。

寄生供电方式是指 1-wire 总线器件不使用外接电源，直接使用数据信号线作为电能传输信号线的供电方式。

1-wire 总线的工作流程包括总线初始化、发送 ROM 命令+数据，以及发送功能命令+数据 3 个步骤，除了搜索 ROM 命令和报警搜索命令之后不能发送功能命令+数据，而是要重新初始化总线之外，其他的总线操作过程必须完成这 3 个步骤。

总线初始化过程由主机发送的总线复位脉冲和从机响应的应答脉冲组成，后者是通知主机该总线上有准备就绪的从机信号，总线初始化的时序可以参考 1-wire 相关手册。

每个 1-wire 总线器件都有自己的地址，这是一个唯一 64 位数据，用于标示该器件的种类。ROM 命令是和 ROM 代码相关的一系列命令，用于操作总线上的指定外围器件，ROM 命令还可以检测总线上有多少个外围器件，以及这些外围器件的种类和是否有器件出于报警状态。ROM 命令一般有 5 种（视具体器件决定），这些命令的长度都为一个字节，即 8 位。1-wire 总线。1-wire 总线 ROM 命令的操作流程如图 10.4 所示。

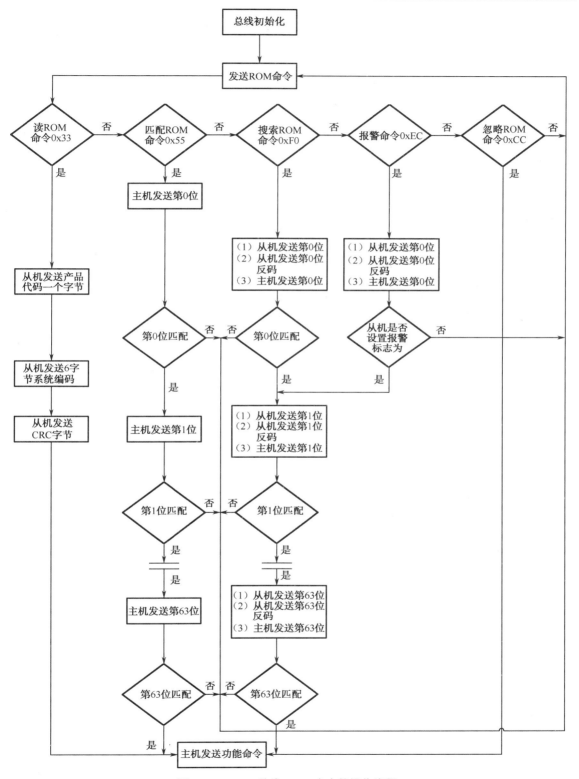

图 10.4　1-wire 总线 ROM 命令的操作流程

表 10.2 是 1-wire 总线 ROM 命令的具体说明。

表 10.2　1-wire 总线 ROM 命令的具体说明

指 令 代 码	名　　称	功　　能
0x33	在	该指令只能在总时线上只有一个 1-wire 接口总线器件时使用，允许主机直接读出器件的 ROM 代码，如果有多个接口器件，必然发生冲突
0x55	总线匹配 ROM 命令	该指令用于在总线上有多个 1-wire 接口器件时，在该命令后的命令数据为 64 位的器件地址，允许主机读出和该地址匹配的器件的 ROM 数据
0xCC	忽略 ROM 命令	该指令用于同时访问总线上所有的 1-wire 接口器件，是一个"广播"命令，不需要跟随器件地址，常常用于启动等命令
0xF0	搜索 ROM 命令	该指令用于搜索总线上所有的 1-wire 接口器件
0xEC	报警命令	该指令用于使总线上设置了报警标志的 1-wire 接口设备返回报警状态，这个命令的用法和搜索 ROM 命令类似，但是只有部分的 1-wire 器件支持

在主机发送完 ROM 命令后，发送需要操作的具体器件的功能命令+数据，即可以对指定的具体器件进行操作。

10.3　多点温度采集系统的硬件设计

多点温度采集系统硬件设计的重点是：如何和多个 DS18B20 进行数据交互以获得当前的温度。

10.3.1　多点温度采集系统的硬件模块划分

多点温度采集系统的硬件模块划分如图 10.5 所示，它由 51 单片机、显示模块和 DS18B20 模块组成，其各个部分详细说明如下。

（1）51 单片机：多点温度采集系统的核心控制器。

（2）DS18B20 温度采集模块：采集当前各个点的温度数据。

（3）1602 液晶：显示用户当前的各个采集点的温度信息。

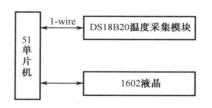

图 10.5　多点温度采集系统的硬件模块

10.3.2　多点温度采集系统的电路

多点温度采集系统的电路如图 10.6 所示，51 单片机使用 P1 端口和 P2.0～P2.2 引脚扩展了一片 1602 液晶作为多点温度采集系统的显示模块；使用 P2.7 引脚模拟 1-wire 总线时序扩展了 8 个 DS18B20 提供温度数据。

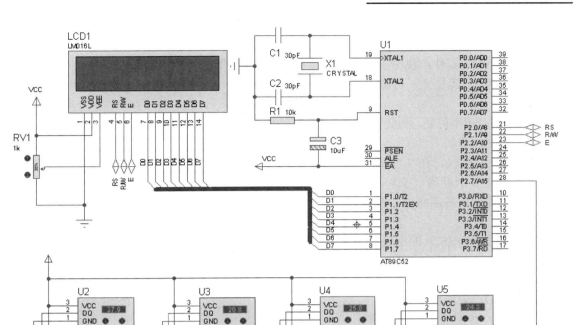

图 10.6　多点温度采集系统的电路

多点温度采集模块中涉及的典型器件说明参见表 10.3。

表 10.3　多点温度采集模块电路涉及的典型器件说明

器 件 名 称	器 件 编 号	说　　　明
晶体振荡器	X1	51 单片机的振荡源
51 单片机	U1	51 单片机，系统的核心控制器件
电容	C1、C2、C3	滤波、储能器件
电阻	R1	上拉
1602 液晶	LCD1	数字、字符液晶模块
DS18B20	U2～U9	温度传感器
滑动变阻器	RV1	用于调节 1602 的对比度

10.3.3　硬件模块基础——DS18B20

DS18B20 是达拉斯（Dallas）公司出品的数字温度传感器，其使用 1-wire 总线接口，该器件的主要技术特点如下。

（1）工作电压范围广。3～5.5V，并且可以使用寄生电容供电方式。

（2）集成度高。所有的应用模块都集中在一个和普通三极管大小相同的芯片内，应用过程中不需要任何外围器件，使用 1-wire 总线接口和 51 单片机进行数据通信。

（3）温度测量范围大。可测量温度区间为-55～125℃，其中在-10～85℃的区间内测量精度为 0.5℃。

（4）测量分辨率可变。测量分辨率可以设置为 9～12 位，对应的最小温度刻度为 0.5℃、0.25℃、0.125℃和 0.0625℃。

（5）转换速度快。在 9 位精度时最快，耗时 93.75ms；在 12 位精度时则需要 750ms。

（6）支持多个设备。支持在同一条 1-wire 总线上挂接多个 DS18B20 器件形成多点测试，在数据传输过程中可以跟随 CRC 校验。

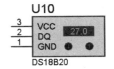

图 10.7 是 DS18B20 的引脚封装结构，其详细说明如下。

（1）VCC：电源输入引脚，如果使用寄生供电方式，该引脚直接连接到 GND。

图 10.7 DS18B20 的引脚封装结构

（2）GND：电源地引脚。

（3）DQ：数据输入/输出引脚。

DS18B20 内部有一个 64 位的 ROM 空间用于存放序列号，序列号由 8 位产品种类编号（0x28）、48 位产品序列号和 8 位 CRC 校验位组成，每一个 DS18B20 都有一个唯一的序列号，可以用于区别其他 DS18B20。

DS18B20 可以将温度转换成两个字节的数据，其可以配置设定为 9～12 位精度，表 5.7 是 12 位精度的数据存储结构，其中 S 为符号位，当温度高于 0℃时 S 为 0，此时后 11 位数据直接乘以温度分辨率 0.0625，则为实际温度值；当温度低于 0℃时 S 为 1，此时后 11 位数据为温度数据的补码，需要取反加一之后再乘以温度分辨率才能得到实际的温度值。

DS18B20 的温度分辨率只和选择的采样精度位数有关，9 位采样精度时对应的分辨率为 0.5℃，10 位为 0.25℃，11 位为 0.125℃，12 位为 0.0625℃。用两个字节的转换结果乘以对应的分辨率就可以得到温度值（注意符号位），但是需要注意的是采样精度位数越高，则需要的采样时间就越长，其内部存储格式参见表 10.4。

表 10.4 DS18B20 的温度数据存储结构

	BIT7	BIT6	BIT5	BIT4	BIT3	BIT2	BIT1	BIT0
低位	2^3	2^2	2^1	2^0	2^{-1}	2^{-2}	2^{-3}	2^{-4}
高位	S	S	S	S	S	2^6	2^5	2^4

DS18B20 内部集成了一个有 9 个字节的 RAM，其内部结构参见表 10.5。

表 10.5 DS18B20 的高速缓存内部结构

0	1	2	3	4	5	6	7	8
温度测量结果低位	温度测量结果高位	高温触发器 TH	低温触发器 TL	配置寄存器	保留	保留	保留	CRC 校验

DS18B20 高速缓存中的配置寄存器用于设置 DS18B20 的工作模式及采样精度，其内部结构

参见表 10.6，其中 TM 位用于切换 DS18B20 的测试模式和正常工作模式，在芯片出厂时该位被置 0，即设置到了正常工作模式，用户一般不需要对该位进行操作。

表 10.6 DS18B20 配置寄存器的内部结构

BIT7	BIT6	BIT5	BIT4	BIT3	BIT2	BIT1	BIT0
TM	R1	R0	1	1	1	1	1

配置寄存器中的 R1 和 R0 位用于设置 DS18B20 的采样精度，参见表 10.7

表 10.7 DS18B20 的采样精度设置

R1	R0	分 辨 率	采样时间（ms）	温度分辨率（℃）
0	0	9 位	93.75	0.5
0	1	10 位	187.5	0.25
1	0	11 位	375	0.125
1	1	12 位	750	0.0625

1-wire 总线的工作流程包括总线初始化、发送 ROM 命令+数据及发送功能命令+数据 3 个步骤，其中功能命令由具体的器件决定，用于对器件内部进行具相应功能的操作，DS18B20 的功能命令参见 10.8。

表 10.8 DS18B20 的功能命令列表

功能命令对应代码	功能命令名称	功 能
0x4E	写高速缓存	向内部高速缓存写入 TH 和 TL 数据，设置温度上限和下限，该功能命令后跟随两字节的 TH 和 TL 数据
0xBE	读高速缓存	将 9 字节的内部高速缓存中的数据按照地址从低到高的顺序读出
0x48	复制高速缓存到 EEPROM	将内部高速缓存内的 TH、TL 及控制寄存器的数据写入 EEPROM 中
0xB8	恢复 EEPROM 到高速缓存	和 0x48 相反，将数据从 EEPROM 中复制到高速缓存中
0xB4	读取供电方式	当 DS18B20 使用外部电源供电时，读取数据为 1，否则为 0，此时使用寄生供电方式
0x44	启动温度采集	启动 DS18B20 进行温度采集

DS18B20 的详细操作步骤如下：

（1）复位 1-wire 总线；

（2）当同一条总线上存在多个 DS18B20 时匹配 ROM，否则跳过；

（3）设置 DS18B20 的报警温度上限和下限；

（4）启动采集并且等待采集结束；

（5）读取温度数据低位，读取温度数据高位。

10.4 多点温度采集系统的软件设计

多点温度采集系统软件设计的重点是如何设计 DS18B20 的驱动函数。

10.4.1　多点温度采集系统的软件模块划分和流程设计

多点温度采集系统的软件可以分为 DS18B20 驱动函数模块和 1602 液晶显示驱动模块两个部分，其流程如图 10.8 所示。

10.4.2　DS18B20 驱动函数模块设计

DS18B20 的驱动函数模块主要用于对 DS18B20 进行操作，它包括了初始化函数 void Initialization()，向 DS18B20 写入一个字节的函数 void WriteByte(unsigned char btData)，从 DS18B20 读出一个字节的函数 unsigned char ReadByte()，ROM 匹配函数 void MatchROM(const unsigned char *pMatchData)和温度读取函数 TEMPDATA ReadTemperature()，其中最关键的函数是 TEMPDATA ReadTemperature，其流程如图 10.9 所示。

在应用代码中，定义了一个结构体 tagTempData 用于存放当前的温度输出，其为了便于显示，把温度数据数据都拆开存放到结构体中。

```
typedef struct tagTempData
{
unsigned char            btThird;        //百位数据
unsigned char            btSecond;       //十位数据
unsigned char            btFirst;        //个位数据
unsigned char            btDecimal;      //小数点后一位数据
unsigned char            btNegative;     //是否为负数
}TEMPDATA;
TEMPDATA m_TempData;
```

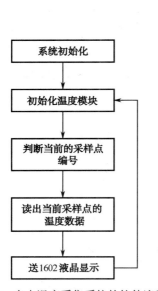

图10.8　多点温度采集系统的软件流程

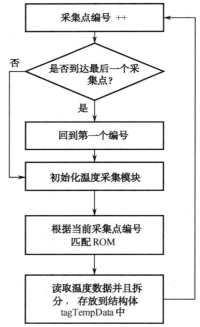

图10.9　TEMPDATA ReadTemperature温度读取函数的流程

例 10.1 是 DS18B20 驱动函数模块的应用代码。

【例 10.1】　DS18B20 驱动函数的应用代码。

```
//芯片初始化
void Initialization()
{
while(1)
{
        DQ = 0;
        Delay480us();                 //延时 480μs
        DQ = 1;
        Delay60us();                  //延时 60μs
        if(!DQ)                       //收到 DS18B20 的应答信号
        {
                DQ = 1;
                Delay240us();         //延时 240μs
                break;
        }
}
}
//写一个字节（从低位开始写）
void WriteByte(unsigned char btData)
{
unsigned char i, btBuffer;

for (i = 0; i < 8; i++)
{
        btBuffer = btData >> i;
        if (btBuffer & 1)
        {
                DQ = 0;
                _nop_();
                _nop_();
                DQ = 1;
                Delay60us();
        }
        else
        {
                DQ = 0;
                Delay60us();
                DQ = 1;
        }
}
}
//读一个字节（从低位开始读）
unsigned char ReadByte()
{
unsigned char i, btDest;
```

```
for (i = 0; i < 8; i++)
{
    btDest >>= 1;
    DQ = 0;
    _nop_();
    _nop_();
    DQ = 1;
    Delay16us();
    if (DQ) btDest |= 0x80;
    Delay60us();
}
return btDest;
}
//序列号匹配
void MatchROM(const unsigned char *pMatchData)
{
unsigned char i;

Initialization();
WriteByte(MATCH_ROM);
for (i = 0; i < 8; i++) WriteByte(*(pMatchData + i));
}
//读取温度值
TEMPDATA ReadTemperature()
{
TEMPDATA TempData;
unsigned int iTempDataH;
unsigned char btDot, iTempDataL;
static unsigned char i = 0;
TempData.btNegative = 0;                        //为 0 温度为正
i++;
if (i == 9) i = 1;
Initialization();
WriteByte(SKIP_ROM);                            //跳过 ROM 匹配
WriteByte(TEMP_SWITCH);                         //启动转换
Delay500ms();                                   //调用一次就行
Delay500ms();
Initialization();
//多个芯片的时候用 MatchROM(ROMData)换掉 WriteByte(SKIP_ROM)
switch (i)
{
    case 1 : MatchROM(ROMData1); break;          //匹配 1
    case 2 : MatchROM(ROMData2); break;          //匹配 2
    case 3 : MatchROM(ROMData3); break;          //匹配 3
    case 4 : MatchROM(ROMData4); break;          //匹配 4
    case 5 : MatchROM(ROMData5); break;          //匹配 5
```

```
        case 6 : MatchROM(ROMData6); break;          //匹配 6
        case 7 : MatchROM(ROMData7); break;          //匹配 7
        case 8 : MatchROM(ROMData8); break;          //匹配 8
    }
    //WriteByte(SKIP_ROM);                            //跳过 ROM 匹配（单个芯片时用这句换掉
                                                        上面的 switch）
    WriteByte(READ_MEMORY);                          //读数据
    iTempDataL = ReadByte();
    iTempDataH = ReadByte();
    iTempDataH <<= 8;
    iTempDataH |= iTempDataL;
    if (iTempDataH & 0x8000)
    {
        TempData.btNegative = 1;
        iTempDataH = ~iTempDataH + 1;                //负数求补
    }
    //为了省去浮点运算带来的开销，而采用整数和小数部分分开处理的方法（没有四舍五入）
    btDot = (unsigned char)(iTempDataH & 0x000F);    //得到小数部分
    iTempDataH >>= 4;                                 //得到整数部分
    btDot *= 5;                                       //btDot*10/16 得到转换后的小数数据
    btDot >>= 3;
    //数据处理
    TempData.btThird    = (unsigned char)iTempDataH / 100;
    TempData.btSecond   = (unsigned char)iTempDataH % 100 / 10;
    TempData.btFirst    = (unsigned char)iTempDataH % 10;
    TempData.btDecimal = btDot;
    return TempData;
}
```

10.4.3 1602 液晶驱动函数模块设计

1602 液晶驱动模块包括以下函数。

（1）void Busy()：判断 1602 液晶是否处于忙状态。

（2）void WriteCommand(unsigned char btCommand)：向 1602 写入一个字节的命令。

（3）void WriteData(unsigned char btData)：向 1602 写入一个字节的数据。

（4）void Clear()：清除液晶的当前显示。

（5）void Init()：初始化液晶模块。

（6）void DisplayOne(bit bRow, unsigned char btColumn, unsigned char btData, bit bIsNumber)：在 bRow 行、btColumn 上显示单个字符。

（7）void DisplayString(bit bRow, unsigned char btColumn, unsigned char *pData)：在 bRow 行，btColumn 显示一串字符。

1602 液晶驱动模块的应用代码，可以参考第 4 章手机拨号模块应用实例的 4.4.3 节。

10.4.4 多点温度采集系统的软件综合

多点温度采集系统的软件综合如例 10.2 所示，其中所涉及的相应函数详细代码可以参考 10.4.2 节和 10.4.3 节。

应用代码使用 ROMData1～ROMData8 来存放 DS18B20 的 ROM 地址。

【例 10.2】 多点温度采集系统的软件综合。

```c
#include <AT89X52.h>
#include <Intrins.h>
#define          DATA                    P1              //1602 驱动端口
//ROM 操作命令
#define          READ_ROM                0x33            //读 ROM
#define          SKIP_ROM                0xCC            //跳过 ROM
#define          MATCH_ROM               0x55            //匹配 ROM
#define          SEARCH_ROM              0xF0            //搜索 ROM
#define          ALARM_SEARCH            0xEC            //告警搜索

//存储器操作命令
#define          ANEW_MOVE               0xB8            //重新调出 ROM 数据
#define          READ_POWER              0xB4            //读电源
#define          TEMP_SWITCH             0x44            //启动温度转换
#define          READ_MEMORY             0xBE            //读暂存存储器
#define          COPY_MEMORY             0x48            //复制暂存存储器
#define          WRITE_MEMORY            0x4E            //写暂存存储器
//数据存储结构
typedef struct tagTempData
{
unsigned char                    btThird;               //百位数据
unsigned char                    btSecond;              //十位数据
unsigned char                    btFirst;               //个位数据
unsigned char                    btDecimal;             //小数点后一位数据
unsigned char                    btNegative;            //是否为负数
}TEMPDATA;
TEMPDATA m_TempData;
//引脚定义
sbit                             DQ = P2^7;             //数据线端口
sbit     RS=      P2^0;
sbit     RW=      P2^1;
sbit     E=       P2^2;
//DS18B20 序列号,通过调用 GetROMSequence()函数在 P1 口读出(读 8 次)
const unsigned char code ROMData1[8] = {0x28, 0x33, 0xC5, 0xB8, 0x00, 0x00, 0x00, 0xD7};    //U1
const unsigned char code ROMData2[8] = {0x28, 0x30, 0xC5, 0xB8, 0x00, 0x00, 0x00, 0x8E};    //U2
const unsigned char code ROMData3[8] = {0x28, 0x31, 0xC5, 0xB8, 0x00, 0x00, 0x00, 0xB9};    //U3
const unsigned char code ROMData4[8] = {0x28, 0x32, 0xC5, 0xB8, 0x00, 0x00, 0x00, 0xE0};    //U4
const unsigned char code ROMData5[8] = {0x28, 0x34, 0xC5, 0xB8, 0x00, 0x00, 0x00, 0x52};    //U5
const unsigned char code ROMData6[8] = {0x28, 0x35, 0xC5, 0xB8, 0x00, 0x00, 0x00, 0x65};    //U6
const unsigned char code ROMData7[8] = {0x28, 0x36, 0xC5, 0xB8, 0x00, 0x00, 0x00, 0x3C};    //U7
```

```
const unsigned char code ROMData8[8] = {0x28, 0x37, 0xC5, 0xB8, 0x00, 0x00, 0x00, 0x0B};    //U8
//判断忙指令
void Busy()
{
}

//写指令程序
void WriteCommand(unsigned char btCommand)
{
//写数据程序
void WriteData(unsigned char btData)
{
}
//清屏显示
void Clear()
{
}
//初始化
void Init()
{
}
//显示单个字符
void DisplayOne(bit bRow, unsigned char btColumn, unsigned char btData, bit bIsNumber)
{
}
//显示字符串函数
void DisplayString(bit bRow, unsigned char btColumn, unsigned char *pData)
{
}
//延时 16μs 子函数
void Delay16us()
{
unsigned char a;
for (a = 0; a < 4; a++);
}
//延时 60μs 子函数
void Delay60us()
{
unsigned char a;
for (a = 0; a < 18; a++);
}
//延时 480μs 子函数
void Delay480us()
{
unsigned char a;
for (a = 0; a < 158; a++);
}
```

```
//延时 240μs 子函数
void Delay240us()
{
unsigned char a;

for (a = 0; a < 78; a++);
}
//延时 500ms 子函数
void Delay500ms()
{
unsigned char a, b, c;
for (a = 0; a < 250; a++)
for (b = 0; b < 3; b++)
for (c = 0; c < 220; c++);
}
//数据处理子程序
void DataProcess()
{
m_TempData = ReadTemperature();
if (m_TempData.btNegative) DisplayOne(1, 6, '-', 0);
else DisplayOne(1, 6, m_TempData.btThird, 1);
DisplayOne(1, 7, m_TempData.btSecond, 1);
DisplayOne(1, 8, m_TempData.btFirst, 1);
DisplayOne(1, 10, m_TempData.btDecimal, 1);
}
void main()
{
//GetROMSequence();
Clear();
Init();
DisplayString(0, 0, "   Temperature");
DisplayOne(1, 9, '.', 0);
while (1) DataProcess();
}
```

10.5 多点温度采集应用系统的仿真与总结

在 Proteus 中绘制如图 10.6 的电路图，其涉及的典型 Proteus 器件参见表 10.9。

表 10.9 Proteus 电路器件列表

器 件 名 称	库	子 库	说 明
AT89C52	Microprocessor ICs	8051 Family	51 单片机
RES	Resistors	Generic	通用电阻

续表

器 件 名 称	库	子 库	说 明
CAP	Capacitors	Generic	电容
CAP-ELEC	Capacitors	Generic	极性电容
CRYSTAL	Miscellaneous	—	晶体振荡器
DS18B20	Data Converters	Temperature Sensors	DS18B20 温度传感器
POT-HG	Resistors	Variable	滑动变阻器
LM016L	Optoelectronics	Alphanumeric LCDs	1602 液晶模块

在 DS18B20 上双击可以弹出如图 10.10 所示的属性设置对话框，其各个重要属性详细说明如下。

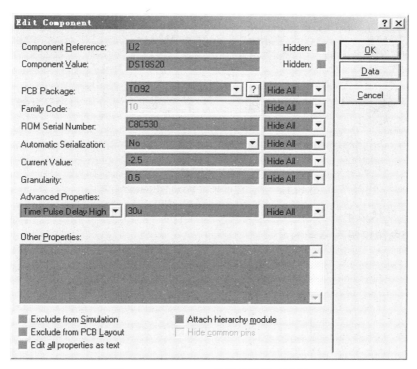

图 10.10 DS18B20 的属性设置对话框

（1）ROM Serial Number：内部 ROM 序列号，在多点温度采集系统的仿真中，需要将该序列号依次修改为 C8C530（U2）～B8C537（U9）。

（2）Automatic Serialization：自动序列号，如果只有一个 DS18B20 则不需要开启，否则如果不手动修改序列号则需要开启。

（3）Current Value：当前温度值，可以在此处或者单击器件上的箭头进行调整。

（4）Granularity：精度，用于设置 DS18B20 的输出精度。

单击运行，可以看到 1602 液晶模块依次显示 U2～U9 的温度数据，单击调节按键，可以看到 1602 液晶模块的显示发生变化，如图 10.11 所示。

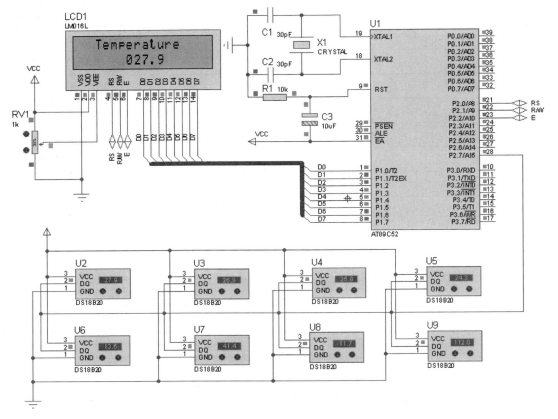

图 10.11 多点温度采集系统的 Proteus 仿真

总结： 在实际使用中，DS18B20 对于数据线的长度有一定要求，并且最好在该数据线上上拉一个 4.7kΩ的电阻以提高驱动能力。

第 11 章　简易波形发生器

波形发生器是信号发生器的一种，是可以产生指定波形信号的设备，对于一个简易的波形发生器而言，其波形的频率和幅度通常是固定的。

本应用实例涉及的知识如下：

➤ 51 单片机应用系统中的 D/A 转换工作原理；

➤ I^2C 总线工作原理；

➤ 单刀单掷开关的应用原理；

➤ MAX517 芯片的应用原理。

11.1　简易波形发生器的背景介绍

信号发生器是最常用的测试仪器之一，主要用于产生被测电路所需特定参数的电测试信号。在测试、研究或调整电子电路及设备时，为测定电路的一些电参量，如测量频率响应、噪声系数及为电压表定度等，都要求提供符合所定技术条件的电信号，以模拟在实际工作中使用的待测设备的激励信号。当要求进行系统的稳态特性测量时，需使用振幅、频率已知的正弦信号源；当测试系统的瞬态特性时，又需使用前沿时间、脉冲宽度和重复周期已知的矩形脉冲源。并且要求信号源输出信号的参数，如频率、波形、输出电压或功率等，能在一定范围内进行精确调整，有很好的稳定性，有输出指示。

信号发生器可以根据输出波形的不同，划分为正弦波信号发生器、矩形脉冲信号发生器、函数信号发生器和随机信号发生器 4 类。其中正弦信号是使用最广泛的测试信号，这是因为产生正弦信号的方法比较简单，而且用正弦信号测量比较方便。正弦信号源又可以根据工作频率范围的不同划分为若干种。

本应用实例所设计的简易波形发生器就是一个产生频率固定，最大幅度为 5V 的正弦波、锯齿波或者三角波的仪器。

11.2　简易波形发生器的设计思路

11.2.1　简易波形发生器的工作流程

简易波形发生器的工作流程如图 11.1 所示。

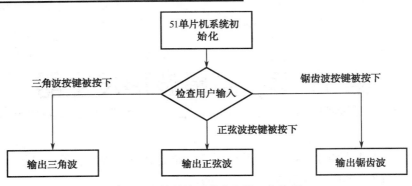

图 11.1　简易波形发生器的工作流程

11.2.2　简易波形发生器的需求分析与设计

设计简易波形发生器系统，需要考虑如下几个方面：
（1）如何产生相应的波形；
（2）如何给用户提供相应的选择通道；
（3）需要设计合适的单片机软件。

11.2.3　D/A 芯片的工作原理

在 51 单片机应用系统中，通常使用 D/A 芯片来产生对应的模拟量，包括各种波形。D/A 芯片的组成如图 11.2 所示，其输入包括数字信号、基准参考电压、供电电源；而输出为模拟电流信号或者电压信号。

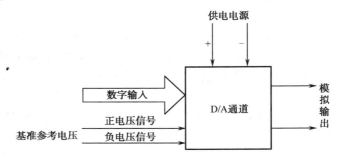

图 11.2　D/A 芯片的组成

D/A 通道的数/模拟转换原理可以分为有权电阻 D/A 转换和 T 型网络转换两种，大多数 D/A 通道芯片是由电阻阵列和多个电流、电压开关组成，其根据输入的数字信号来切换多路开关，以产生对应的输出电流和电压。为了保证 D/A 通道芯片输入引脚上的数字信号的稳定性，一般来说，D/A 芯片内部常常带有数据锁存器和地址译码电路，以便于和 51 单片机的接口连接。

D/A 通道芯片按照数字输入位数可以分为 8 位、10 位、12 位、16 位等；按照和 51 单片机的接口方式可分为并行 D/A 通道芯片和串行 D/A 通道芯片；按照转换后输出的模拟量类型来分可分为电压输入型 D/A 通道芯片和电流输出型 D/A 通道芯片。

D/A 通道芯片的位数越高则表明它转换的精度越高，即可以得到更小的模拟量刻度，以使得转换后的模拟量具有更好的连续性。与 A/D 芯片相似，并行 D/A 通道芯片数据并行传输，具有输出速度快的特点，但是占用的数据线较多。并行 D/A 通道芯片在转换位数不多时具有较高的性价比。串行 D/A 通道芯片则具有占用数据线少、与 51 单片机接口简单、便于信号隔离等优点，但它相对于并行 D/A 通道芯片来说，由于待转换的数据是串行逐位输入的，所以速度相对就稍慢一些。

D/A 通道芯片的主要性能指标如下：

（1）分辨率。输出模拟量的最小变化量，它与 D/A 通道芯片的位数是直接相关的，D/A 通道芯片的位数越高，其分辨率也越高。

（2）转换时间。完成一次数/模转换所需要的时间，它的转换时间越短则转换速度越快。

（3）输出模拟量的类型与范围。D/A 通道芯片输出的电流或是电压，以及其相应的范围。

（4）满刻度误差。数字量输入全为 1 时，实际的输出模拟量与理论值的偏差。

（5）接口方式。即 D/A 通道芯片和其他芯片（主要是处理器）进行数据通信的方式，通常分为并行方式和串行方式。

11.2.4　I²C 接口总线工作原理

I²C（Inter IC Bus）接口总线是 51 单片机应用系统中最常见的扩展总线接口之一，其是飞利浦公司在 20 世纪 80 年代推出的一种两线制串行总线标准，目前已经发展到了 2.1 版本。该总线在物理上由一根串行数据线 SDA 和一根串行时钟线 SCL 组成，各种使用该标准的器件都可以直接连接到该总线上进行通信，它还可以在同一条总线上连接多个外部资源，是 51 单片机非常常用的外部资源扩展方法之一。图 11.3 是 51 单片机使用 I²C 总线上扩展多个外部资源的示意图。

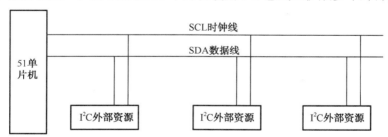

图 11.3　51 单片机使用 I²C 总线上扩展多个外部资源的示意图

表 11.1 是 I²C 总线中涉及的一些常用的术语。

表 11.1　I²C 总线中的常用术语

术　　语	描　　述
发送器	I²C 总线上发送数据的器件
接收器	I²C 总线上接收数据的器件
主机	I²C 总线上能发送时钟信号的器件
从机	I²C 总线上不能发送时钟信号的器件
多主机	同一条 I²C 总线上有一个以上的主机且都使用该 I²C 总线

续表

术　语	描　　述
主器件地址	主机的内部地址，每一种主器件有其特定的主器件地址
从器件地址	从机的内部地址，每一种从器件有其特定的从器件地址
仲裁过程	同时有一个以上的主机尝试操作总线，I²C 总线使得其中一个主机获得总线的使用权并不破坏数据交互的过程
同步过程	两个或者两个以上器件同步时钟信号的过程

符合 I²C 总线标准的外部资源必须符合以下几个基本特征。

（1）具有相同的硬件接口 SDA 和 SCL，用户只需要简单地将这两根引脚连接到其他器件上即可完成硬件的设计。

（2）都拥有唯一的器件地址，在使用过程不会混淆。

（3）所有器件可分为主器件、从器件和主从器件 3 类，其中主器件可发出串行时钟信号；从器件只能被动接收串行时钟信号；主从器件则既可主动发出串行时钟信号，也能被动接收串行时钟信号。

I²C 总线上的时钟信号 SCL 是由所有连接到该信号线上的 I²C 器件的 SCL 信号进行逻辑"与"产生的，当这些器件中任何一个 SCL 引脚上的电平被拉低时，SCL 信号线就将一直保持低电平，只有当所有器件的 SCL 引脚都恢复到高电平后，SCL 总线才能恢复为高电平状态，所以这个时钟信号长度由维持低电平时间最长的 I²C 器件来决定。在下一个时钟周期内，第一个 SCL 引脚被拉低的器件又再次将 SCL 总线拉低，这样就形成了连续的 SCL 时钟信号。

在 I²C 总线协议中，数据的传输必须由主器件发送的启动信号开始，以主器件发送的停止信号结束，从器件在收到启动信号后，需要发送应答信号来通知主器件已经完成了一次数据接收。I²C 总线的启动信号是在读/写信号前，SCL 处于高电平时，SDA 从高到低的一个跳变；当 SCL 处于高电平时，SDA 从低到高的一个跳变被当作 I²C 总线的停止信号，标志操作的结束，即将结束所有的相关通信，图 11.4 是启动信号和停止信号的时序图。

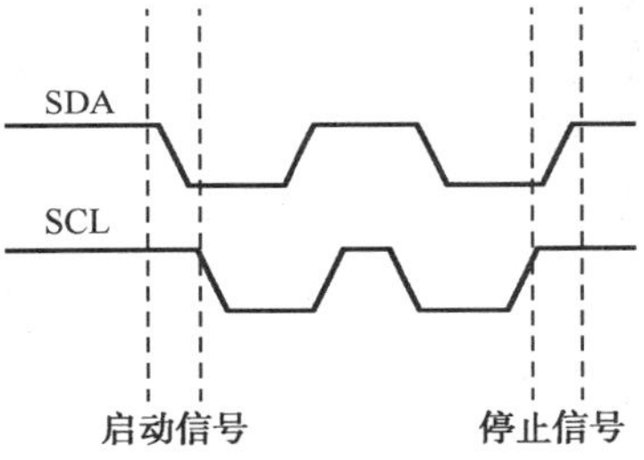

图 11.4　I²C 总线的启动信号和停止信号的时序图

在启动信号后跟着一个或者多个字节的数据，每个字节的高位在前，低位在后。主机在发送完成一个字节后需要等待从机返回的应答信号，应答信号是从机在接收到主机发送完成的一个字节数据后，在下一次时钟到来时在 SDA 上给出一个低电平，其时序如图 11.5 所示。

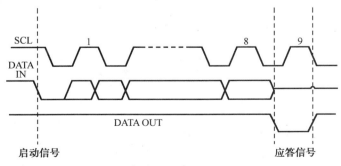

图 11.5　I²C 总线应答信号的时序图

在 I²C 总线进行数据传输时必须使用以下步骤：

（1）在启动信号后必须紧跟一个用于寻址的地址字节数据；

（2）当 SCL 时钟信号有效时，SDA 上的高电平代表该位数据为 "1"，否则为 "0"；

（3）如果主机在产生启动信号并且发送完一个字节数据后还想继续通信，则可以不发送停止信号，而继续发送另一个启动信号，并且发送下一个地址字节以供连续通信。

I²C 总线的 SDA 和 SCL 数据线上均接有 10kΩ 左右的上拉电阻，当 SCL 为高电平时（此时称 SCL 时钟信号有效）对应 SDA 的数据为有效数据；当 SCL 为低电平时，SDA 上的电平变化被忽略。在总线上任何一个主机发送出一个启动信号后，该 I²C 总线被定义为 "忙状态"，此时禁止同一条总线上其他没有获得总线控制权的主机操作该条总线；而在该主机发送停止信号后的时间内，总线被定义为 "空闲状态"，此时允许其他主机通过总线仲裁来获得总线的使用权，进行下一次的数据传送。

在 I²C 某一条总线上可能会挂接几个都会对总线进行操作的主机，如果有一个以上的主机需要同时对总线进行操作时，I²C 总线就必须使用仲裁来决定哪一个主机能够获得总线的操作权。I²C 总线的仲裁是在 SCL 信号为高电平时，根据当前 SDA 状态来进行的，在总线仲裁期间，如果有其他的主机已经在 SDA 上发送一个低电平，则发送高电平的主机将会发现该时刻 SDA 上的信号与自己发送的信号不一致，此时该主机则自动被仲裁为失去对总线的控制权，这个过程如图 11.6 所示。

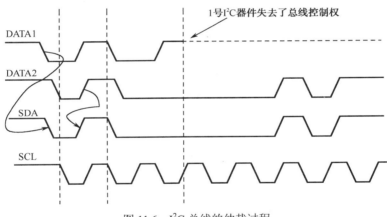

图 11.6　I²C 总线的仲裁过程

使用 I²C 总线的外部资源都有自己的 I²C 地址，不同的器件有不同且唯一的地址，I²C 总线上的主机通过对这个地址的寻址操作，来和总线上的该器件进行数据交换，表 11.2 是 I²C 器件的地址分配示意，地址字节中前 7 位为该器件的 I²C 地址，地址字节的第 8 位用来表明数据的传输方向，也称为读/写标志位。当读/写标志位为 "0" 时为写操作，数据方向为主机到从机；当读/写标志位为 "1" 时为读操作，数据方向为从机到主机。

表 11.2　I²C 器件地址分配示意

地址最高位	地址第 6 位	地址第 5 位	地址第 4 位	地址第 3 位	地址第 2 位	地址第 1 位	R/W

注意： I²C 总线中还有一个广播地址，如果主机使用该地址进行寻址，则在总线上的所有器件均能收到，具体信息可以参考相关手册。

11.3 简易波形发生器的硬件设计

11.3.1 简易波形发生器的硬件模块划分

简易波形发生器的硬件模块划分如图 11.7 所示，由 51 单片机、波形选择通道模块和 D/A 通道芯片模块组成，其各个部分详细说明如下：

（1）51 单片机：简易波形发生器系统的核心控制器；

（2）波形选择通道模块：提供用户选择通道，用以选择产生的波形；

（3）D/A 通道芯片模块：用于将相应的数字量转换为模拟量。

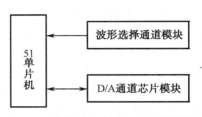

图 11.7　简易波形发生器的硬件模块

11.3.2 简易波形发生器硬件电路图

简易波形发生器的硬件电路如图 11.8 所示，三个单刀单掷开关分别连接到 P1.0、P1.2 和 P1.4 引脚上，作为用户的选择输入模块；使用 P2.0 和 P2.1 引脚扩展了一片 I^2C 总线接口的串行 D/A 芯片（MAX517）作为波形发生模块通道。

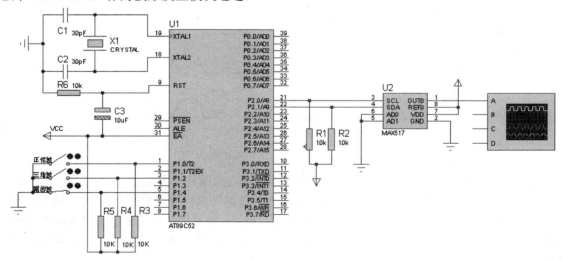

图 11.8　简易波形发生器的硬件电路

简易波形发生器电路中涉及的典型器件说明参见表 11.3。

表 11.3　简易波形发生器电路中涉及的典型器件说明

器 件 名 称	器 件 编 号	说　　明
晶体振荡器	X1	51 单片机的振荡源
51 单片机	U1	51 单片机，系统的核心控制器件

器 件 名 称	器 件 编 号	说　明
电容	C1、C2、C3	滤波、储能器件
电阻	R1	上拉
单刀单掷开关		用户选择波形输出
MAX517	U2	D/A 通道

11.3.3　硬件模块基础——单刀单掷开关

单刀单掷开关（SPST）属于同轴开关的一种，按照接口数量定义，代号为#P#T，另外还有单刀双掷（SPDT）、双刀双掷（DPDT）、单刀六掷（SP6T）等，在实际使用中，其完全等同于一个不会自动弹起的独立按键。

11.3.4　硬件模块基础——MAX517

MAX517 是美信（Maxim）公司出品的 8 位电压输出型 D/A 芯片，其采用 I^2C 总线接口，内部提供精密输出缓冲源，支持双极性工作方式，其主要特点如下：

（1）单 5V 电源供电；

（2）提供 8 位精度的电压输出；

（3）输出缓冲放大可以为双极性；

（4）基准输入可以为双极性。

图 11.9 是 MAX517 的引脚封装结构，其详细说明如下。

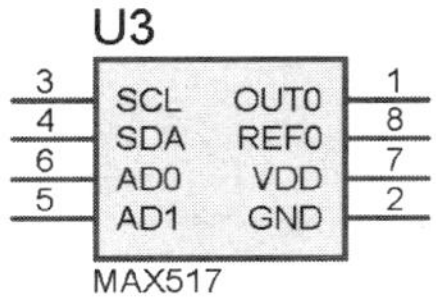

（1）OUT0：D/A 转换输出引脚。

（2）GND：电源地信号引脚。

（3）SCL：I^2C 接口总线时钟信号引脚。

（4）SDA：I^2C 接口总线时钟数据引脚。

（5）AD1、AD0：I^2C 接口总线地址选择引脚，可以设定 I^2C 总线上的多个 MAX517 的 I^2C 地址。

（6）VDD：电源正信号输入引脚。

（7）REF0：基准电压输入引脚。

图 11.9　MAX517 的引脚封装结构

MAX517 是一个 I^2C 总线接口器件，其有唯一的 I^2C 地址，AD1 和 AD0 引脚可用于在同一条 I^2C 总线上挂接多个 MAX517 时选择地址。MAX517 的 I^2C 地址结构参见表 11.4，从表中能看到在同一条 I^2C 总线上最多可以挂接 4 片 MAX517。

表 11.4　MAX517 的 I^2C 地址

BIT7	BIT6	BIT5	BIT4	BIT3	BIT2	BIT1	BIT0
0	1	0	1	1	AD1	AD0	0

MAX517 的控制寄存器的格式参见表 11.5，在 I^2C 的总线操作中，使用"地址+命令字节"的格式把 MAX517 的命令字写入内部控制寄存器。

表 11.5　MAX517 控制寄存器的格式

BIT7	BIT6	BIT5	BIT4	BIT3	BIT2	BIT1	BIT0
R2	R1	R0	RST	PD	保留	保留	A0

（1）R2～R0：保留位，永远为 0。

（2）RST：复位位，在该位被置"1"时 MAX517 的所有寄存器被复位。

（3）PD：电源工作状态位，当该位为"1"时，MAX517 进入休眠状态，当该位为"0"时，进入正常工作状态。

（4）A0：用于判断将数据写入哪一个寄存器中，在 MAX517 中，此位永远为"0"。

11.4　简易波形发生器的软件设计

简易波形发生器的软件设计重点是使用 51 单片机的普通 I/O 引脚模拟 I²C 总线时序，对 MAX517 进行读/写操作。

11.4.1　简易波形发生器的软件模块划分和流程设计

简易波形发生器的软件可划分为 I²C 总线时序读/写 MAX517 驱动库函数和波形产生函数两个部分，其流程如图 11.10 所示。

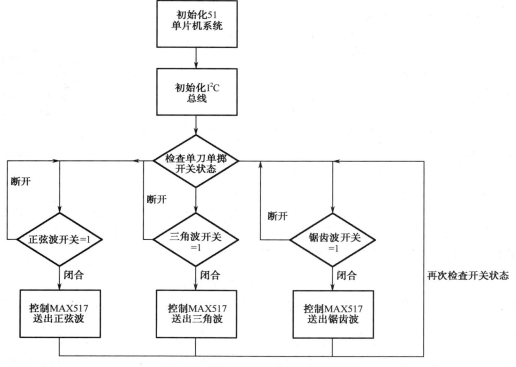

图 11.10　简易波形发生器的软件流程

11.4.2 MAX517 的驱动函数设计

MAX517 的驱动函数模块主要用于对 MAX517 的相关控制，其包括了如下函数。

（1）void I2C_Start()：启动 I²C 总线。

（2）void I2C_Init()：初始化 I²C 总线。

（3）I2C_Delay(unsigned int I2C_VALUE)：I²C 总线的延时程序，其延时值为参数 I2C_VALUE 控制。

（4）void I2C_Write(char dat)：通过 I²C 总线写一个字节数据。

（5）bit I2C_GetAck()：I²C 总线应答函数。

（6）void I2C_Stop()：停止 I²C 总线。

（7）bit write_addr(unsigned char addr,bit mod)：向 MAX517 写入一个地址数据，addr 为地址数据，如果写入成功则返回 1，否则返回 0。

（8）bit write_data(unsigned char dat)：向 MAX517 写入一个数据，dat 为数据。

MAX517 驱动函数的应用代码使用 51 单片机的普通 I/O 引脚来模拟了 I²C 总线时序，一定要注意其延时时间的长度。

【例 11.1】 MAX517 驱动函数的应用代码。

```
//停止 I²C 总线
void I2C_Init()
{
SCL = 1;
I2C_Delay(5);
SDA = 1;
I2C_Delay(5);
}
//启动 I²C 总线
void I2C_Start()
{
SDA = 1;
I2C_Delay(5);
SCL = 1;
I2C_Delay(5);
SDA = 0;
I2C_Delay(5);
SCL = 0;
I2C_Delay(5);
}
//I²C 总线延时
I2C_Delay(unsigned int I2C_VALUE)
{
while ( --I2C_VALUE!= 0 );
}
void I2C_Write(char dat)
{
unsigned char t = 8;
```

```
do
{
    SDA = (bit)(dat & 0x80);
    dat <<= 1;
    SCL = 1;
    I2C_Delay(5);
    SCL = 0;
    I2C_Delay(5);
} while ( --t != 0 );
}
//取得总线应答
bit I2C_GetAck()
{
bit ack;
SDA = 1;
I2C_Delay(5);
SCL = 1;
I2C_Delay(5);
ack = SDA;
SCL = 0;
I2C_Delay(5);
return ack;
}
//停止 I²C 总线
void I2C_Stop()
{
unsigned int t = 10;
SDA = 0;
I2C_Delay(5);
SCL = 1;
I2C_Delay(5);
SDA = 1;
I2C_Delay(5);
while ( --t != 0 );              //在下一次产生 Start 之前, 要加一定的延时
}
//写 MAX517 地址
bit write_addr(unsigned char addr,bit mod)
{
unsigned char address;
address=addr<<1;
if(mod)
    address++;
I2C_Start();
I2C_Write(address);
Delay(10);

if(I2C_GetAck())
```

```
            return 1;

    return 0;


}
//MAX517 写数据
bit write_data(unsigned char dat)
{
I2C_Write(dat);
if(I2C_GetAck())
        return 1;
return 0;
}
//停止
void stop()
{
I2C_Stop();
I2C_Init();
}
void Delay(unsigned int I2C_Delay_t)
{
while ( --I2C_Delay_t!= 0 );
}
```

11.4.3 简易波形发生器的软件综合

简易波形发生器的软件综合如例 11.2 所示，其中涉及的关于 MAX517 的驱动函数代码可以参考 11.4.2 节。

应用代码使用 code sin 数组存放了一个正弦表，将一个完整的正弦波拆分为 256 个点，然后将该点模拟电压对应的数字量存放在数组内，接着依次送出。通常来说，拆分的点数越多，这个正弦波也就越逼真。

【例 11.2】 简易波形发生器的软件综合。

```
#include <AT89X52.h>
#include <math.h>
#define ADDR1 0x2c
sbit key_sin=P1^0;
sbit key_tran=P1^2;
sbit key_tooth=P1^4;
sbit SCL = P2 ^ 0;
sbit SDA = P2 ^ 1;
unsigned char code sin[256]=                        //正弦表
{
0x80,0x83,0x86,0x89,0x8d,0x90,0x93,0x96,0x99,0x9c,0x9f,0xa2,0xa5,0xa8,0xab,0xae,0xb1,0xb4,0xb7,0xba,0xbc,0xbf,0xc2,0xc5,
0xc7,0xca,0xcc,0xcf,0xd1,0xd4,0xd6,0xd8,0xda,0xdd,0xdf,0xe1,0xe3,0xe5,0xe7,0xe9,0xea,0xec,0xee,0xef,0xf1,0xf2,0xf4,0xf5,
0xf6,0xf7,0xf8,0xf9,0xfa,0xfb,0xfc,0xfd,0xfd,0xfe,0xff,0xff,0xff,0xff,0xff,0xff,0xff,0xff,0xff,0xff,0xff,0xff,
```

0xfe,0xfd,

0xfd,0xfc,0xfb,0xfa,0xf9,0xf8,0xf7,0xf6,0xf5,0xf4,0xf2,0xf1,0xef,0xee,0xec,0xea,0xe9,0xe7,0xe5,0xe3,0xe1,0xde,0xdd,0xda,

0xd8,0xd6,0xd4,0xd1,0xcf,0xcc,0xca,0xc7,0xc5,0xc2,0xbf,0xbc,0xba,0xb7,0xb4,0xb1,0xae,0xab,0xa8,0xa5,0xa2,0x9f,0x9c,0x99,

0x96,0x93,0x90,0x8d,0x89,0x86,0x83,0x80,0x80,0x7c,0x79,0x76,0x72,0x6f,0x6c,0x69,0x66,0x63,0x60,0x5d,0x5a,0x57,0x55,0x51,

0x4e,0x4c,0x48,0x45,0x43,0x40,0x3d,0x3a,0x38,0x35,0x33,0x30,0x2e,0x2b,0x29,0x27,0x25,0x22,0x20,0x1e,0x1c,0x1a,0x18,0x16,

0x15,0x13,0x11,0x10,0x0e,0x0d,0x0b,0x0a,0x09,0x08,0x07,0x06,0x05,0x04,0x03,0x02,0x02,0x01,0x00,0x00,0x00,0x00,0x00,0x00,

0x00,0x00,0x00,0x00,0x00,0x00,0x01,0x02,0x02,0x03,0x04,0x05,0x06,0x07,0x08,0x09,0x0a,0x0b,0x0d,0x0e,0x10,0x11,0x13,0x15,

0x16,0x18,0x1a,0x1c,0x1e,0x20,0x22,0x25,0x27,0x29,0x2b,0x2e,0x30,0x33,0x35,0x38,0x3a,0x3d,0x40,0x43,0x45,0x48,0x4c,0x4e,

0x51,0x55,0x57,0x5a,0x5d,0x60,0x63,0x66,0x69,0x6c,0x6f,0x72,0x76,0x79,0x7c,0x80

```
};
bit write_addr(unsigned char,bit);        //第一个参数表示地址，第二个参数表示读(1)/写(0)
bit write_data(unsigned char);            //第一个参数表示数据，第二个参数表示命令字
void stop();
void Delay(unsigned int);
void main(void)
{
unsigned char i;
loop:
I2C_Init();
while(1)
{
    if(key_sin= =0)                    //产生正弦波
    {
        while(1)
        {
            for(i=192;i<255;i++)
            {
                write_addr(ADDR1,0);
                write_data(0);
                write_data(sin[i]);
                stop();
                if(!(key_tran!=0&&key_tooth!=0))
                    goto loop;
            }

            for(i=0;i<192;i++)
            {
                write_addr(ADDR1,0);
                write_data(0);
                write_data(sin[i]);
```

```
                    stop();
                    if(!(key_tran!=0&&key_tooth!=0))
                        goto loop;
                }
            }
        }
        if(key_tran==0)                            //产生三角波
        {
            while(1)
            {
                for(i=0;i<255;i++)
                {
                    write_addr(ADDR1,0);
                    write_data(0);
                    write_data(i);
                    stop();
                    if(!(key_sin!=0&&key_tooth!=0))
                        goto loop;
                }
                for(;i>0;i--)
                {
                    write_addr(ADDR1,0);
                    write_data(0);
                    write_data(i);
                    stop();
                    if(!(key_sin!=0&&key_tooth!=0))
                        goto loop;
                }
            }
        }
        if(key_tooth==0)                           //产生锯齿波
        {
            while(1)
            {
                for(i=0;i<255;i++)
                {
                    write_addr(ADDR1,0);
                    write_data(0);
                    write_data(i);
                    stop();
                    if(!(key_tran!=0&&key_sin!=0))
                        goto loop;
                }
            }
        }
    }
}
```

11.5 简易波形发生器的应用系统仿真与总结

在 Proteus 中绘制如图 11.8 的电路，其涉及的典型 Proteus 器件参见表 11.6。

表 11.6 Proteus 电路器件列表

器 件 名 称	库	子 库	说 明
AT89C52	Microprocessor ICs	8051 Family	51 单片机
RES	Resistors	Generic	通用电阻
CAP	Capacitors	Generic	电容
CAP-ELEC	Capacitors	Generic	极性电容
CRYSTAL	Miscellaneous	—	晶体振荡器
MAX517	Data Converters	D/A Converter	MAX517 芯片
SWITCH	Switches & Relays	Switches	开关

单击运行，合上对应的单刀单掷开关，可以看到对应的波形输出，如图 11.11 至图 11.13 所示。

　　图 11.11　正弦波输出　　　　　图 11.12　三角波输出　　　　　图 11.13　锯齿波输出

总结： 对于模拟波形输出，对应的数字点越多，其输出波形就越逼真。读者可自行设计输出频率可控的正弦波等模拟波形输出代码。

第 12 章 数字时钟

数字时钟是一个可以显示当前时间和日期的应用系统，它显示的时间和日期可跟随当前的时间同步更新，在实际应用中该数字时钟可以给其他应用系统提供相应的时间信息。

本应用实例涉及的知识如下：
- 时钟应用系统的实现原理；
- DS12C887 时钟芯片的应用原理；
- 1602 数字字符液晶模块的应用原理。

12.1 数字时钟的背景介绍

和环境温度类似，当前的时间信息也是 51 单片机应用系统最经常需要获取的参数之一，这个时间信息可用于对其他动作进行控制，如定时去采集一个温度信息，定时向磁盘写入数据等。

12.2 数字时钟的设计思路

12.2.1 数字时钟的工作流程

数字时钟的工作流程如图 12.1 所示。

12.2.2 数字时钟的需求分析与设计

设计数字时钟需要考虑如下几个方面：
（1）如何获得当前的时间信息，这些时间信息包括时、分、秒、年、月、日和星期；
（2）需要一个能显示当前时钟信息的显示模块；
（3）需要设计合适的单片机软件。

12.2.3 单片机应用系统的时间获取方法

单片机应用系统通常使用以下 3 种方式来获得时间信息。
（1）使用单片机的内部定时器进行定时，使用软件算法来计算当前

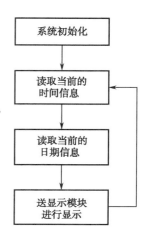

图 12.1 数字时钟的工作流程图

的时间信息。

（2）从专用的实时时钟芯片中获取当前的时间信息。实时时钟芯片 RTC（Real Time Clock）是一种可以自行对当前时间信息进行计算，并且可通过相应的数据接口将时间信息输出的芯片。

（3）从 GPS 模块中获取当前的实际时钟信息。

以上 3 种方法的比较参见表 12.1。

表 12.1 三种时间获取方法的比较

	软 件 算 法	RTC	GPS
时间精准度	一般	高	很高
其他器件	不需要	需要	不需要
和 51 单片机的通信接口	使用 51 单片机内部定时器/计数器，不需要外部数据接口	SPI 总线，并行接口等	通常为串口
软件代码	复杂	软件本身不复杂，但是通信接口驱动复杂	格式化时间信息比较复杂
成本	很低	一般	高
51 单片机掉电后时钟信息是否保留	否	是	是，但是每次掉电后初始化需要较长时间

数字时钟应用系统采用了外部扩展实时时钟芯片 DS12C887 的方式来获取相应的时间信息。

12.3 数字时钟的硬件设计

数字时钟硬件设计的重点是 DS12C887 的 51 单片机扩展电路设计。

12.3.1 数字时钟的硬件模块划分

数字时钟的硬件模块划分如图 12.2 所示，它由 51 单片机、显示模块（1602 液晶）和实时时钟模块（DS12C887）组成，其各个部分详细说明如下。

（1）51 单片机：数字时钟的核心控制器。

（2）实时时钟模块（DS12C887）：为系统提供相应的时间信息。

（3）显示模块（1602 液晶）：显示当前的时间信息。

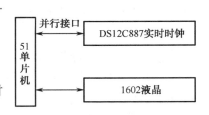

图 12.2 数字时钟的硬件模块划分

12.3.2 数字时钟的硬件的电路

数字时钟的硬件电路如图 12.3 所示，51 单片机使用 P0 口和 DS12C887 进行数据交互，使用 P2.0～P2.3 作为 DS12C887 的控制引脚，同时使用 P1 引脚扩展了一个 1602 液晶模块用于显示时间信息。

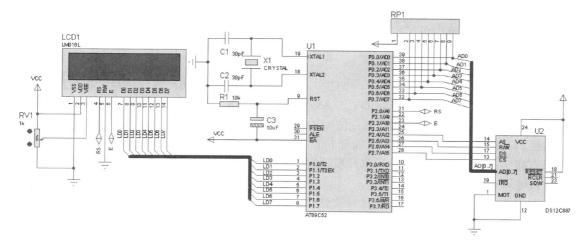

图 12.3　数字时钟的硬件电路

注意： 当使用 51 单片机的 P0 端口作为 I/O 端口时，必须外加上拉电阻。

数字时钟应用系统中涉及的典型器件说明参见表 12.2。

表 12.2　数字时钟应用系统电路涉及的典型器件说明

器 件 名 称	器 件 编 号	说 明
晶体振荡器	X1	51 单片机的振荡源
51 单片机	U1	51 单片机，系统的核心控制器件
电容	C1、C2、C3	滤波、储能器件
电阻	R1	上拉
1602 液晶	LCD1	数字、字符液晶模块
DS12C887	U2	时钟芯片
滑动变阻器	RV1	用于调节 1602 的对比度
单排阻	RP1	上拉电阻

12.3.3　硬件模块基础——DS12C887

DS12C887 是 Dalas（达拉斯）公司生产的内置电池并行接口日历时钟模块，它由内部控制寄存器、日期时间寄存器、时间日期技术电路等组成，其特点如下：

（1）内置晶体振荡器和锂电池，可以在无外部供电的情况下保存数据 10a 以上；

（2）具有秒、分、时、星期、日、月、年计数，并有闰年修正功能；

（3）时间显示可以选择 24h 模式或带有 "AM" 和 "PM" 指示的 12h 模式；

（4）时间、日历和闹钟均具有二进制码和 BCD 码两种形式；

（5）提供闹钟中断、周期性中断和时钟更新周期结束中断，这 3 个中断源可以通过软件编程进行控制；

（6）内置 128B RAM，其中 15B 为时间和控制寄存器，113B 可以用作通用 RAM，所有 RAM 单元都具有掉电保护功能，因此可被用作非易失性 RAM；

（7）可以提供可输出可编程的方波信号。

1．DS12C887 的外部引脚

DS12C887 芯片的内部带有时钟、星期和日期等信息寄存器，实时时间信息就存放在这些非易失寄存器中，与 51 单片机一样，DS12C887 采用的也是 8 位地址/数据复用的总线方式，它同样具有一个锁存引脚，通过读、写、锁存信号的配合，可以实现数据的输入/输出、控制 DS12C887 内部的控制寄存器、读取 DS12C887 内部的时间信息寄存器。DS12C887 的各种寄存器在其内部空间都有相应的固定地址，因此，单片机通过正确的寻址和寄存器操作就可以获取所需要的时间信息。

图 12.4 是 DS12C887 的外部引脚封装结构，其详细说明如下。

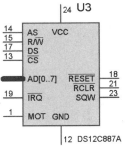

图 12.4　DS12C887 的外部引脚封装结构

（1）MOT：总线时序模式选择引脚。当被连接到 VCC 时选择 Motorola 总线时序，连接到 GND 或悬空选择 Intel 总线时序。

（2）$\overline{RCLR}$：清除内部 RAM 数据引脚，低电平有效。

（3）AD0～AD7：地址/数据复用总线引脚。

（4）GND：电源地信号引脚。

（5）$\overline{CS}$：片选引脚，低电平时有效。

（6）AS：地址锁存输入引脚，在下降沿时地址/数据复用总线上的地址被锁存，在下一个上升沿到来时地址被清除。

（7）R/$\overline{W}$：读/写输入引脚。在选择 Motorola 总线时序模式时，该引脚用于指示当前的读/写周期，高电平指示当前为读周期，低电平指示当前为写周期；选择 Intel 总线时序模式时，此引脚为低有效的写输入引脚，相当于通用 RAM 的写使能信号（$\overline{WE}$）。

（8）DS：选择 Motorola 总线时序模式时，此引脚为数据锁存引脚；选择 Intel 总线时序模式时，此引脚为低有效的读输入引脚，相当于典型内存的输出使能信号（$\overline{OE}$）。

（9）$\overline{RESET}$：复位引脚，低电平时有效，该引脚上外加的复位操作不会影响到时钟、日历和 RAM。

（10）$\overline{IRQ}$：中断申请输出引脚，低电平时有效，可用作 51 单片机中断输入。

（11）SQW：方波信号输出引脚，可通过设置寄存器位 SQWE 关闭此信号输出，还可以通过对 DS12C887 的内部寄存器的编程修改其输出频率。

（12）VCC：电源正信号。

2．DS12C887 的内存空间和寄存器

DS12C877 内置一个有 128B 的内存空间，其中 11B 专门用于存储时间、星期、日历和闹钟信息；4B 专门用于控制和存放状态信息；其余 113B 为用户可以使用的普通 RAM 空间，其内存空间映射如图 12.5 所示。

如图 12.5 所示，在内存空间的起始地址 0x00～0x09 分别是秒、秒闹钟、分钟、分闹钟、小时、时闹钟、星期、日、月和年信息寄存器，共 14B；地址 0x32 为世纪信息寄存器；地址 0x0A～0x0D 为控制寄存器 A、B、C、D；其余 113B 地址空间是留给用户使用的普通内存空间。其中控制寄存器 C 和 D 为只读寄存器，寄存器 A 的第 7 位和秒寄存器的高阶位也是只读的，其余字

节均可以进行读/写操作。

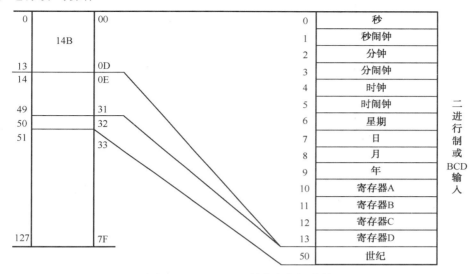

图 12.5 DS12C887 的内存空间映射

在使用 51 单片机的外部 RAM 扩展方式来扩展 DS12C887 时，可根据 DS12C877 的地址映射关系和芯片片选设置得到 DS12C887 内部的相应寄存器的地址。

DS12C887 的时钟、日历信息可通过读取对应的寄存器来获取，并且时钟、日历和闹钟可通过写合适的内存字节来进行设置或初始化。需要注意的是时钟、日历和闹钟的 10 个寄存器字节可以是二进制数或者 BCD 码形式，另外在对这些寄存器进行写操作时，寄存器 B 的 SET 位必须置 1。

表 12.3 是 DS12C887 控制寄存器 A 的内部结构示意，其具体说明如下。

表 12.3 DS12C887 控制寄存器 A 的内部结构

7	6	5	4	3	2	1	0
UIP	DV2	DV1	DV0	RS3	RS2	RS1	RS0

（1）UIP：更新标志位。该位为只读，并且不会受到复位操作的影响，当该位被置"1"时，表示即将发生数据更新；当该位为"0"时，表示至少 244μs 的时间内不会有数据更新；当 UIP 被清零时，可获得所有时钟、日历和闹钟信息。将寄存器 B 中的 SET 位置"1"可以限制任何数据更新操作，并且清除 UIP 位。

（2）DV2、DV1、DV0：当这 3 位被置为"010"时将打开晶振，开始计时。

（3）RS3、RS2、RS1、RS0：用于设置周期性中断产生的时间周期和输出方波的频率。

表 12.4 是 DS12C887 控制寄存器 B 的内部结构示意，其具体说明如下。

表 12.4 DS12C887 控制寄存器 B 的内部结构

7	6	5	4	3	2	1	0
SET	PIE	AIE	UIE	SQWE	DM	24/12	DSE

（1）SET：DS12C887 设置位，可读/写，不受复位操作影响。当该位为"0"时，DS12C887

不能处于设置状态，芯片进行正常时间数据更新；当该位为"1"时，允许对 DS12C887 进行设置，可以通过软件设置对应的时间和日历信息。

（2）PIE：周期性中断使能设置位，可读/写，在 DS12C887C 复位时此位被清除。当该位为"1"时，允许寄存器 C 中的周期中断标志位 PF，驱动 $\overline{IRQ}$ 引脚为低，产生中断信号输出，中断信号产生的周期由 RS3～RS0 决定。

（3）AIE：闹钟中断使能位，可读/写，当该位为"1"时，允许寄存器 C 中的闹钟中断标志位 AF，当闹钟事件产生时就会通过 $\overline{IRQ}$ 引脚产生中断输出。

（4）UIE：数据更新结束中断使能位，可读/写，在 DS12C887 复位时或 SET 位为 1 时清除该位。该位为"1"时，允许寄存器 C 中的更新结束标志位 UF，当更新结束时，通过 $\overline{IRQ}$ 引脚产生中断输出。

（5）SQWE：方波输出使能位，可读/写，在 DS12C887 复位时清除此位。当该位为"0"时，SQW 引脚保持低电平；当该位为"1"时，SQW 引脚输出方波信号，其频率由 RS3～RS0 决定。

（6）DM：数据模式位，可读/写，不受到复位操作影响。当该位为"0"时，设置时间、日历信息为二进制数据；当该位为"1"时，设置时间、日历数据为 BCD 码。

（7）24/12：时间模式设置位，可读/写，不受复位操作影响。当该位为"0"时，设置为 12h 模式；当该位为"1"时，设置为 24h 模式。

（8）DSE：特殊时间更新位，其具体使用方法可参考相应的使用手册。

表 12.5 是 DS12C887 控制寄存器 C 的内部结构示意，其具体说明如下。

表 12.5 DS12C887 控制寄存器 C 的内部结构

7	6	5	4	3	2	1	0
IRQF	PF	AF	UF	0	0	0	0

（1）IRQF：中断申请标志位。当该位为"1"时，$\overline{IRQ}$ 引脚为低，产生一个中断申请；当 PF、PIE 为"1"或者 AF、AIE 为"1"又或者 UF、UIE 为"1"时，此位被置"1"，否则被清零。

（2）PF：周期中断标志位，只读位，和其 PIE 位状态完全无关，由复位操作或读寄存器 C 操作清除。

（3）AF：闹钟中断标志位，当该位为"1"时，表示当前时间和设定的闹钟时间一致，由复位操作或读寄存器 C 操作清除。

（4）UF：数据更新结束中断标志位，每个更新周期后该位都会被置"1"，当 UIE 位被置"1"时，UF 若为"1"则会引起 IRQF 置"1"，并且通过 $\overline{IRQ}$ 输出中断时间，该位由复位操作或读寄存器 C 操作清除。

表 12.6 是 DS12C887 控制寄存器 D 的内部结构示意，其具体说明如下。

表 12.6 DS12C887 控制寄存器 D 的内部结构

7	6	5	4	3	2	1	0
VRT	0	0	0	0	0	0	0

（5）VRT：DS12C887 的 RAM 和时间有效位，用于指示内部电池状态。此位不可写，也不受复位影响，正常情况下读取时总为 1，如果出现读取为 0 的情况，则表示电池耗尽、时间数据

和 RAM 中的数据出现问题。

51 单片机扩展 DS12C887 的操作步骤如下：

（1）根据外部扩展方法计算出 DS12C887 的内部地址单元和寄存器的地址；

（2）使 DS12C887 进入设置模式，设置初始时钟信息；

（3）根据需要设置相关的闹钟或输出波形信息；

（4）读取相关的时钟信息。

12.4　数字时钟的软件设计

数字时钟软件设计的重点是如何设计 DS12C887 的驱动函数。

12.4.1　数字时钟的软件模块划分和流程设计

数字时钟的软件可分为 DS12C887 驱动函数模块和 1602 液晶显示驱动模块两个部分，其流程如图 12.6 所示。

12.4.2　DS12C887 的驱动函数模块设计

DS12C887 的驱动函数模块主要用于对 DS12C887 进行操作，其包括了初始化函数 void DS12887LCDinit()，往 DS12C887 内指定地址写入一个字节数据的函数 void DS12887 write (unsigned char add,unsigned char Date)和从 DS12C887 内指定地址读出一个字节的函数 unsigned char DS12887 read(unsigned char add)函数，其应用代码如例 12.1 所示。

应用代码使用 P0 端口和 DS12C887 进行通信，使用 P2.4～P2.7 引脚控制了相应的读/写时序。

【例 12.1】 DS12C887 驱动函数的应用代码。

```
//往 DS12C887 写数据函数
void DS12C887write(unsigned char add,unsigned char Date)
{
DS_CS=0;
  DS_DS=1;
DS_RW=1;
  DS_AS=1;
DSbus=add;
    DS_AS=0;
  DS_RW=0;
    DSbus=Date;
  DS_RW=1;
```

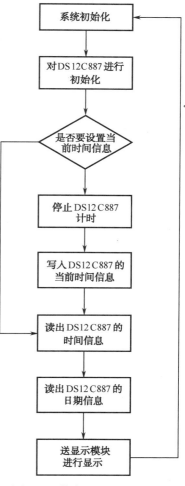

图 12.6　数字时钟的软件流程

```
        DS_AS=1;
    DS_CS=1;
    }
//读取 DS12C887 数据函数
unsigned char DS12C887read(unsigned char add)
{
unsigned char z;
DS_CS=0;
    DS_RW=1;
    DS_DS=1;
    DS_AS=1;
DSbus=add;
DS_AS=0;
    DS_DS=0;
    DSbus=0xff;
z=DSbus;
DS_DS=1;
    DS_AS=1;
DS_CS=1;
return z;
}
//DS12C887 初始化函数
void DS1C2887LCDinit()
{
DS_AS=0; DS_DS=0; DS_RW=0;
DS12C887write(0x0a,0x20);//DS12C887 寄存器 A 功能设置，开启时钟振荡器
DS12C887write(0x0b,0x06);//寄存器 B 功能设置，不开启闹钟中断使能，数据模式为二进制，24h 模式。
//DS12C887write(4,0x8);DS12887write(2,0x00);DS12887write(0,0x00); //给 DS12C887 的时分秒赋值，开
机后显示 8:00:00
    }
```

12.4.3　1602 液晶显示驱动函数模块设计

1602 液晶显示驱动模块包括以下函数：
（1）void LCDinit()：对 1602 液晶进行初始化；
（2）void LCDwritecomdata(unsigned char dat)：向 1602 液晶写入一个字节的数据；
（3）void LCDwritecom(unsigned char com)：向 1602 液晶写入一个字节的控制命令；
（4）void Timedisplay(void)：显示当前的时间信息；
（5）void Datedisplay(void)：显示当前的日期信息。
其中前 3 个函数可以参考第 4 章手机拨号模块应用实例的 4.4.2 节，时间和日期显示函数的
应用代码如例 12.2 所示。
【例 12.2】　时间和日期显示函数的应用代码。

```
    void Timedisplay(void)
    {
```

```
//LCDwritecom(1);
LCDwritecom(0x80);
//往液晶屏填写"小时"数据
Hour=DS12C887read(4);                              //读取 DS12C887 的小时数据
if((Hour/10)==0)LCDwritecomdata(0);
        else           LCDwritecomdata(Hour/10+0x30);    //小时十位
LCDwritecomdata(Hour%10+0x30);                     //小时个位
LCDwritecomdata(':');                              //时钟分隔符":"
//往液晶屏填写"分钟"数据
Min=DS12C887read(2);                               //读取 DS12C887 的分数据
LCDwritecomdata(Min/10+0x30);
LCDwritecomdata(Min%10+0x30);
LCDwritecomdata(':');                              //时钟分隔符":"
//往液晶屏填写"秒"数据
Sec=DS12C887read(0);                               //读取 DS12C887 的秒数据
LCDwritecomdata(Sec/10+0x30);
LCDwritecomdata(Sec%10+0x30);
Delay(100);
}
void Datedisplay(void)
{
//LCDwritecom(1);
LCDwritecom(0xc0);
//往液晶屏填写"年"数据
LCDwritecomdata('2');
LCDwritecomdata('0');
Year=DS12C887read(9);                              //读取 DS12C887 的年数据

LCDwritecomdata(Year/10+0x30);                     //年十位
LCDwritecomdata(Year%10+0x30);                     //年个位
LCDwritecomdata('/');                              //时钟分隔符":"
//往液晶屏填写"月"数据
Month=DS12C887read(8);                             //读取 DS12C887 的月数据
LCDwritecomdata(Month/10+0x30);
LCDwritecomdata(Month%10+0x30);
LCDwritecomdata('/');                              //时钟分隔符":"
//往液晶屏填写"日"数据
Date=DS12C887read(7);                              //读取 DS12C887 的日数据
LCDwritecomdata(Date/10+0x30);
LCDwritecomdata(Date%10+0x30);
//往液晶屏填写"星期"数据
Week=DS12C887read(6);                              //读取 DS12C887 的日数据
LCDwritecomdata(0);
LCDwritecomdata(Week-1+0x30);
Delay(100);
}
```

12.4.4 数字时钟应用系统的软件综合

数字时钟应用系统的软件综合如例 12.3 所示，其中所涉及的相应函数详细代码可以参考 12.4.2 节和 12.4.3 节。

应用代码使用 define 分别把 P0 和 P1 定义为 DSbus 和 LCDbus，这样可便于在不同的硬件系统下进行移植。

【例 12.3】 数字时钟系统的软件综合。

```c
#include <AT89X52.h>
#define DSbus P0
#define LCDbus P1
//定义 DS12C887 和 LCD 的控制线
sbit DS_CS = P2^7;          //引脚 13，片选信号输入，低电平有效
sbit DS_AS = P2^4;          //引脚 14，地址选通输入
sbit DS_RW = P2^5;          //引脚 15，读/写输入
sbit DS_DS = P2^6;          //引脚 17，数据选通或读输入
sbit LCD_RS=P2^0;
sbit LCD_EN=P2^2;
//时间变量定义
unsigned char Counter;
unsigned char Hour,Min,Sec,Year,Month,Date,Week;
void main()
{
//unsigned char i;
LCDinit();
DS12C887LCDinit();
    DS12C887write(0x0a,0x00);      //开始调时，DS12C887 关闭时钟振荡器
        DS12C887write(0,55);       //秒
DS12C887write(2,59);
DS12C887write(4,23);
        DS12C887write(6,5);        //星期
DS12C887write(7,22);               //日
DS12C887write(8,9);
DS12C887write(9,12);
//display_Date();
while(1)
{
    Timedisplay();
    Datedisplay();
    Delay(100);
}
}
```

12.5　数字时钟应用系统的仿真与总结

在 Proteus 中绘制如图 12.3 的电路图，其涉及的典型 Proteus 器件参见表 12.7。

表 12.7　Proteus 电路器件列表

器 件 名 称	库	子 库	说 明
AT89C52	Microprocessor ICs	8051 Family	51 单片机
RES	Resistors	Generic	通用电阻
CAP	Capacitors	Generic	电容
CAP-ELEC	Capacitors	Generic	极性电容
CRYSTAL	Miscellaneous	—	晶体振荡器
DS18C887	Microprocessor ICs	Peripherals	时钟芯片
POT-HG	Resistors	Variable	滑动变阻器
LM016L	Optoelectronics	Alphanumeric LCDs	1602 液晶模块

在 DS12C887 上双击可以弹出如图 12.7 所示的属性设置对话框，如果要想在仿真中看到实际的时钟数据，则"Automatically Initialize from PC Clock"必须要选中，而如果要想看到 DS12C887 的内存数据，则需要选中"Memory Popup always visible"。

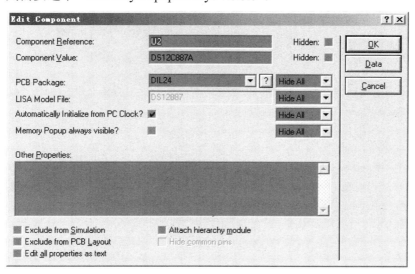

图 12.7　DS12C887 的属性设置对话框

单击运行，可以看到 1602 液晶显示出当前的时钟运行状态，还有当前的日期和星期，如图 12.8 所示。

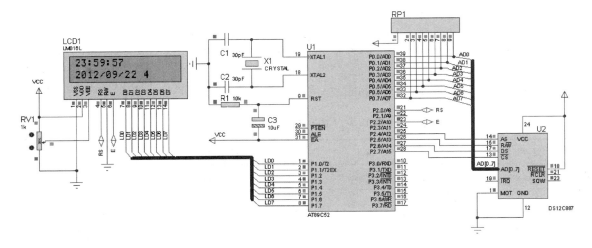

图 12.8　数字时钟的 Proteus 仿真

总结： DS12C887 同时还提供了闹钟功能，并且可以使用中断功能在定时到达时向 51 单片机发送中断信号，在实际使用中可以使用这个信号来给 51 单片机提供秒信号，然后在秒信号到来时才去读取 DS12C887 的时间和日期数据，这样可以大大降低单片机的工作负担。

第 13 章　模拟时钟

和数字时钟应用实例类似，模拟时钟也是一个可显示当前时间的应用系统，和数字时钟不同的是它模拟了真实时钟的时钟、分钟、秒钟，有逼真的走动效果，而不是数字时钟的简单数字。

本章应用实例涉及的知识如下：

➢ 51 单片机扩展外部 RAM 的方法；

➢ 外部 RAM 芯片 62256 的应用原理；

➢ 12864 液晶应用原理。

13.1　模拟时钟的背景介绍

数字时钟虽然已经可以很好地提供当前的时钟信息，但在某些需要更加美观的应用场合，使用者希望能够看到类似真实时钟的钟表效果，例如机场、车站的大显示屏及电子手表等。

13.2　模拟时钟的设计思路

13.2.1　模拟时钟的工作流程

模拟时钟的工作可分为两个部分：获得当前的时间信息及把该时间信息以模拟表盘的形式显示出来，其工作流程如图 13.1 所示。

13.2.2　模拟时钟的需求分析与设计

设计模拟时钟需要考虑如下几个方面：

（1）使用何种方式来获取时间信息；

（2）需要一个能显示当前时钟信息的显示模块，并且和数字时钟不同，这个显示模块还需要能模拟表盘显示秒针、分针和时针；

（3）需要设计合适的单片机软件。

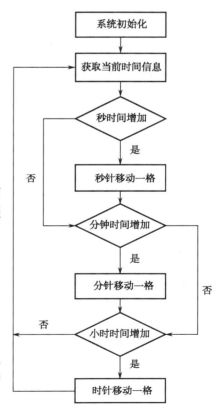

图 13.1　模拟时钟的工作流程

13.2.3 模拟时钟的时间获取方法

单片机应用系统获取时间信息的 3 种方法可参考第 12 章的 12.2.3 节，由于模拟时钟对时间精度要求比较低，并且通常来说都有供电，所以采用了单片机的内部定时器进行定时，使用软件算法来计算当前的时间信息的方法。

13.3 模拟时钟的硬件设计

13.3.1 模拟时钟的硬件模块划分

模拟时钟的硬件设计重点是选取一个合适的显示模块，使得 51 单片机能驱动它模拟表盘的显示，并且由于采用软件算法，因此需要比较大的内存空间，而 51 单片机的内部 RAM 空间大小有限，因此需要外扩一片 RAM 芯片。

模拟时钟的硬件模块划分如图 13.2 所示，它由 51 单片机、图形液晶显示模块和外部 RAM 芯片组成，其各个部分详细说明如下。

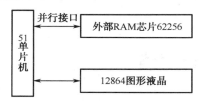

图 13.2　模拟时钟的硬件模块划分

（1）51 单片机：模拟时钟的核心控制器，其使用软件算法和内部定时器以获得当前的时钟信息，同时驱动图形液晶模拟表盘的显示。

（2）外部 RAM 芯片：采用 8×16KB 的 62256，为 51 单片机的相关软件算法提供数据内存空间。

（3）图形液晶显示模块：在 51 单片机的驱动下模拟表盘，显示当前的时间信息。

13.3.2 模拟时钟硬件系统的电路

模拟时钟的电路如图 13.3 所示，51 单片机使用 P0 端口通过一片 74HC573 扩展一片 62256 作为外部 RAM 芯片，同时使用 P0 端口扩展了一片 12864，62256 和 12864 都是采用的 51 单片机的地址-数据总线扩展方式进行驱动的，此外使用了 P1.3～P1.7 引脚作为 12864 液晶的驱动时序控制引脚。

注意： 51 单片机的地址-数据总线扩展方式是一种在 51 单片机应用系统中最常见的扩展方式，其工作原理可以参考 13.3.3 节。

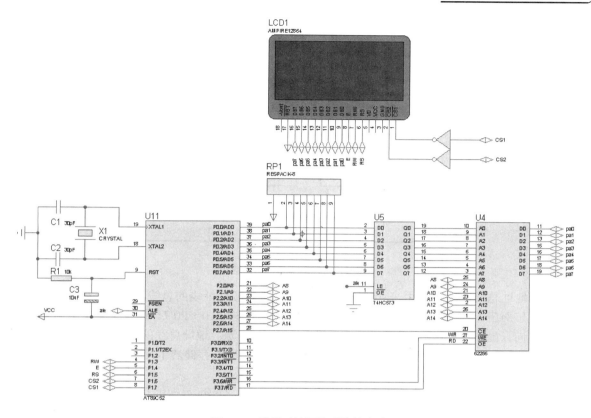

图 13.3　模拟时钟硬件系统的电路

模拟时钟硬件系统中涉及的典型器件说明参见表 13.1。

表 13.1　模拟时钟硬件系统电路涉及的典型器件说明

器 件 名 称	器 件 编 号	说　　　明
晶体	X1	51 单片机的振荡源
51 单片机	U11	51 单片机，系统的核心控制器件
电容	C1、C2、C3	滤波、储能器件
电阻	R1	上拉
12864 液晶	LCD1	数字、汉字、字符液晶显示模块
62256	U4	外部 RAM 芯片
74HC573	U5	锁存器
74HC04	U1	反相器
单排阻	RP1	上拉电阻

13.3.3　51 单片机的地址-数据总线扩展方法

数据-地址总线扩展方法是使用 51 单片机的数据-地址总线来扩展外围器件的方法，使用这种方法扩展的外围器件作为 51 的外部存储器存在，参与 51 单片机的外部存储器编址。

51 单片机的总线由地址总线（Address Bus）、数据总线（Data Bus）和控制总线（Control Bus）组成，其结构如图 13.4 所示。

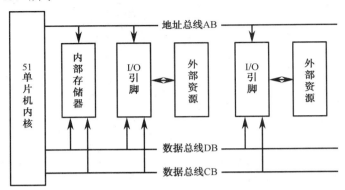

图 13.4　51 单片机的总线结构

（1）地址总线（AB）是用来连接 51 单片机和外部资源地址线的总线，该总线宽度为 16 位，其中高 8 位对应 I/O 引脚 P2.0～P2.7，低 8 位对应 I/O 引脚 P0.0～P0.7。地址总线是单向的，地址数据方向只能从单片机内核流向内部存储器或者外部资源。地址总线能产生 2^{16} 个地址编码，对应 0x0000H～0xFFFF 的地址空间，所以 51 单片机能扩展的存储器单元总数为 2^{16} 个，而外部资源的地址线具体设置由外部资源件自身决定。

（2）数据总线（DB）是用来在 51 单片机和外部资源之间进行数据交换的总线，51 单片机的数据总线宽度为 8 位，对应 I/O 引脚 P0.0～P0.7。数据总线是双向的，数据既可以从 51 单片机流向外部资源，也可以从外部资源流向 51 单片机，外部资源的具体数据宽度由外部资源自身决定。

（3）控制总线（CB）是用来在 51 单片机和外部资源之间传送控制信号的总线，包括读信号、写信号，外部中断信号等。控制总线也是双向的，其中读/写信号由 51 单片机发送给外部资源，而中断、应答等信号则是外部资源发送给 51 单片机。控制总线没有具体的宽度，在 51 单片机中对应 I/O 引脚 P3.0～P3.7，也可以用其他引脚代替。

数据-地址总线的扩展方法简单来说就是将 MCS51 的数据总线、地址总线，以及可能有的控制总线和外围器件对应连接的扩展方法。该扩展方法中需要解决的最大问题是 51 单片机的低 8 位地址总线和数据总线都是对应于 I/O 引脚 P0.0～P0.7 的，所以需要增加一套地址-数据分离电路将地址信号和数据信号分离开来。P0 端口上输出的地址-数据信号受到 51 单片机的 ALE 引脚控制，在 ALE 信号为高电平时 P0 端口上输出地址信号，否则为数据信号，其时序关系如图 13.5 所示。

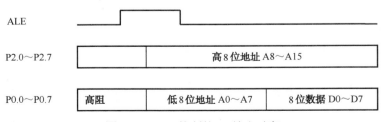

图 13.5　ALE 控制的 P0 输出时序

从图 13.5 可以看到，在 ALE 高电平到来时 I/O 口 P0 上输出了低 8 位地址，由于这个信号需要被保持一段时间，以便于和 I/O 口 P2 上的高 8 位地址配合起来对接下来的 I/O 口 P0 上的数据进行读 /写操作，所以需要一个锁存器来完成这项工作，在 51 单片机应用系统中使用的最多的锁存器是 74HC573，其典型应用电路如图 13.6 所示。

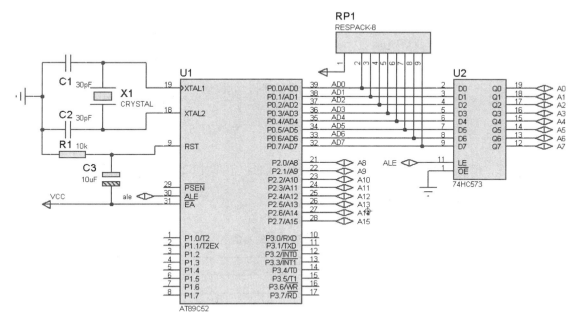

图 13.6　74HC573 的典型扩展电路

74HC573 的真值表参见表 13.2。当 74HC573 的控制引脚 LE 为高电平时其输出引脚 Q 和输入引脚 D 上的值相同；当 LE 为低电平时其输出端 Q 的值保持不变，由此把 LE 引脚和 51 单片机的 ALE 引脚连接到一起，就能构成一个地址-数据分离电路，如图 13.6 所示。ALE 引脚在 P0 端口输出地址信号时输出高电平，74HC573 将该地址信号锁存在输出引脚 Q 上，和 P2 端口上输出高 8 位地址信号一起对外部资源进行寻址，在 ALE 引脚输出低电平时，则可以使用 P0 端口进行数据通信。

表 13.2　74HC573 的真值表

D	LE	$\overline{OE}$	Q
H	H	L	H
L	H	L	L
X	L	L	Q
X	X	H	Z

13.3.4　硬件模块基础——外部 RAM 芯片 62256

在类似模拟时钟等 51 单片机的应用系统中，程序变量常常需要使用 2KB、4KB 或者更多的内部存储器空间，而 51 单片机的内部 RAM 芯片通常只有 128～256B，此时可外扩 RAM 数据存储器来弥补内部空间的不足。

注意： 受到 51 单片机地址空间的限制，51 单片机的外部 RAM
芯片最多支持外扩 64KB 的数据存储器，而且这些地址单元中还需要
使用外部地址空间的扩展方式来扩展外部器件。

62256 是 51 单片机应用系统中最常用的 RAM 芯片，具有 32KB
的内存空间，其引脚封装结构如图 13.7 所示，详细说明如下。

（1）A0～A14：地址线引脚，11 位地址线。

（2）D0～D7：8 位数据线引脚。

（3）$\overline{WE}$：写允许引脚，当该信号引脚被置低时，允许对 62256
的写操作。

（4）$\overline{OE}$：读允许引脚，当该信号引脚被置低时，允许对 62256
的读操作。

（5）$\overline{CE}$：使能控制引脚，当该信号引脚被置低时，允许对 62256
的操作。

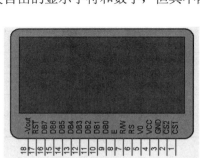

图 13.7　62256 的引脚封装结构

62256 的真值表参见表 13.3。

表 13.3　62256 的真值表

$\overline{WE}$	$\overline{CS}$	$\overline{WE}$	Mode	Output
X	H	X	未选中	高阻
H	L	H	禁止输出	高阻
H	L	L	读	输出
L	L	H	写	输入
L	L	L	写	输入

通常来说，51 单片机都是使用地址-数据总线扩展的方法来对 62256 进行扩展。

13.3.5　硬件模块基础——12864 液晶模块

在前面介绍的应用实例中，1602 液晶模块虽然能比较自由的显示字符和数字，但其不能显
示汉字。

注意： 12864 液晶模块的名字来由是因为其横向
（X 轴方向）可以显示 128 个点，而纵向（Y 轴方向）
可以显示 64 个点。

图 13.8 是 12864 液晶模块的引脚封装结构，其详
细说明如下。

（1）$\overline{CS1}$、$\overline{CS2}$：12864 的使能引脚。

（2）GND：电源信号地引脚。

（3）VCC：电源信号引脚。

（4）VO：对比度调节引脚。

图 13.8　12864 液晶模块的引脚封闭结构

（5）RS：寄存器选择引脚，当该引脚为高电平时选择的是数据寄存器，为低电平时选择

的是指令寄存器。

（6）R/W：读/写操作选择引脚，当该引脚为高电平时选择为读操作，反之为写操作。

（7）E：使能信号引脚，在该引脚的下降沿，数据被写入 12864；当该引脚为高电平时，可以对 12864 进行数据读操作。

（8）DB0～DB7：数据总线引脚。

（9）$\overline{\text{RST}}$：复位引脚，低电平有效。

（10）–Vout：电平输出引脚。

12864 液晶模块的基本操作函数和指令都和 1602 液晶模块类似，可以参考 4.3.4 节。通常来说，可以先使用 51 单片机的某一个端口（如 P1）来作为 12864 液晶模块的数据输入端口，然后使用其他普通 I/O 引脚作为控制引脚对 12864 的读/写操作进行控制。

需要注意的是，由于这款液晶是不带汉字字库的，所以必须自行生成需要显示的汉字驱动库，通常来说可以使用字模软件来完成该操作，如图 13.9 所示。

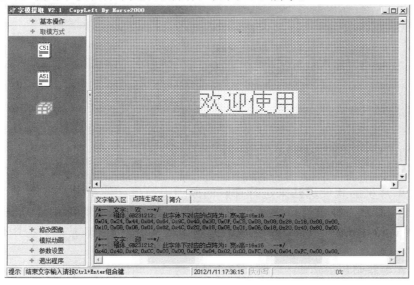

图 13.9　字模软件

注意：字模软件可以生成需要显示汉字或者图像对应的驱动代码，这些驱动代码的实质是对应 12864 液晶模块显示区间的点阵点亮或者熄灭。

13.4　模拟时钟的软件设计

模拟时钟的软件设计重点包括两个部分：如何使用软件算法实现获得时间信息，以及如何根据当前的时钟信息驱动 12864 液晶模块来绘制模拟的表盘。

13.4.1　模拟时钟的软件模块划分和流程设计

模拟时钟的软件可分为时间信息算法模块和 12864 液晶模块驱动两个部分，其流程如图 13.10 所示。

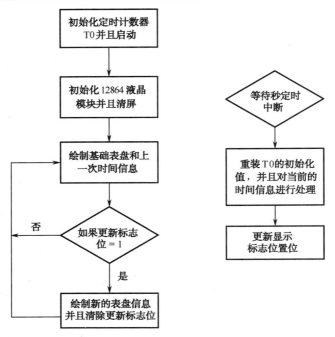

图 13.10 模拟时钟的软件流程

13.4.2 时间信息算法模块的设计

使用 51 单片机的软件算法来进行计时的原理很简单，使用定时器/计数器来定出一个基础时钟信息，通常为秒，然后对这个秒时钟进行处理即可。时间信息算法模块包括 T0 的初始化函数 void TimerInit()和 T0 的中断处理函数 void Timer0()，其应用代码如例 13.1 所示。

应用代码在中断服务子函数中判断当前的秒计数器，当该计数器到达 60s 时，将分钟计数器加 1，同理处理分钟计数器和小时计数器。

【例 13.1】 时间信息算法模块的应用代码。

```
//T0 的初始化函数
void TimerInit()
{
EA = 1;
ET0 = 1;
TMOD = 0x01;
TH0 = (65536-50000)/256;
TL0 = (65536-50000)%256;
TR0 = 1;
}
//T0 的中断处理函数
void Timer0() interrupt 1
{
```

```
    unsigned char n;
    TH0 = (65536-49990)/256;              //调整初值可使时间更加精确
    TL0 = (65536-49990)%256;
    n++;
    if(n == 40)                           //24MHz 工作频率
    {
        n = 0;
        Sec++;
        refreshflag = 1;                  //更新标志位置位
        if(Sec == 60)
        {
            Sec = 0;
            Min++;                        //分钟数据
            if(Min == 60)
            {
                Min = 0;
                Hour++;                   //小时数据
                if(Hour == 12)
                    Hour = 0;
            }
        }
    }
}
```

13.4.3　12864 液晶模块的驱动函数设计

模拟时钟的 12864 液晶模块的驱动函数相对 1602 液晶模块来说比较复杂,其可分为基本驱动函数、功能函数和时间显示函数 3 个部分。

1．基本驱动函数设计

基本驱动函数是对 12864 进行基础操作的相关函数,包括以下函数:

(1)void WriteCmd(unsigned char cmd):向 12864 液晶模块写入一个字节的命令;

(2)void WriteData(unsigned char wdata):向 12864 液晶模块写入一个字节的数据;

(3)unsigned char getState(void):获取 12864 液晶模块的当前状态;

(4)void WaiteBusy():等待 12864 液晶模块的"忙"状态结束;

(5)void ClearBuff():清除 12864 液晶模块的显示缓冲区;

(6)void ClearScreen():清除 12864 液晶模块的当前显示;

(7)void LcdInit():初始化 12864 液晶模块。

基本驱动函数的应用代码如例 13.2 所示。

【例 13.2】　基本驱动函数的应用代码。

```
//向 12864 液晶模块写入一个字节的命令
void WriteCmd(unsigned char cmd)
{
WaiteBusy();
```

```
LCDEN=0;
LCDRW = 0;
LCDRS = 0;
DBPort = cmd;                        //写入命令
LCDEN = 1;
_nop_();                             //延时
_nop_();
LCDEN = 0;
}
//向 12864 液晶模块写入一个字节的数据
void WriteData(unsigned char wdata)
{
WaiteBusy();
LCDRS = 1;
LCDRW = 0;
DBPort = wdata;                      //写入数据
LCDEN = 1;
_nop_();
_nop_();
LCDEN = 0;
}
//获取 12864 液晶模块的当前状态
unsigned char getState(void)
{
unsigned char temp;
DBPort = 0xFF;
LCDEN=0;
LCDRS=0;
LCDRW=1;
LCDEN=1;
_nop_();
LCDEN=0;
temp = DBPort;
return temp;
}
//等待 12864 液晶模块的忙状态结束
void WaiteBusy()
{
unsigned char temp;
while(1)
{
    temp = getState();               //获取当前状态
    temp &= 0x80;
    if(temp == 0)                    //如果还是忙，则等待
        break;
}
}
```

```
//清除 12864 液晶模块的显示缓冲区
void ClearBuff()
{
unsigned char i,j;
for(j=0;j<8;j++)
{
        for(i=0;i<128;i++)
                dispbuf[j][i] = 0x00;
}
}
//清除屏幕显示
void ClearScreen()
{
ClearBuff();
Show();
}
//初始化 12864 液晶模块
void LcdInit()
{
LCDCS1 = 1;
LCDCS2 = 1;
WriteCmd(DISP_OFF);
WriteCmd(DISP_Y);
WriteCmd(DISP_ON);
}
```

注意：由于 12864 显示模块是通过屏幕上每个点对应的一个字节数据缓冲区来控制的，所以将这个显示缓冲区修改后，即可以达到修改显示的目的，如清屏。

2．功能函数设计

12864 液晶模块的功能函数是用于驱动液晶模块执行一定动作的函数，如绘制直线、显示一张图片等，这些函数包括：

（1）void DrawPixel(unsigned char x,unsigned char y,bit drawflag)：在 12864 液晶模块的坐标 xy 上绘制一个点或者清除一个点；

（2）void DrawVerticalLine(unsigned char x,unsigned char; y,unsigned char len,unsigned char d)：在指定的位置绘制一条竖线，竖线的长度必须小于 8 个点；

（3）void Line(unsigned char x0,unsigned char y0,unsigned char x1,unsigned char y1)：以 x1y1 和 x2y2 作为起始点绘制一条直线；

（4）void Print12_6En(unsigned char x,unsigned char y,bit cpl,unsigned char asc)：在指定位置 xy 显示一个 ASCII 码；

（5）void BufferPrint12(unsigned char x,unsigned char y,unsigned char *ptr)：在指定位置 xy 显示 12×12 的字符编码，其可以是汉字、数字、英文字符和标点符号等；

（6）void WriteClkBmp(unsigned char   code *image)：显示一幅存放在内存里的图片信息；

（7）void Print12_12CHN(unsigned char x,unsigned char y,bit cpl,struct typFNT_GB12 a)：在指定位置显示一个 12×12 的汉字。

功能函数的应用代码如例 13.3 所示。

【例 13.3】 功能函数的应用代码。

```c
// drawflag = 1:在 12864 液晶模块任意位置画点，drawflag = 0:在 12864 液晶模块任意位置清除点
void DrawPixel(unsigned char x,unsigned char y,bit drawflag)
{
unsigned char a,b;
a = y/0x08;
b = y&0x07;
if(drawflag)
        dispbuf[a][x] |= BIT(b);
else
        dispbuf[a][x] &= ~BIT(b);
}
//指定的位置按传入的数据画一条长度为 len(len=<8)点的竖线
void DrawVerticalLine(unsigned char x,unsigned char y,unsigned char len,unsigned char d)
{
unsigned char i;
for(i=0;i<len;i++)
{
        if(d&0x01)
                DrawPixel(x,y+i,1);
        d >>= 1;
}
}
//绘制一条直线
void Line(unsigned char x0,unsigned char y0,unsigned char x1,unsigned char y1)
{
//使用 Bresenham 算法画直线
char dx,dy,x_increase,y_increase;
int error;
unsigned char x,y;
unsigned char i;
dx = x1-x0;
dy = y1-y0;
if(dx>=0)                                      //判断 x 增长方向
        x_increase = 1;
else
        x_increase = -1;
if(dy>=0)                                      //判断 y 增长方向
        y_increase = 1;
else
        y_increase = -1;
        x = x0;
y = y0;
dx = cabs(dx);
dy = cabs(dy);
if(dx > dy)
```

```
    {
        error = -dx;
        for(i=0;i<dx+1;i++)
        {
            DrawPixel(x,y,1);
            x += x_increase;
            error += 2*dy;
            if(error >= 0)
            {
                y += y_increase;
                error -= 2*dx;
            }
        }
    }
    else
    {
        error = -dy;
        for(i=0;i<dy+1;i++)
        {
            DrawPixel(x,y,1);
            y += y_increase;
            error += 2*dx;
            if(error >= 0)
            {
                x += x_increase;
                error -= 2*dy;
            }
        }
    }
}
}
//在指定的位置显示一个 12×6ASCII 字符
void Print12_6En(unsigned char x,unsigned char y,bit cpl,unsigned char asc)
{
unsigned char i,j;
for(j=0;j<2;j++)
{
    for(i=0;i<6;i++)
    {
        if(cpl)
            DrawVerticalLine(x+i,y+8*j,8-4*j,~AsciiDot[(asc-0x20)*12+i+6*j]);
        else
            DrawVerticalLine(x+i,y+8*j,8-4*j,AsciiDot[(asc-0x20)*12+i+6*j]);
    }
}
}
//送显示数据到显存，显示 12×12 文字(中、英、标点、数字)/
void BufferPrint12(unsigned char x,unsigned char y,unsigned char *ptr)
```

```
{
unsigned char c1,c2,i,j;
bit cpl = 0;
for(i=0;ptr[i] != '\0';i++)
{
    c1 = ptr[i];
    c2 = ptr[i+1];
    if(c1 == '\n')                              //换行符
    {
        x = 0;
        y += 2;
        continue;
    }
    if(c1 == '~')//反显
    {
        cpl = !cpl;
        continue;
    }
    if(c1<128)                                  //英文或标点
    {
        Print12_6En(6*x+4,6*y+2,cpl,c1);
        x++;
    }
    else                                        //中文
    {
        for(j=0;j<sizeof(GB_12)/sizeof(GB_12[0]);j++)   //查找汉字
        {
            if(c1 == GB_12[j].Index[0] && c2 == GB_12[j].Index[1])
                break;
        }
        Print12_12CHN(6*x+4,6*y+2,cpl,GB_12[j]);
        x += 2;
        i++;                                    //汉字长度为2
    }
}
}
//送一幅 64×64 点阵图像到显存显示
void WriteClkBmp(unsigned char    code *image)
{
unsigned char i,j;
for(j=0;j<8;j++)
{
    for(i=64;i<128;i++)
        dispbuf[j][i] = image[j*64+i-64];
}
}
//指定的位置显示一个 12×12 汉字
```

```
void Print12_12CHN(unsigned char x,unsigned char y,bit cpl,struct typFNT_GB12 a)
{
unsigned char i;
for(i=0;i<12;i++)
{
    if(cpl)
        DrawVerticalLine(x+i,y,8,~a.Msk[i]);
    else
        DrawVerticalLine(x+i,y,8,a.Msk[i]);
}
for(i=0;i<12;i++)
{
    if(cpl)
        DrawVerticalLine(x+i,y+8,4,~a.Msk[i+12]);
    else
        DrawVerticalLine(x+i,y+8,4,a.Msk[i+12]);
}
}
```

3．时间显示函数

时间显示函数是 12864 液晶模块用于模拟时钟显示的相关函数，这些函数包括：

（1）void TimeDisp(unsigned char Hour,unsigned char Min,unsigned char Sec)：在 12864 液晶模块上显示时、分、秒信息。

（2）void Show()：将当前显示缓冲区的数据送到 12864 液晶模块进行显示。

时间显示函数的应用代码如例 13.4 所示，需要注意的是其使用了 secondpointerx[]等定义在代码空间 code 的数组来存放了相应的时针、分针、秒针显示坐标，而始终的中心坐标点则使用 CLK_X 和 CLK_Y 进行了预定义。

【例 13.4】　时间显示函数的应用代码。

```
//秒针结束点坐标，起点坐标(x0,y0)=(31，31);
#define CLK_X  95                              //时钟中心点坐标
#define CLK_Y  31
unsigned char code secondpointerx[]=//x1
{
//0~15s
CLK_X+ 0,CLK_X+ 2,CLK_X+ 4,CLK_X+ 7,CLK_X+ 9,CLK_X+11,CLK_X+13,CLK_X+14,CLK_X+16,
CLK_X+18,
    CLK_X+19,CLK_X+20,CLK_X+21,CLK_X+21,CLK_X+21,CLK_X+22,
    //16~30s
    CLK_X+22,CLK_X+21,CLK_X+21,CLK_X+20,CLK_X+19,CLK_X+18,CLK_X+16,CLK_X+14,CLK_X+13,CLK_X+11,
    CLK_X+ 9,CLK_X+ 7,CLK_X+ 4,CLK_X+ 2,CLK_X+ 0,
    //31~45s
    CLK_X- 2,CLK_X- 4,CLK_X- 7,CLK_X- 9,CLK_X-11,CLK_X-13,CLK_X-14,CLK_X-16,CLK_X-18,CLK_X-19,
    CLK_X-20,CLK_X-21,CLK_X-21,CLK_X-21,CLK_X-22,
    //46~59s
```

```
        CLK_X-22,CLK_X-21,CLK_X-21,CLK_X-20,CLK_X-19,CLK_X-18,CLK_X-16,CLK_X-14,CLK_X-13,
CLK_X-11,
        CLK_X- 9,CLK_X- 7,CLK_X- 4,CLK_X- 2,
        };
        unsigned char code secondpointery[]=//y1
        {
        //0～15s
        CLK_Y-22,CLK_Y-22,CLK_Y-21,CLK_Y-21,CLK_Y-20,CLK_Y-19,CLK_Y-18,CLK_Y-16,CLK_Y-14,CL
K_Y-13,
        CLK_Y-11,CLK_Y- 9,CLK_Y- 7,CLK_Y- 4,CLK_Y- 2,CLK_Y- 0,
        //16～30s
        CLK_Y+ 2,CLK_Y+ 4,CLK_Y+ 7,CLK_Y+ 9,CLK_Y+11,CLK_Y+13,CLK_Y+14,CLK_Y+16,CLK_Y+18,
CLK_Y+19,
        CLK_Y+20,CLK_Y+21,CLK_Y+21,CLK_Y+22,CLK_Y+22,
        //31～45s
        CLK_Y+22,CLK_Y+21,CLK_Y+21,CLK_Y+20,CLK_Y+19,CLK_Y+18,CLK_Y+16,CLK_Y+14,CLK_
Y+13,CLK_Y+11,
        CLK_Y+ 9,CLK_Y+ 7,CLK_Y+ 4,CLK_Y+ 2,CLK_Y+ 0,
        //46～59s
        CLK_Y- 2,CLK_Y- 4,CLK_Y- 7,CLK_Y- 9,CLK_Y-11,CLK_Y-13,CLK_Y-14,CLK_Y-16,CLK_Y-18,
CLK_Y-19,
        CLK_Y-20,CLK_Y-21,CLK_Y-21,CLK_Y-22,
        };
        //分针结束点坐标，起点坐标(x0,y0)=(31，31);
        unsigned char code minpointerx[]=//x1
        {
        //0～15min
        CLK_X+ 0,CLK_X+ 2,CLK_X+ 4,CLK_X+ 6,CLK_X+ 8,CLK_X+ 9,CLK_X+11,CLK_X+12,CLK_X+14,
CLK_X+15,
        CLK_X+16,CLK_X+17,CLK_X+18,CLK_X+19,CLK_X+20,CLK_X+20,
        //16～30min
        CLK_X+20,CLK_X+19,CLK_X+18,CLK_X+17,CLK_X+16,CLK_X+15,CLK_X+14,CLK_X+12,CLK_
X+11,CLK_X+ 9,
        CLK_X+ 8,CLK_X+ 6,CLK_X+ 4,CLK_X+ 2,CLK_X+ 0,
        //31～45min
        CLK_X- 2,CLK_X- 4,CLK_X- 6,CLK_X- 8,CLK_X- 9,CLK_X-11,CLK_X-12,CLK_X-14,CLK_X-15,
CLK_X-16,
        CLK_X-17,CLK_X-18,CLK_X-19,CLK_X-20,CLK_X-20,
        //46～59min
        CLK_X-20,CLK_X-19,CLK_X-18,CLK_X-17,CLK_X-16,CLK_X-15,CLK_X-14,CLK_X-12,CLK_X-11,
CLK_X- 9,
        CLK_X- 8,CLK_X- 6,CLK_X- 4,CLK_X- 2,
        };
        unsigned char code minpointery[]=//y1
        {
        //0～15min
        CLK_Y-20,CLK_Y-20,CLK_Y-19,CLK_Y-18,CLK_Y-17,CLK_Y-16,CLK_Y-15,CLK_Y-14,CLK_Y-12,CL
```

K_Y-11,

　　　　CLK_Y- 9,CLK_Y- 8,CLK_Y- 6,CLK_Y- 4,CLK_Y- 2,CLK_Y- 0,

　　　　//16～30min

　　　　CLK_Y+ 2,CLK_Y+ 4,CLK_Y+ 6,CLK_Y+ 8,CLK_Y+ 9,CLK_Y+11,CLK_Y+12,CLK_Y+14,CLK_Y+15,

CLK_Y+16,

　　　　CLK_Y+17,CLK_Y+18,CLK_Y+19,CLK_Y+20,CLK_Y+20,

　　　　//31～45min

　　　　CLK_Y+20,CLK_Y+19,CLK_Y+18,CLK_Y+17,CLK_Y+16,CLK_Y+15,CLK_Y+14,CLK_Y+12,CLK_Y+11,CLK_Y+ 9,

　　　　CLK_Y+ 8,CLK_Y+ 6,CLK_Y+ 4,CLK_Y+ 2,CLK_Y+ 0,

　　　　//46～59min

　　　　CLK_Y- 2,CLK_Y- 4,CLK_Y- 6,CLK_Y- 8,CLK_Y- 9,CLK_Y-11,CLK_Y-12,CLK_Y-14,CLK_Y-15,

CLK_Y-16,

　　　　CLK_Y-17,CLK_Y-18,CLK_Y-19,CLK_Y-20,

　　　　};

　　　　//时针结束点坐标，起点坐标(x0,y0)=(31，31);

　　　　unsigned char code hourpointerx[]=//x1

　　　　{

　　　　CLK_X+ 0,CLK_X+ 1,CLK_X+ 3,CLK_X+ 5,CLK_X+ 6,CLK_X+ 8,CLK_X+ 9,CLK_X+11,CLK_X+12,

CLK_X+13,

　　　　CLK_X+14,CLK_X+14,CLK_X+15,CLK_X+16,CLK_X+16,CLK_X+16,

　　　　CLK_X+16,CLK_X+16,CLK_X+15,CLK_X+14,CLK_X+14,CLK_X+13,CLK_X+12,CLK_X+11,CLK_X+ 9,CLK_X+ 8,

　　　　CLK_X+ 6,CLK_X+ 5,CLK_X+ 3,CLK_X+ 1,CLK_X+ 0,

　　　　CLK_X- 1,CLK_X- 3,CLK_X- 5,CLK_X- 6,CLK_X- 8,CLK_X- 9,CLK_X-11,CLK_X-12,CLK_X-13,

CLK_X-14,

　　　　CLK_X-14,CLK_X-15,CLK_X-16,CLK_X-16,CLK_X-16,

　　　　CLK_X-16,CLK_X-16,CLK_X-15,CLK_X-14,CLK_X-14,CLK_X-13,CLK_X-12,CLK_X-11,CLK_X- 9,CLK_X- 8,

　　　　CLK_X- 6,CLK_X- 5,CLK_X- 3,CLK_X- 1,

　　　　};

　　　　unsigned char code hourpointery[]=//y1

　　　　{

　　　　CLK_Y-16,CLK_Y-16,CLK_Y-16,CLK_Y-15,CLK_Y-14,CLK_Y-14,CLK_Y-13,CLK_Y-12,CLK_Y-11,CLK_Y- 9,

　　　　CLK_Y- 8,CLK_Y- 6,CLK_Y- 5,CLK_Y- 3,CLK_Y- 1,CLK_Y- 0,

　　　　CLK_Y+1,CLK_Y+ 3,CLK_Y+ 5,CLK_Y+ 6,CLK_Y+ 8,CLK_Y+ 9,CLK_Y+11,CLK_Y+12,CLK_Y+13,

CLK_Y+14,

　　　　CLK_Y+14,CLK_Y+15,CLK_Y+16,CLK_Y+16,CLK_Y+16,

　　　　CLK_Y+16,CLK_Y+16,CLK_Y+15,CLK_Y+14,CLK_Y+14,CLK_Y+13,CLK_Y+12,CLK_Y+11,CLK_Y+ 9,

　　　　CLK_Y+ 8,CLK_Y+ 6,CLK_Y+ 5,CLK_Y+ 3,CLK_Y+ 1,CLK_Y+ 0,

　　　　CLK_Y-1,CLK_Y- 3,CLK_Y- 5,CLK_Y- 6,CLK_Y- 8,CLK_Y- 9,CLK_Y-11,CLK_Y-12,CLK_Y-13,

CLK_Y-14,

　　　　CLK_Y-14,CLK_Y-15,CLK_Y-16,CLK_Y-16,

　　　　};

　　　　//将显示缓冲区所有数据送到 12864 液晶模块显示

　　　　void Show()

```
{
unsigned char i,j;
LcdInit();
for(j=0;j<8;j++)
{
        LCDCS1=1;
        LCDCS2=0;
        WriteCmd(DISP_PAGE+j);
        WriteCmd(DISP_X);
        for(i=0;i<64;i++)
            WriteData(dispbuf[j][i]);
        LCDCS1=0;
        LCDCS2=1;
        WriteCmd(DISP_PAGE+j);
        WriteCmd(DISP_X);
        for(i=64;i<128;i++)
            WriteData(dispbuf[j][i]);
}
}
//时间显示函数
void TimeDisp(unsigned char Hour,unsigned char Min,unsigned char Sec)
{
unsigned char hp;
hp = Hour*5+Min/12;
WriteClkBmp(clkbmp);
Line(CLK_X,31,secondpointerx[Sec],secondpointery[Sec]);//秒针
Line(CLK_X,31,minpointerx[Min],minpointery[Min]);//分针
Line(CLK_X,31,hourpointerx[hp],hourpointery[hp]);//时针
}
```

4．12864 液晶模块的库文件

由于 12864 液晶模块没有内置的相关字库、ASCII 码库等，所以必须先使用相应的软件工具将需要使用的这些字符对应的库提取出来，定义在头文件中，才能供 12864 使用，模拟时钟中相关的库文件定义的应用代码如例 13.5 所示。

这些库文件使用了数组来存放，包括了 ASCII 码的定义 AsciiDot[]、图片定义 nBitmapDot[] 和时钟 clkbmp[]。

【例 13.5】 库文件定义的应用代码。

```
unsigned char code AsciiDot[] =                                              // ASCII
{
0x00,0x00,0x00,0x00,0x00,0x00,0x00,0x00,0x00,0x00,0x00,0x00,                 // - -
0x00,0x00,0x00,0x3E,0x00,0x00,0x00,0x00,0x00,0x01,0x00,0x00,                 // -!-
//省略
0x00,0xFC,0x0A,0x32,0x42,0xFC,0x00,0x00,0x01,0x01,0x01,0x00,                 // -0-
0x00,0x00,0x04,0xFE,0x00,0x00,0x00,0x00,0x01,0x01,0x01,0x00,                 // -1-
0x00,0x04,0x82,0x42,0x22,0x9C,0x00,0x01,0x01,0x01,0x01,0x01,                 // -2-
0x00,0x84,0x02,0x12,0x12,0xEC,0x00,0x00,0x01,0x01,0x01,0x00,                 // -3-
```

```
//省略
0x00,0x00,0x98,0x98,0x00,0x00,0x00,0x00,0x01,0x01,0x00,0x00,          // -:-
0x00,0x00,0x00,0x98,0x98,0x00,0x00,0x00,0x03,0x01,0x00,0x00,          // -;-
0x20,0x50,0x50,0x88,0x04,0x04,0x00,0x00,0x00,0x00,0x01,0x01,          // -<-
0x00,0x50,0x50,0x50,0x50,0x50,0x00,0x00,0x00,0x00,0x00,0x00,          // -=-
0x04,0x04,0x88,0x50,0x50,0x20,0x01,0x01,0x00,0x00,0x00,0x00,          // ->-
0x00,0x00,0x08,0x44,0x24,0x18,0x00,0x00,0x01,0x01,0x00,0x00,          // -?-
0x00,0xFE,0x01,0x31,0x49,0x7E,0x00,0x01,0x02,0x02,0x02,0x01,          // -@-
0xC0,0x78,0x46,0x78,0xC0,0x00,0x01,0x01,0x00,0x01,0x01,0x01,          // -A-
//不完整,省略部分
};
//图片库文件定义
unsigned char code nBitmapDot[] =                                    //数据表
{
       0x44,0x24,0xFF,0x14,0x00,0xFE,0x81,0x46,0x00,0xFF,0x00,0x00,
       0xFE,0x22,0x22,0xFE,0x04,0x14,0x64,0x04,0xFF,0x04,0x04,0x00,
       0x58,0x4F,0xFA,0x4A,0x42,0x7C,0x44,0x44,0xFF,0x44,0x7C,0x00,
       0x09,0xD2,0x40,0x29,0xDB,0x4D,0xFF,0x4D,0x5B,0xE9,0x48,0x00,
       0x00,0x1E,0x12,0x92,0x52,0xBF,0x12,0x12,0x12,0x9E,0x00,0x00,
       0x10,0x08,0xFF,0x22,0x2A,0x2A,0xFF,0x2A,0x2A,0x2A,0xE2,0x00,
       0x18,0xD6,0x54,0xFF,0x54,0x56,0xD4,0x00,0xFC,0x00,0xFF,0x00,
       0x10,0x08,0xFC,0x13,0x08,0x04,0xFF,0x24,0x24,0x24,0x04,0x00,
       0x0A,0x92,0x62,0x9E,0x02,0x18,0x87,0x74,0x84,0x14,0x0C,0x00,
       0x08,0xF9,0x02,0x00,0xFE,0x42,0x41,0xFE,0x02,0x82,0xFE,0x00,
       0x04,0x04,0x07,0x00,0x04,0x05,0x04,0x02,0x01,0x01,0x06,0x00,
       0x03,0x01,0x01,0x03,0x00,0x00,0x04,0x04,0x07,0x00,0x00,0x00,
       0x00,0x00,0x07,0x02,0x01,0x00,0x00,0x00,0x07,0x00,0x00,0x00,
       0x01,0x07,0x00,0x00,0x07,0x05,0x07,0x05,0x05,0x07,0x00,0x00,
       0x04,0x03,0x00,0x07,0x04,0x04,0x05,0x04,0x07,0x00,0x03,0x00,
       0x00,0x00,0x07,0x00,0x00,0x00,0x07,0x00,0x02,0x02,0x01,0x00,
       0x00,0x03,0x00,0x07,0x00,0x02,0x03,0x00,0x04,0x04,0x07,0x00,
       0x00,0x00,0x07,0x00,0x00,0x00,0x07,0x01,0x01,0x01,0x01,0x00,
       0x02,0x01,0x00,0x04,0x05,0x02,0x01,0x00,0x01,0x02,0x04,0x00,
       0x06,0x01,0x02,0x02,0x04,0x04,0x04,0x05,0x04,0x04,0x04,0x00

}
unsigned char code clkbmp[]=                                         //时钟图
{
       0x00,0x00,0x00,0x00,0x00,0x00,0x00,0x00,0x00,0x00,0x80,0x80,0xC0,0x60,0x20,0x30,
       0x38,0xC8,0x0C,0x04,0x04,0x06,0x02,0x02,0x02,0x03,0x01,0x01,0x21,0xF1,0x01,0x07,
       0x21,0x91,0x51,0x21,0x01,0x03,0x02,0x02,0x02,0x06,0x04,0x04,0x0C,0xC8,0x38,0x30,
       0x20,0x60,0xC0,0x80,0x80,0x00,0x00,0x00,0x00,0x00,0x00,0x00,0x00,0x00,0x00,0x00,
       0x00,0x00,0x00,0x00,0x80,0xE0,0x30,0x1C,0x06,0x03,0x01,0x00,0x00,0x00,0x00,0x00,
       0x00,0x00,0x01,0x00,0x00,0x00,0x00,0x00,0x00,0x00,0x00,0x01,0x01,0x01,0x00,
       0x01,0x01,0x01,0x01,0x00,0x00,0x00,0x00,0x00,0x00,0x00,0x00,0x01,0x00,0x00,0x00,
       0x00,0x00,0x00,0x00,0x01,0x03,0x06,0x1C,0x30,0xE0,0x80,0x00,0x00,0x00,0x00,0x00,
       0x00,0xE0,0x3C,0x07,0x01,0x01,0x02,0x02,0x04,0x00,0x00,0x00,0x00,0x00,0x00,0x00,
       0x00,0x00,0x00,0x00,0x00,0x00,0x00,0x00,0x00,0x00,0x00,0x00,0x00,0x00,0x00,0x00,
```

```
0x00,0x00,0x00,0x00,0x00,0x00,0x00,0x00,0x00,0x00,0x00,0x00,0x00,0x00,0x00,0x00,
0x00,0x00,0x00,0x00,0x00,0x00,0x04,0x02,0x02,0x01,0x01,0x07,0x3C,0xE0,0x00,0x00,
0xFE,0x83,0x80,0x00,0x40,0xA0,0xA0,0xC0,0x00,0x00,0x00,0x00,0x00,0x00,0x00,0x00,
0x00,0x00,0x00,0x00,0x00,0x00,0x00,0x00,0x00,0x00,0x00,0x00,0x00,0xC0,0xE0,0xE0,
0xE0,0xC0,0x00,0x00,0x00,0x00,0x00,0x00,0x00,0x00,0x00,0x00,0x00,0x00,0x00,0x00,
0x00,0x00,0x00,0x00,0x00,0x00,0x00,0x00,0xA0,0xA0,0x40,0x00,0x80,0x83,0xFE,0x00,
0x3F,0xE0,0x00,0x00,0x00,0x02,0x02,0x01,0x00,0x00,0x00,0x00,0x00,0x00,0x00,0x00,
0x00,0x00,0x00,0x00,0x00,0x00,0x00,0x00,0x00,0x00,0x00,0x00,0x00,0x01,0x03,0x03,
0x03,0x01,0x00,0x00,0x00,0x00,0x00,0x00,0x00,0x00,0x00,0x00,0x00,0x00,0x00,0x00,
0x00,0x00,0x00,0x00,0x00,0x00,0x00,0x00,0x02,0x02,0x01,0x00,0x00,0xE0,0x3F,0x00,
0x00,0x03,0x1E,0x70,0xC0,0xC0,0x20,0x20,0x10,0x00,0x00,0x00,0x00,0x00,0x00,0x00,
0x00,0x00,0x00,0x00,0x00,0x00,0x00,0x00,0x00,0x00,0x00,0x00,0x00,0x00,0x00,0x00,
0x00,0x00,0x00,0x00,0x00,0x00,0x00,0x00,0x00,0x00,0x00,0x00,0x00,0x00,0x00,0x00,
0x00,0x00,0x00,0x00,0x00,0x00,0x10,0x20,0x20,0xC0,0xC0,0x70,0x1E,0x03,0x00,0x00,
0x00,0x00,0x00,0x00,0x00,0x03,0x06,0x1C,0x30,0x60,0xC0,0x80,0x80,0x00,0x00,0x00,
0x00,0x80,0x40,0x00,0x00,0x00,0x00,0x00,0x00,0x00,0x00,0x00,0x00,0x00,0x80,0x40,
0x40,0x00,0x00,0x00,0x00,0x00,0x00,0x00,0x00,0x00,0x00,0x00,0x40,0x80,0x00,0x00,
0x00,0x00,0x80,0x80,0xC0,0x60,0x30,0x1C,0x06,0x03,0x00,0x00,0x00,0x00,0x00,0x00,
0x00,0x00,0x00,0x00,0x00,0x00,0x00,0x00,0x00,0x01,0x03,0x02,0x06,
0x0E,0x09,0x18,0x10,0x10,0x30,0x20,0x20,0x20,0x60,0x40,0x40,0x40,0x40,0x43,0x75,
0x45,0x42,0x40,0x40,0x40,0x60,0x20,0x20,0x20,0x30,0x10,0x10,0x18,0x09,0x0E,0x06,
0x02,0x03,0x01,0x00,0x00,0x00,0x00,0x00,0x00,0x00,0x00,0x00,0x00,0x00,0x00,0x00,
};
```

注意：由于篇幅所限，相应的库文件定义并不完整，读者可以自行参阅本书附带的代码，需要注意的是这些库文件都可以使用 13.3.5 节中介绍的软件来生成，使用者只需要将生成的库文件直接复制到代码中定义即可，并不需要自行一个个查找。

13.4.4　模拟时钟系统的软件综合

模拟时钟系统的软件综合如例 13.6 所示，其中所涉及的相应函数详细代码可参考以上各节。

【例 13.6】　模拟时钟系统的软件综合。

```c
#include <AT89X52.H>
#include<intrins.h>
#include<math.h>
#ifndef BIT
#define BIT(x)          (1 << (x))
#endif
#define DBPort          P0
#define DISP_OFF        0x3e             //关显示
#define DISP_ON         0x3f             //开显示
#define DISP_Y          0xc0             //起始行
#define DISP_PAGE       0xb8             //起始页
#define DISP_X          0x40             //起始列
sbit LCDRW              = P1^3;
sbit LCDEN              = P1^4;
```

```
sbit LCDRS          = P1^5;
sbit LCDCS1    = P1^7;
sbit LCDCS2    = P1^6;
//时间初始值
unsigned char Hour = 9;
unsigned char Min = 9;
unsigned char Sec = 30;
unsigned char xdata dispbuf[8][128];        //1024B 用于存放显示数据
bit refreshflag = 1;                        //显示刷新标志,每一秒送一次显示数据
void main()
{
TimerInit();
ClearScreen();
while(1)
{
    TimeDisp(Hour,Min,Sec);
    if(refreshflag)
    {
        Show();
        refreshflag = 0;
    }
}
}
```

13.5 模拟时钟应用系统的仿真与总结

在 Proteus 中绘制如图 13.3 所示电路,其中所涉及的典型器件参见表 13.4。

表 13.4 Proteus 电路器件列表

器 件 名 称	库	子 库	说 明
AT89C52	Microprocessor ICs	8051 Family	51 单片机
RES	Resistors	Generic	通用电阻
CAP	Capacitors	Generic	电容
CAP-ELEC	Capacitors	Generic	极性电容
CRYSTAL	Miscellaneous	—	晶体
AMPIRE 128X64	Optoelectronics	Graphical LCDs	12864 液晶模块
74HC04	TTL 74HC series	Gates & Inverters	反相器
74HC573	TTL 74HC series	Flip-Flops & Latches	74373 锁存器
62256	Memory ICs	Static RAM	32K 外部 RAM

在 62256 上双击可以弹出如图 13.11 所示的属性设置对话框,其中涉及的主要参数说明如下。

（1）Address Access Time：地址访问时间，通常来说 100ns 即可。

（2）Chip Enable Access Time：芯片使能时间，通常来说 100ns 即可。

（3）Output Enable Time：输出使能时间，通常来说 50ns 即可。

（4）Output Disable Time：输出禁止时间，通常来说 35ns 即可。

（5）Minimum Write Pulse：最小写脉冲时间，通常来说 60ns 即可。

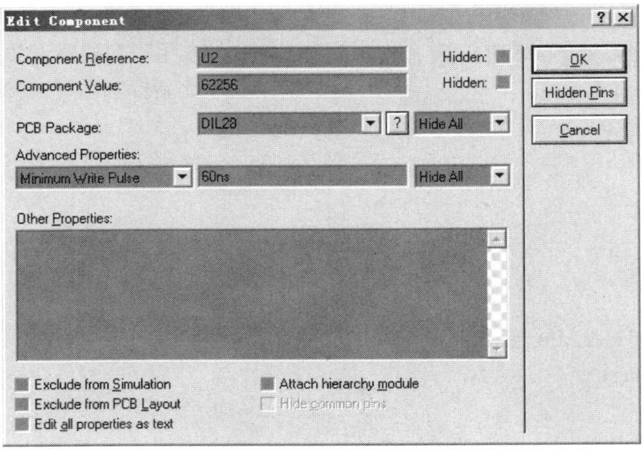

图 13.11　62256 的属性设置对话框

在 12864 液晶模块上双击可以弹出如图 13.12 所示的属性设置对话框，其中涉及的主要参数说明如下。

（1）Clock Frequency：12864 液晶模块的内部时钟频率，提高这个频率可加快液晶模块的响应速度，通常来说使用默认值即可。

（2）Log Internal Events：记录液晶模块内部事件，通常设置为 No 即可。

（3）Address Control Signal（Chip1）：12864 液晶模块的 1 号控制芯片控制，对应 12864 液晶模块的外部引脚 $\overline{CS1}$，设置为 High 即可。

（4）Address Control Signal（Chip2）：12864 液晶模块的 2 号控制芯片控制，对应 12864 液晶模块的外部引脚 $\overline{CS2}$，设置为 High 即可。

（5）Initial Contents of RAM：12864 液晶模块内部 RAM 初始化值，默认为 0xFF，通常来说采用默认值即可。

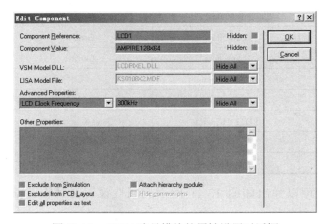

图 13.12　12864 液晶模块的属性设置对话框

单击运行，可以看到模拟表盘的走动效果，如图 13.13 所示。

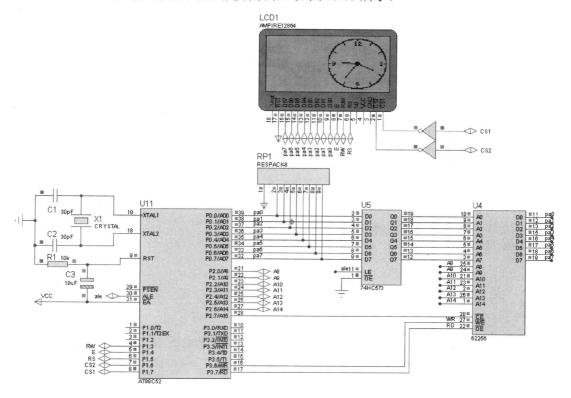

图 13.13　模拟时钟的 Proteus 仿真

总结： 在实际的应用系统中，可以采用内部集成的相应字符库的 12864 液晶模块，这样就不用手动提取相应的库，但是从成本控制等因素出发，还是经常会使用这种没有内置字符库的普通 12864 液晶模块。

第 14 章 自动打铃器

在学校需要对学生的上下课进行提示，通常都用一个打铃器来进行统一通知，打铃器可设定打铃的时间，性能可靠，外形美观，广泛用于学校、机关、工厂、部队、医院、车站等单位。

本章应用实例涉及的知识如下：

➢ C51 的串行端口控制函数的应用方法；
➢ 时钟芯片 PCF8563 的应用原理；
➢ 1602 字符数字液晶模块的应用原理；
➢ 蜂鸣器的应用原理。

14.1 自动打铃器的背景介绍

自动打铃器是能够在上下课时间点自动发出上下课提示音的设备，并且它可以显示出当前时间，以及将相应的信息通过串行端口发送到其他系统。

14.2 自动打铃器的设计思路

14.2.1 自动打铃器的工作流程

自动打铃器的工作流程如图 14.1 所示。

14.2.2 自动打铃器的需求分析与设计

设计自动打铃器，需要考虑以下几方面的内容：

（1）如何获得当前的时间信息；
（2）如何提供相应的打铃声音信息；
（3）用什么模块来显示当前的时间信息；
（4）使用什么方式从单片机的串行端口输出相应的字符串；
（5）需要设计合适的单片机软件。

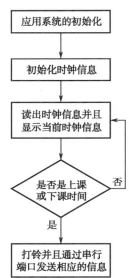

图 14.1 自动打铃器的工作流程

14.2.3　单片机串行端口字符串输出

从 51 单片机的串行端口输出字符和字符串，可以调用 51 单片机 C 语言（C51 语言）函数库中的相应函数，这些函数包括 putchar、printf 和 sprintf。

在调用这些函数之前需要在源文件中使用"#include"关键字引用"STDIO.H"头文件。

1．putchar 函数的说明

putchar 函数是 C51 函数库提供的标准输入/输出函数，其说明参见表 14.1。

表 14.1　putchar 函数说明

函 数 原 型	char putchar (char c);
函 数 参 数	c:待发送的字符
函 数 功 能	将字符 c 按照 51 单片机的设置从串行模块发送出去
函数返回值	c 本身

2．printf 函数的说明

printf 函数同样是 C51 函数库提供的标准输入/输出函数，通常用于标准格式或者控制格式的字符串输出，printf 函数的说明参见表 14.2。

表 14.2　printf 函数说明

函数原型	int printf　(const char *c, ...);
函数参数	c：　指向格式化字符串的指针； …：在 format 控制下的等待打印的数据
函数功能	将格式化数据用 putchar 数据输出到 51 单片机的串行模块，…是一个字符串，它包含字符、字符序列和格式说明。字符与字符序列按顺序输出到输出接口。格式说明以%开始，格式说明使跟随的相同序号的数据按格式说明转换和输出。如果数据的数量多余格式说明，多余的数据将被忽略，如果格式说明多于数据，结果将不可预测
函数返回值	发送出去的字符数

printf 函数的格式说明结构为：%_flags_width_.precision_{b|B|l|L}_type，各个部分的说明如下。

（1）type 用于说明参数是字符、字符串、数字或是指针字符，参见表 14.3。

表 14.3　printf 函数的 type 参数

type	输 出 结 果
D	有符号十进制数
U	无符号十进制数
O	无符号八进制数
x	无符号十六进制数，使用小写
X	无符号十六进制数，使用大写

续表

type	输 出 结 果
f	格式为[-]ddd.ddd 的浮点数
e	格式为[-]d.ddde+dd 的浮点数
E	格式为[-]d.dddE+dd 的浮点数
g	使用 f 或者 e 中比较合适形式的浮点数
G	去 f 或者 E 中比较合适形式的双精度值
c	单字符常数
s	字符串常数
p	指针，格式 t:aaaa，其中 aaaa 为十六进制的地址 t 为存储类型，c:代码；i:片内 RAM；x:片外 RAM；p:片外 RAM
n	无输出，但是在下一参数所指整数中写入字符串
%	%字符

（2）b、B、l、L 用于 type 之前，说明整型 d、i、u、o、x、X 的 char 或者 long 转换。

（3）flgs 是标记，其用法参见表 14.4。

表 14.4　printf 函数的 flgs 参数

flags	作　　用
−	左对齐
+	有符号，数值总是以正负号开始
空格	数字总是以符号或者空格开始
#	变换形式：o、x、X，首字母为 0、0x、0X G、g、e、E、f 则输出小数点
*	忽略

（4）width 是域宽，只能是一个非负数，用来表示输出字符的最小个数，如果打印字符较少则使用空格填充，在前面加负号则表示为在域中使用左对齐，加 0 则表示用 0 填充。如输出的字符个数大于域的宽度，仍然会输出全部的字符。"*"表示后续整数参数提供域的宽度，前面加 b，表示后续参数无字符。

（5）precision 表示精度，对于不同类型，其代表意义不同，可能引起截尾或者舍入，参见表 14.5。

表 14.5　printf 函数的 precision 参数

数 据 类 型	说　　明
d、u、o、x、X	输出数字的最小位，如果输出数字超出也不截尾，在左边填入 0
f、e、E	输出数字的小数位数，末位四舍五入
g、G	输出数字的有效位数
c、p	无影响
s	输出字符的最大字符数，超过部分将不显示

3. sprintf 函数的说明

在 51 单片机的应用系统中，sprintf 函数的应用比 printf 函数更加广泛，该函数的使用方法和 printf 函数几乎完全相同，包括格式控制字符，只是其把结果字符串的输出从串行模块换到了一段内存空间中，所以在实际使用用常常使用这个函数对一些非字符或者字符进行格式化操作，sprintf 函数的说明参见表 14.6。

表 14.6 sprintf 函数的说明

函 数 原 型	int sprintf (char *c1, const char *c2, ...);
函 数 参 数	c1 和 c2：指向格式化字符串的指针 …： 在 format 控制下的等待打印的数据
函 数 功 能	除了输出不是到单片机的串行模块，而是到一个内存空间 c1，其他功能与 printf 函数完全相同
函 数 返 回 值	输出的字符数

14.3 自动打铃器的硬件设计

14.3.1 自动打铃器的硬件模块划分

自动打铃器的硬件模块划分如图 14.2 所示，由 51 单片机、时钟模块、声音模块和显示模块组成，其各个部分详细说明如下。

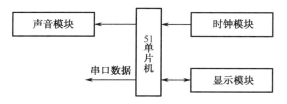

图 14.2 自动打铃器的硬件模块划分

（1）51 单片机：自动打铃器系统的核心控制器。
（2）时钟模块：用于提供相应的时间信息。
（3）声音模块：提供相应的上下课声音提示。
（4）显示模块：显示当前的时钟信息。

14.3.2 自动打铃器的硬件电路

自动打铃器的硬件电路如图 14.3 所示，51 单片机使用 P1 引脚和 P2.0～P2.2 驱动一片 1602 液晶模块来显示相应的时间信息，使用 P2.6 和 P2.7 引脚模拟 I^2C 总线的 SDA 和 SCL 引脚来与时钟芯片 PCF8563 进行通信，同时使用 P3.7 引脚扩展了一个蜂鸣器作为发声器件。

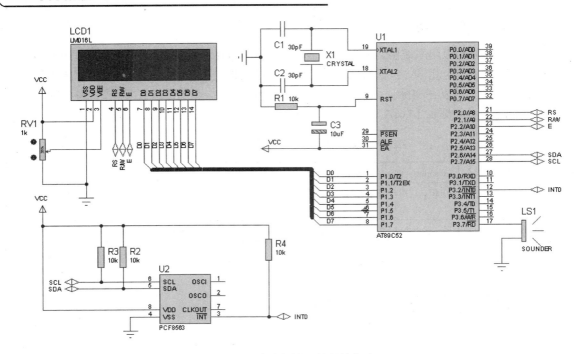

图 14.3   自动打铃器的硬件电路

自动打铃器硬件电路涉及的典型器件说明参见表 14.7。

表 14.7   自动打铃器硬件电路涉及的典型器件说明

器 件 名 称	器 件 编 号	说　　明
晶体振荡器	X1	51 单片机的振荡源
51 单片机	U1	51 单片机，系统的核心控制器件
电容	C1、C2、C3	滤波，储能器件
电阻	R1	上拉
PCF8563	U2	时钟芯片
LM016L	LCD1	1602 液晶模块
蜂鸣器	LS1	发声器件

14.3.3   自动打铃器的硬件模块基础——时钟芯片 PCF8563

PCF8563 是 Philips 公司出品的 I^2C 接口的时钟日历芯片，具有接口简单，占用 51 单片机 I/O 引脚少，芯片体积小的优点，其主要特点如下。

（1）工作功耗低：其典型工作电流为 0.25μA。

（2）供电电压允许范围大：支持 1.0～5.5V 的工作电压。

（3）支持高速 I^2C 总线速率：在工作电压为 1.8～5.5V 时，其 I^2C 总线通信速率可以达到 400kHz。

（4）内置可编程时钟输出：可以提供频率 32.768kHz、1024Hz、32Hz 和 1Hz 的时钟输出。

（5）内部资源丰富：PCF8563 内部集成有报警和定时器、掉电检测器和内部集成的振荡器电容，支持片内电源复位功能。

1．PCF8563 的引脚封装结构

PCF8563 的引脚封装结构如图 14.4 所示，其详细说明如下。

（1）OSCI：晶体振荡器的输入引脚。

（2）OSCO：晶体振荡器的输出引脚。

（3）$\overline{\text{INT}}$：中断输出引脚，开漏输出。

（4）VSS：电源地引脚。

（5）SDA：I^2C 总线接口数据引脚。

（6）SCL：I^2C 总线接口时钟引脚。

（7）CLKOUT：时钟输出引脚，开漏输出。

（8）VDD：电源引脚。

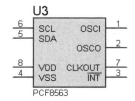

图 14.4　PCF8563 的引脚
封装结构

2．PCF8563 的内部寄存器

PCF8563 内部共有 16 个 8 位的内部寄存器，其中包括 1 个可以自动增量的地址寄存器，1 个带内部集成电容的内置 32.768kHz 内部振荡器，1 个用于给实时时钟提供源时钟的分频器，1 个可编程时钟输出模块，1 个报警器，1 个定时器，1 个掉电检测器和 1 个支持 400kHz 工作频率的 I^2C 总线接口。这些寄存器都是可以寻址的，PCF8563 内部寄存器的功能说明参见表 14.8。

表 14.8　PCF8563 内部寄存器的功能说明

地　址	寄存器名称	Bit7	Bit6	Bit5	Bit4	Bit3	Bit2	Bit1	Bit0
0x00	控制命令寄存器 1	TEST	0	STOP	0	TESTC	0	0	0
0x01	控制命令寄存器 2	0	0	0	TI/TP	AF	TF	AIE	TIE
0x02	秒	VL	0～59BCD 数						
0x03	分钟	—	0～59BCD 数						
0x04	小时	—	—	0～23BCD 数					
0x05	日	—	—	1～31BCD 数					
0x06	星期	—	—	—	—	—	0.6		
0x07	月/世纪	—	—	0～12BCD 数					
0x08	年	0～99BCD 数							
0x09	分钟报警	AE	0～59BCD 数						
0x0A	小时报警	AE	—	0～23BCD 数					
0x0B	日报警	AE	—	1～31BCD 数					
0x0C	星期报警	AE	—	—	—	—	0.6		
0x0D	CLKOUT 频率寄存器	FE	—	—	—	—	—	FD1	FD0
0x0F	定时器控制寄存器	TE	—	—	—	—	—	TD1	TD0
0x10	定时器倒计数数值寄存器	定时器倒计数值							

对相应控制命令寄存器写入确定的参数可以设置 PCF8563 的工作方式，并且可以通过读相关的寄存器获得 PCF8563 的定时参数。

（1）PCF8563 的控制命令寄存器 1 用于设置 PCF8563 的工作模式，并且控制其他寄存器的运行，其功能说明参见表 14.9。

表 14.9　控制命令寄存器 1 的功能说明

Bit	符号	描述
7	TEST1	置位元则进入测试模式；清除为普通工作模式
5	STOP	置位则时钟芯片停止工作，仅有 CLKOUT 可以工作；清除芯片正常工作
3	TESTC	置位使能电源复位功能，清除则禁止
6、4、2、1、0	0	默认值

（2）PCF8563 的控制命令寄存器 2 主要用于设置 PCF8563 的中断方式，其功能说明参见表 14.10。

表 14.10　控制命令寄存器 2 的功能说明

Bit	符　号	描　　述
7、6、5	0	默认状态
4	TI/TF	TI/TP=0：当 TF 有效时，INT 有效（取决于 TIE 的状态）； TI/TP=1：当 INT 脉冲有效（取决于 TIE 的状态）时，其 INT 操作如下： 源时钟（Hz）　　INT 周期（n=1）　　INT 周期（n>1） 4096　　　　　1/8192　　　　　1/4096 64　　　　　　1/128　　　　　　1/64 1　　　　　　　1/64　　　　　　　1/64 1/60　　　　　1/64　　　　　　　1/64 其中，n 为倒计时定数器的数值
3	AF	当报警发生时，AF 被置逻辑 1；在定时器倒计数结束时，TF 被置逻辑 1，它们在被软件重写前一直保持原值；若定时器和报警中断都请求时，中断源由 AF 和 TF 决定；若要使清除一个标志位而防止另一标志位被重写，应运用逻辑指令 AND，标志位元 AF 和 TF 数值如下：
2	TF	读　　　　　　　　AF　　　　　　　　TF 0　　　　报警标志有效　　　定时器标志无效 1　　　　报警标志无效　　　定时器标志有效 写 0　　　　清除报警标志　　　清除定时器标志 1　　　　保留报警标志　　　保留定时器标志
1	AIE	标志位 AIE 和 TIE 决定一个中断的请求有效或无效，当 AF 或 TF 中一个为"1"时，中断使 AIE 和 TIE 都置"1"。
0	TIE	AE=0：报警中断无效；AIE=1：报警中断有效 TIE=0：定时器中断无效；TIE=1：定时器中断有效

（3）PCF8563 的秒、分钟、小时寄存器均用来存放当前的时间数据，均用数据对应的 BCD 编码表示。当秒寄存器中的 VL 位被清除时，PCF8563 保证当前的时钟/日历数据是准确的，如

被置位则不保证。日、星期、月份、年寄存器用来存放当前的日历信息,除星期寄存器的数据用 0～6 表示之外,其余的数据均用对应的 BCD 编码数据表示。月份寄存器的最高位 C 用于表示世纪,当该位被清除时代表 2×××年,否则为 19××年。当年寄存器从 99 向 00 进位时,该位改变。

(4) PCF8563 的报警寄存器包括分钟、小时、日、月报警寄存器。当这些寄存器被写入正确的 BCD 编码数值并且将对应的寄存器的 AE 位清除后,如果时钟、日历寄存器的数值和报警寄存器的数值相等,则 AF 位被置位,AF 位须由软件清除。

(5) PCF8563 的时钟输出(CLKOUT)频率寄存器用于控制 PCF8563 的 CLKOUT 引脚输出的方波频率,其具体功能参见表 14.11。

表 14.11 时钟输出(CLKOUT)频率寄存器的功能

Bit	符　号	描　　述
7	FE	FE = 0: CLKOUT 输出被禁止并且设置为高阻态; FE = 1: CLKOUT 输入有效
6～2	—	无效值
1 0	FD1 FD0	FD1　　FD0　　　　输出频率 0　　　0　　　　32.758kHz 0　　　1　　　　1024Hz 1　　　0　　　　32Hz 1　　　1　　　　1Hz

(6) PCF8563 的定时器控制寄存器是一个 8B 的倒计数定时器。它由定时器控制器中位 TE 来决定有效或无效,定时器的时钟也可以由定时器控制器选择。其他定时器功能,如中断产生,则由控制状态寄存器 2 控制。为了能精确读回倒计数的数值,I^2C 总线时钟 SCL 的频率应至少为所选定定时器时钟频率的两倍,其具体功能参见表 14.12。

表 14.12 定时器控制寄存器的功能

Bit	符　号	描　　述
7	TE	清除禁止定时器,置位使能
6～2	—	无效
1	TD1	定时器时钟频率选择位决定倒计数定时器的时钟频率,设置如下,不用时 TD1 和 TD0 应设为"11"(1/60Hz),以降低电源损耗。
0	TD0	TD1　　TD0　　　　输出频率 0　　　0　　　　4096Hz 0　　　1　　　　64Hz 1　　　0　　　　1Hz 1　　　1　　　　(1/60) Hz

(7) 定时器倒计数数值寄存器中的数值决定倒计数周期,倒计数周期=倒计数数值/频率周期。

PCF8563 片内有一个片内复位电路,当外部晶体振荡器停止工作时,复位电路开始工作。在复位状态下,I^2C 总线初始化,寄存器标志位 TF、VL、TD1、TD0、TESTC、AE 被置位,其他的位和地址指针被清除。

PCF8563 片内还有一个掉电检测器，用于监控供电电压的变化。当 VDD 引脚上的电压低于最低工作电压 1V 时，寄存器标志位 VL 被置位，表明提供的时间信息不准确，VL 位必须用软件清除。

除了正常的工作模式外，PCF8563 还有 EXT_CLK 测试模式和 POR 电源复位替换模式两种工作方式，具体的工作情况可以参考 PCF8563 的相关资料。

14.4　自动打铃器的软件设计

14.4.1　自动打铃器软件的工作流程设计

自动打铃器的软件模块可以划分为获取时钟信息、显示时钟信息、控制发声和发送相应的提示信息三个部分，其工作流程如图 14.5 所示。

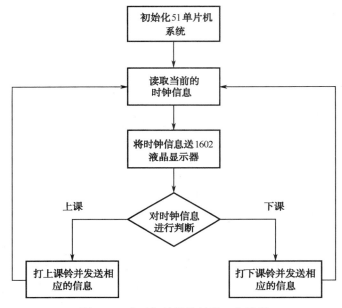

图 14.5　自动打铃器软件的工作流程

14.4.2　PCF8563 基础驱动函数模块设计

PCF8563 基础驱动函数模块主要用于对 PCF8563 进行相应的操作，包括如下的操作函数，其应用代码如例 14.1 所示。

（1）void PCF8563_start()：PCF8563 启动函数。

（2）void PCF8563_stop()：PCF8563 停止函数。

（3）void PCF8563_respons()：PCF8563 被动应答函数。

（4）void PCF8563_master_respons(bit master_ack)：PCF8563 主动应答函数。

（5）void PCF8563_init()：PCF8563 初始化函数。

（6）void PCF8563_wr_byte(unsigned char dat)：向 PCF8563 写入 1B 数据。

（7）unsigned char PCF8563_rd_byte()：从 PCF8563 读出 1B 数据。

（8）void PCF8563_write_n_byte(unsigned char add,unsigned char com,unsigned char *dat,unsigned char n_byte)：向 PCF8563 一次写入 n 字节数据。

（9）void PCF8563_read_n_byte(unsigned char add,unsigned char com,unsigned char n_byte)：从 PCF8563 中一次读出 n 字节数据。

应用代码使用 51 单片机的普通 I/O 引脚模拟了 I^2C 总线时序，与 PCF8563 进行通信，此时需要选择合适的延时长度以满足相应时序。

【例 14.1】 PCF8563 基础驱动函数模块的应用代码。

```
//  启动 PCF8563
void PCF8563_start()              //在时钟上升沿将数据引脚拉低
{
tim_sda = 1;
delay11us(1);
tim_scl = 1;
delay11us(1);
tim_sda = 0;
delay11us(1);
}
//  停止 PCF8563
void PCF8563_stop()               //在时钟上升沿将数据引脚拉低为低电平
{
tim_sda = 0;
delay11us(1);
tim_scl = 1;
delay11us(1);
tim_sda = 0;
}
//I²C 总线从应答
void PCF8563_respons()
{
unsigned char i;
tim_scl = 1;
delay11us(1);
while((tim_sda)&&(i<250))   i++;
if(!tim_sda)
     tim_ack = 1;
else
     tim_ack = 0;
tim_scl = 0;
delay11us(1);
}
```

```
//I²C 总线主应答
void PCF8563_master_respons(bit master_ack)
{
tim_scl = 0;
delay11us(1);
tim_sda = ~master_ack;
delay11us(1);
tim_scl = 1;
delay11us(1);
tim_scl = 0;
delay11us(1);
}
//初始化 PCF8563
void PCF8563_init()
{
tim_sda = 1;
delay11us(1);
tim_scl = 1;
delay11us(1);
}

// 向 PCF8563 写入 1B
void PCF8563_wr_byte(unsigned char dat)
{
unsigned char i , temp;
temp = dat;
for(i=0;i<8;i++)
{
    tim_scl = 0;
    delay11us(1);
    if(temp&0x80)
        tim_sda = 1;
    else
        tim_sda = 0;
    temp = temp<<1;
    delay11us(1);
    tim_scl = 1;
    delay11us(1);
}
tim_scl = 0;
delay11us(1);
tim_sda = 1;
delay11us(1);
}
//从 PCF8563 读出 1B
unsigned char PCF8563_rd_byte()
{
```

```
        unsigned char i,k;
        tim_scl = 0;
        delay11us(1);
        tim_sda = 1;
        delay11us(1);
        for(i=0;i<8;i++)
        {
            tim_scl = 1;
            delay11us(1);
            k = (k<<1)|tim_sda;
            tim_scl = 0;
            delay11us(1);
        }
        return k;
        }
```

//从 PCF8563 写入 n 字节

```
        void  PCF8563_write_n_byte(unsigned  char  add,unsigned  char  com,unsigned  char  *dat,unsigned  char
n_byte)
        {
        unsigned char i = 0;
        unsigned char temp;
        temp = *dat;                        //送出起始地址
        add = add<<1;
        add = 0xa0+add+0x00;
        PCF8563_start();
        PCF8563_wr_byte(add);               //发送写 PCF8563 的地址
        PCF8563_respons();
        if(!tim_ack)                        //等待 I²C 总线的应答
        {
            tim_err = 1;
            return;
        }
        PCF8563_wr_byte(com);               //发送写数据的内部起始地址
        PCF8563_respons();
        if(!tim_ack)                        //等待 I²C 总线应答
        {
            tim_err = 1;
            return;
        }
        while(n_byte)                       //向 PCF8563 写入 n 个字节
        {
            PCF8563_wr_byte(temp);
            PCF8563_respons();
            if(!tim_ack)
            {
                tim_err = 1;
                PCF8563_stop();
```

```
                return;
            }
        temp++;
        n_byte--;
    }
    PCF8563_stop();
}
void PCF8563_read_n_byte(unsigned char add,unsigned char com,unsigned char n_byte)
{
    unsigned char *temp;
    temp = tim_rd_buffer;
    add = add<<1;
    add = 0xa0+add+0x00;
    PCF8563_start();
    PCF8563_wr_byte(add);                    //发送写数据的地址
    PCF8563_respons();

    PCF8563_wr_byte(com);                    //发送第一个地址
    PCF8563_respons();
    add = add+0x01;
    PCF8563_start();
    PCF8563_wr_byte(add);                    //发送读数据的地址
    PCF8563_respons();
    while(n_byte)                            //连续读出 n 字节
    {
        *temp = PCF8563_rd_byte();
        if(n_byte != 1)                      //等待 I²C 总线回答
        {
            PCF8563_master_respons(1);        }
        temp++;
        n_byte--;
    }
    PCF8563_stop();
}
```

14.4.3 1602 液晶驱动函数模块设计

1602 液晶驱动函数模块包含了以下用于驱动 1602 液晶的相应操作函数，其应用代码如例 14.2 所示。

（1）void write_date(unsigned char date)：向 1602 写入 1B 数据。

（2）void write_com(unsigned char com)：向 1602 写入 1B 的命令。

（3）void lcd_init()：初始化 1602。

（4）void lcd16_n_line_n_byte(unsigned char n_line,unsigned char n_byte)：在 1602 的第 n_line 行显示 n_byte 数据。

【例 14.2】 1602 液晶驱动函数模块的应用代码。

```
//写数据
void write_date(unsigned char date)
{
P1=date;                    //将数据写到数据线上
lcd16rs=1;                  //写数据
lcd16en=0;                  //给一个 LCD 使能脉冲
delay(10);
lcd16en=1;
delay(10);
lcd16en=0;
}
//写指令
void write_com(unsigned char com)
{
P1=com;                     //将指令值写到数据线上
lcd16rs=0;                  //写指令
lcd16en=0;                  //给一个 LCD 使能脉冲
delay(10);
lcd16en=1;
delay(10);
lcd16en=0;
}
//初始化 LCD
void lcd_init()
{
lcd16rw = 0;
write_com(0x38);            //显示模式设置
delay(20);
write_com(0x0f);            //开显示，显示光标、光标闪烁
delay(20);
write_com(0x06);            //光标和显示指针加一，屏幕不移动
delay(20);
write_com(0x01);            //清显示屏
delay(20);
}
//在第 N 行显示第 M 个字
void lcd16_n_line_n_byte(unsigned char n_line,unsigned char n_byte)
{
unsigned char j;
unsigned char com;
unsigned char *dat1;
unsigned char *dat2;
dat1 = lcd16_1;
dat2 = lcd16_2;
if(n_line==0)               //显示第一行
{
    for(j=0;j<n_byte;j++)
```

```
                {
                        com = 0x80+j;
                        write_com(com);
                        write_date(*dat1);
                        dat1++;
                }
        }
        if(n_line==1)                         //显示第二行
        {
                for(j=0;j<n_byte;j++)
                {
                        com = 0xc0+j;
                        write_com(com);
                        write_date(*dat2);
                        dat2++;
                }
        }
        }
```

14.4.4　自动打铃器系统的软件综合

自动打铃器系统的软件综合如例 14.3 所示，其中涉及 PCF8563 驱动函数的代码可以参考 14.4.2 节和 14.4.3 节。

应用代码在对 PCF8563 初始化完成之后，每隔 250ms 去读取一次相应的时间数据，并且对该数据进行比较，然后进行相应的动作。

【例 14.3】　自动打铃器的软件综合。

```
        #include <AT89X52.h>
        #include <stdio.h>
        bit bclassFlg = 0;
        sbit FMQ = P3 ^ 7;
        unsigned char stringtemp[10]="";
        struct time
        {
        unsigned char     second;
        unsigned char     minute;
        unsigned char     hour;
        unsigned char     day;
        unsigned char     weekday;
        unsigned char     month;
        unsigned int      year;
        } time;
        sbit tim_sda=P2^6;
        sbit tim_scl=P2^7;
```

```
sbit    lcd16rs    =    P2^0;
sbit    lcd16rw    =    P2^1;
sbit    lcd16en    =    P2^2;
unsigned char    lcd16_1[16];
unsigned char    lcd16_2[16] = {"welcome"};
bit    tim_ack;                                    //I²C 总线应答标注 ack
bit    tim_err;
unsigned char tim_rd_buffer[16];
unsigned char tim_wr_buffer[16];
 //1μs 延时函数
void delay11us(unsigned char t)
{
    for (;t>0;t--);
}
void delay(unsigned int x)
{
unsigned int a,b;
for(a=x;a>5;a--);
        for(b=10;b>0;b--);
}
//延时蜂鸣器
void DelayFM(unsigned int x)
{
        unsigned char t;
while(x--)
{
        for(t=0;t<120;t++);
 }
}
//蜂鸣器驱动函数，参数为发声声调
void FM(unsigned char x)
{
        unsigned char i;
for(i=0;i<100;i++)
{
    FMQ =  ~FMQ;
    DelayFM(x);
}
FMQ = 0;
}
void PCF8563_rd_time()
{
```

```c
unsigned char      temp;
PCF8563_read_n_byte(1,2,9);
time.second = ((tim_rd_buffer[1]&0x70)>>4)*10 + (tim_rd_buffer[1]&0x0f);     //秒
time.minute = ((tim_rd_buffer[2]&0x70)>>4)*10 + (tim_rd_buffer[2]&0x0f);     //分钟
time.hour = ((tim_rd_buffer[3]&0x30)>>4)*10 + (tim_rd_buffer[3]&0x0f);       //小时
time.day = ((tim_rd_buffer[4]&0x30)>>4)*10 + (tim_rd_buffer[4]&0x0f);        //日
time.weekday = tim_rd_buffer[5]&0x07;                                        //星期
time.month = ((tim_rd_buffer[6]&0x10)>>4)*10 + (tim_rd_buffer[6]&0x0f);      //月
    if(time.second == 0)
    {
        if(bclassFlg == 0 )
        {
            sprintf(stringtemp,"%x%x",time.hour,time.minute);
            printf("%s\n",stringtemp);
            printf("it's time to have class\n");                             //上课
            bclassFlg = 1;
            FM(3);
        }
    }
    else if(time.second == 45)                                              //如果到了 45min，开始下
课铃
    {
        if(bclassFlg == 1)
        {
            sprintf(stringtemp,"%x%x",time.hour,time.minute);
            printf("%s\n",stringtemp);
            printf("it's time to finish class\n");
            bclassFlg = 0;
            FM(7);
        }
    }
    else
    {
    }
temp = (tim_rd_buffer[4]&0x80)>>7;
time.year = (temp+20)*100+((tim_rd_buffer[7]&0x70)>>4)*10 + (tim_rd_buffer[7]&0x0f);   //年
        lcd16_1[0] = time.hour/10+0x30;                                     //显示小时
        lcd16_1[1] = time.hour%10+0x30;
        lcd16_1[2] = '-';
        lcd16_1[3] = time.minute/10+0x30;                                   //显示分
        lcd16_1[4] = time.minute%10+0x30;
        lcd16_1[5] = '-';
```

```
        lcd16_1[6] = time.second/10+0x30;                    //显示秒
        lcd16_1[7] = time.second%10+0x30;
        lcd16_2[0] = time.year/1000+0x30;                    //显示年
        lcd16_2[1] = (time.year%1000)/100+0x30;
        lcd16_2[2] = (time.year%100)/10+0x30;
        lcd16_2[3] = time.year%10+0x30;
        lcd16_2[4] = '-';
        lcd16_2[5] = time.month/10+0x30;                     //显示月
        lcd16_2[6] = time.month%10+0x30;
        lcd16_2[7] = '-';
        lcd16_2[8] = time.day/10+0x30;                       //显示日期
        lcd16_2[9] = time.day%10+0x30;
        lcd16_2[10] = 'w';
        lcd16_2[11] = 'e';
        lcd16_2[12] = 'e';
        lcd16_2[13] = 'k';
        lcd16_2[14] = ':';
        lcd16_2[15] = time.weekday+0x30;
        lcd16_n_line_n_byte(0,16);
        lcd16_n_line_n_byte(1,16);
}
//ms 级延时函数
void DelayMS(unsigned int ms)
{
unsigned char i;
while(ms--)
{
        for(i=0;i<120;i++);
}
}
//初始化串行端口
void InitUart(void)
{
SCON = 0x50;                                                 //工作方式 1
TMOD = 0x21;
PCON = 0x00;
TH1 = 0xfd;                                                  //使用 T1 作为波特率发生器
TL1 = 0xfd;
TI = 1;
TR1 = 1;                                                     //启动 T1
}
void main()
```

```
{
    PCF8563_init();
lcd_init();
    InitUart();
while(1)
{
    PCF8563_rd_time();                          //读当前时间
    DelayMS(250);
}
}
```

14.5   自动打铃器应用系统仿真与总结

在 Proteus 中绘制如图 14.3 所示电路，其中涉及的 Proteus 器件参见表 14.13。

表 14.13   Proteus 器件列表

器 件 名 称	库	子　库	说　明
AT89C52	Microprocessor ICs	8051 Family	51 单片机
RES	Resistors	Generic	通用电阻
CAP	Capacitors	Generic	电容
CAP-ELEC	Capacitors	Generic	极性电容
CRYSTAL	Miscellaneous	—	晶体
LM016L	Optoelectronics	Alphanumeric LCDs	1602 液晶模块
SOUNDER	Speakers & Sounders	—	蜂鸣器
PCF8563	Microprocessor ICs	Peripherals	时钟芯片

双击 PCF8563，弹出如图 14.6 所示的属性设置对话框，都使用默认值即可。

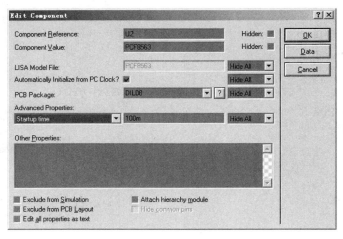

图 14.6   PCF8563 的属性设置

单击运行，可以听到相应声音提示，在电路中添加一个虚拟终端，可以看到相应的字符串输出，如图 14.7 所示。

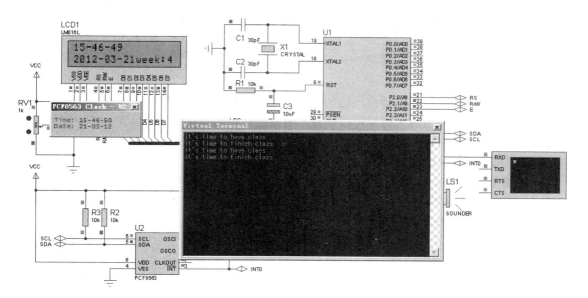

图 14.7 自动打铃器的 Proteus 仿真

总结：在实际应用中，还应该加入相应的时间调整、手动设置上下课时间等功能。

第 15 章　手动程控放大器

手动程控放大器可以根据用户当前的选择将一个输入信号放大后输出，常常用于对小信号进行放大，由于它的输出放大倍率可以调整，所以通常可用于对输入信号大小不确定的场合，在输入信号较小时采用较大的放大倍数挡位。

本章应用实例涉及的知识如下：

➢ 运算放大器的应用原理；

➢ 运算放大器μA741 的应用原理；

➢ 模拟开关 CD4066 的应用原理；

➢ 数码管驱动芯片 MAX7219 的应用原理；

➢ 多位数码管的应用原理。

15.1　手动程控放大器的背景介绍

程控放大器又称为可编程增益放大器（Programmable Gain Amplifier，PGA），这是一种通用性很强的放大器，其放大倍数可以根据需要用程序进行控制。采用这种放大器，可通过程序调节放大倍数，使 A/D 转换器满量程信号达到均一化，从而大大提高测量精度。

而手动程控放大器则是一个可以通过用户的手动选择来修改放大器放大倍数的程控放大器，其可以对输入信号进行×1、×20、×30 和×50 的放大，其最大输出电压为 5V。

15.2　手动程控放大器的设计思路

15.2.1　手动程控放大器的工作流程

手动程控放大器的工作可以分为三个部分：扫描当前用户的输入以确定用户选择的挡位；控制相应的放大单元对输入信号进行放大；显示当前的放大倍数。其工作流程如图 15.1 所示。

15.2.2　手动程控放大器的需求分析

设计手动程控放大器，需要考虑以下几方面的内容。

（1）需要给用户提供操作选择的输入通道。

（2）需要一个能显示当前放大倍数的显示模块。

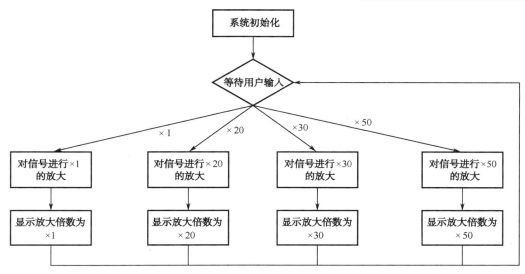

图 15.1 手动程控放大器的工作流程

（3）一个放大倍率能受到单片机控制的放大模块。

（4）需要设计合适的单片机软件。

15.2.3 单片机应用系统的信号放大

单片机应用系统通常使用集成运算放大器来对信号进行放大操作。集成运算放大器（运放）是具有很高放大倍数的电路单元，在实际应用电路中，通常结合反馈网络共同组成某种功能模块。由于早期应用于模拟计算机中，用于实现数学运算，故得名"运算放大器"，此名称一直沿用至今。运算放大器是一个从功能的角度命名的电路单元，其功能既可以由分立的元器件实现，也可以在半导体芯片中实现。随着半导体技术的发展，如今绝大部分的运算放大器是以单片的形式存在。运算放大器的种类繁多，应用广泛。

如图 15.2 所示，运算放大器通常包括反相输入端（-，引脚 2）、同相输入端（+，引脚 3）和一个输出端（引脚 1），引脚 4 和引脚 8 则分别接供电电源正极和供电电源负极，最常见的集成运算放大器的芯片有μA741 等。

使用运算放大器对输入信号进行放大的应用电路如图 15.3 所示，运算放大器的输入和输出电压的关系如下。

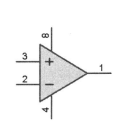

图 15.2 运算放大器

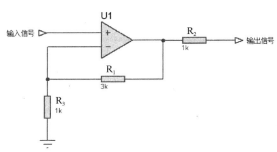

图 15.3 运算放大器的应用电路

$$V_{\text{output}} = \frac{R_1 + R_2}{R_2} \times V_{\text{input}}$$

从上式可以看到，通过修改 R_1 和 R_2 的电阻值，可以得到不同的放大倍率，图 15.4 是一个正弦波通过同相放大器的输入、输出信号波形的对比。

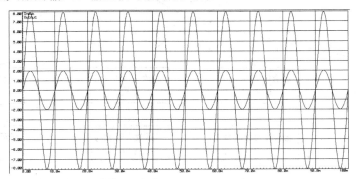

图 15.4　正弦波通过同相放大器的输入、输出信号波形对比

图 15.4 是使用集成放大器实现同相放大（也就是说输出电压和输出电压的极性是相同的）的应用电路，而在实际使用中常常使用反相放大电路对电压进行放大，其应用电路如图 15.5 所示。

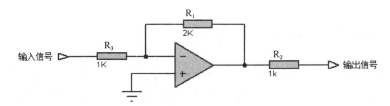

图 15.5　运算放大器反相放大电路

运算放大器反相放大电路的输入、输出电压关系可通过下式获得，图 15.6 是正弦波通过反相放大器的输入、输出信号波形对比。

$$V_{\text{output}} = -\frac{R_1}{R_3} \times V_{\text{input}}$$

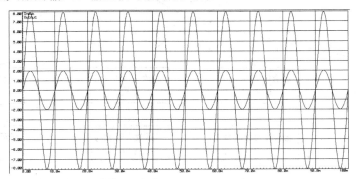

图 15.6　正弦波通过反相放大器的输入、输出信号波形对比

同理可知，通过修改 R1 和 R3 的电阻值，可以获得不同的放大倍率。

15.2.4 手动程控放大器的实现方法

手动程控放大器有以下两种实现方式。

（1）使用多组运算放大器搭建不同的放大电路，根据相应的控制使信号进入对应的放大电路，从而可以得到相应的放大倍率。通常来说，可以使用一个多路选择开关来对输入信号的通道进行切换，如图 15.7 所示。

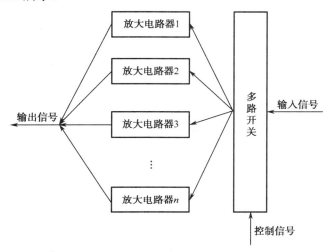

图 15.7 多组运算放大器构成的手动程控放大器

（2）从图 15.3～图 15.6 可以看到放大器的放大倍数与其外加电阻的电阻值有关，如果修改同一个放大电路中相应电阻的大小，则可以修改该放大器电路的放大倍数。通常来说，可以使用一个多路开关构成一个电阻网络，通过控制多路开关的通断来控制接入电路的电阻值；还可以使用集成的可编程电阻芯片，其实质也是一个内部集成了多路开关的电阻网络。使用这种方法构成的手动程控放大器的结构如图 15.8 所示。

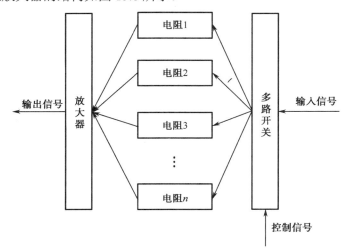

图 15.8 多组运算放大器构成的手动程控放大器的结构

注意：由于电阻切换网络对电阻阻值的精密性控制能力有限，所以使用这种方法实现的放大电路的精度不高，但是其成本较低。

15.3 手动程控放大器的硬件设计

15.3.1 手动程控放大器的硬件系统模块

在手动程控放大器中使用了如 15.2.4 节中介绍的第二种原理来实现多种放大倍率的放大电路，其硬件系统模块如图 15.9 所示，各个部分详细说明如下。

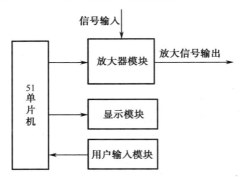

图 15.9 手动程控放大器的硬件系统模块

（1）51 单片机：手动程控放大器的核心控制器，主要功能是根据用户的输入选择合适的放大通道，并且将当前选择的放大通道参数送显示模块显示。

（2）放大器模块：提供不同倍率的放大器电路，以供输入信号选择。

（3）显示模块：显示当前的放大倍数。

（4）用户输入模块：用于控制选择当前的放大倍数。

15.3.2 手动程控放大器的硬件系统电路

手动程控放大器的硬件系统电路如图 15.10 所示，需要注意的是其中 SUBOAMP 模块是放大电路模块。

从图 15.10 中可以看到，51 单片机使用 P1 端口对放大器模块进行控制，使用 P2.0～P2.3 扩展了四个独立按键作为用户的选择输入通道，使用 P3.0～P3.2 通过一片 MAX7219 驱动一个 8 位数码管作为显示模块。

放大器模块的电路如图 15.11 所示，输入信号首先通过一个 μA741 做了一次跟随处理，其实质上就是一个 1：1 的同相放大器，然后输入信号分别连接到一个多路开关的 4 个输入引脚上；多路开关的另外 4 个引脚则连接到 GND。51 单片机通过一个 8 位输入引脚（D0～D7）对 4 个多路开关进行控制以选择其中一路导通。

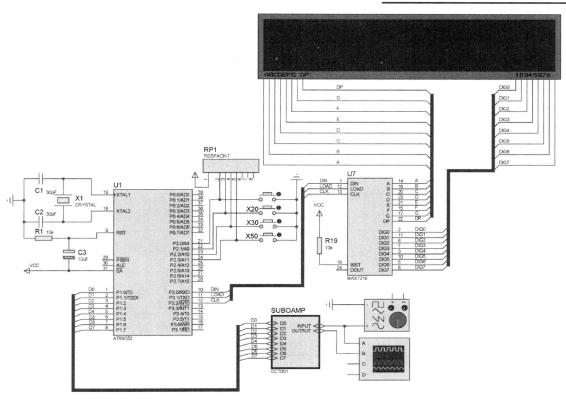

图 15.10　手动程控放大器的硬件系统电路

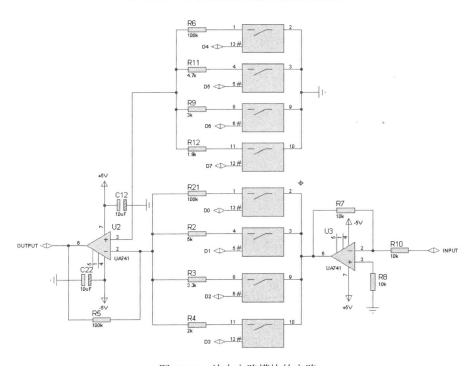

图 15.11　放大电路模块的电路

多路开关的两路输出信号，输入信号的一端连接到另外一个μA741 的反相输入端（−），通过电阻连接到地的一端则连接到同相输入端（+），此时由于接入电阻 R2、R3、R4、R21 和 R5 的电阻比值关系，可以获得不同的放大倍率输出。

手动程控放大器应用系统中涉及的典型器件说明参见表 15.1。

表 15.1　手动程控放大器应用系统中涉及的典型器件说明

器 件 名 称	器 件 编 号	说　　　明
晶体振荡器	X1	51 单片机的振荡源
51 单片机	U11	51 单片机，系统的核心控制器件
电容	C1、C2、C3、C22、C12	滤波，储能器件
电阻	R1、R2 等	上拉
MAX7219	U7	数码管驱动芯片
8 位 8 段数码管	—	显示器件
μA741	U2、U3	运算放大器
单排阻	RP1	上拉电阻
独立按键	—	输入选择器件

15.3.3　硬件模块基础 —— μA741

μA741 是最常用的通用高增益运算放大器，其基本参数如下。

（1）双列直插 8 引脚或圆筒 8 引脚封装。

（2）工作电压：±22V。

（3）差分电压：±30V。

（4）输入电压：±18V。

（5）允许功耗：500mW。

其引脚与 OP07 运算放大器完全一样，可以互相替代，其具体使用方法可以参考 15.2.3 节。

15.3.4　硬件模块基础 —— CD4066

CD4066 是四双向模拟开关，主要用于模拟或数字信号的多路传输，具有比较低的导通阻抗，并且该导通阻抗在整个输入信号范围内基本不变。

CD4066 由 4 个相互独立的双向开关组成，每个开关有一个控制信号，当该控制信号输入为高电平时，对应的开关闭合，CD4066 导通，反之断开。

图 15.12 是 CD4066 的引脚封装结构示意图。

需要注意的是，当 CD4066 的电源电压采用双电源时，如正电源输入引脚 VDD=+5V，而负电源输入引脚 VSS=−5V（均对地 0V 而言），则输入电压对称于 0V 的正、负信号电压（+5～−5V）均能传输，但是此时要求控制信号的高电平为+5V，低电平为−5V，否则只能传输正极性的信号电压。

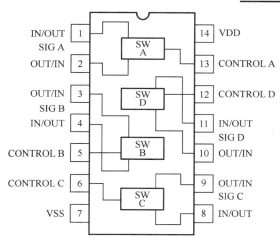

图 15.12　CD4066 的引脚封装结构

15.3.5　硬件模块基础 —— MAX7219

使用 51 单片机的 I/O 引脚直接驱动单位或多位数码管虽然在软件设计上较为简单，但是在硬件电路设计上较为烦琐，并且会占用更多的资源，所以在应用系统复杂度比较高时，可以使用数码管（如 MAX7219）驱动芯片。

MAX7219 是一种集成化的串行输入/输出共阴极显示驱动器，其可以驱动 8 位 8 段数码管，也可以连接 64 个独立的 LED 或其他使用通断驱动的器件。MAX7219 内部包含了 BCD 编码器、多路扫描回路、段字驱动器及一个 8×8B 的静态 RAM（用来存储临时数据），还有一个外部寄存器可以用来设置每个段输出的电流大小。

图 15.13 是 MAX7219 的引脚，其详细说明如下。

（1）DIN：串行数据输入引脚。

（2）CLK：时钟输入引脚。

（3）DOUT：串行数据输出引脚，可以用于多片 MAX7219 级联扩展。

（4）DIG0～DIG7：数码管列选择引脚。

（5）LOAD：数据锁定控制引脚，在 LOAD 的上升沿来到时，片内数据被锁定。

（6）A～G、DP：数码管驱动引脚，当没有输入时为低电平。

（7）ISET：段电流大小控制引脚，可以通过一个电阻连接到电源来增大段电流，使数码管更亮。

（8）VCC：电源引脚。

（9）GND：电源地引脚。

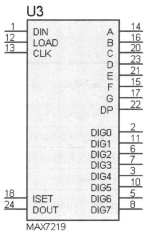

图 15.13　MAX7219 的引脚封装结构

MAX7219 使用串行移位方式来与 51 单片机进行通信，其串行数据大小为 2B，由 4 位无效数据、4 位地址数据、8 位有效数据位组成。这些数据从 DIN 端口上输入，在每一个 CLK 时钟信号的上升沿被移入内部移位寄存器，然后在 LOAD 信号的上升沿到来时这些数据被送到数据或控制寄存器，在发送过程中遵循高位在前、低位在后的原则。

MAX7219 内部有 14 个可寻址的数据/控制寄存器，其中 8B 的数据寄存器在片内组成了一个 8×8B 的内存空间，5B 的控制寄存器则包括编码模式、显示亮度、扫描限制、关闭模式及显示检测，如表 15.2 所示。

表 15.2 MAX7219 的内部寄存器

寄存器名称	地 址					编 码
	D15~D12	D11	D10	D9	D8	
显示段 0	×	0	0	0	1	0x0001
显示段 1	×	0	0	1	0	0x0002
显示段 2	×	0	0	1	1	0x0003
显示段 3	×	0	1	0	0	0x0004
显示段 4	×	0	1	0	1	0x0005
显示段 5	×	0	1	1	0	0x0006
显示段 6	×	0	1	1	1	0x0007
显示段 7	×	1	0	0	0	0x0008
编码模式	×	1	0	0	1	0x0009
显示亮度	×	1	0	1	0	0x000A
扫描限制	×	1	0	1	1	0x000B
关闭模式	×	1	1	0	0	0x000C
显示检测	×	1	1	1	1	0x000F

MAX7219 的模式编码寄存器用于设置对显示内存中的待显示数据进行 BCD 译码或不进行译码，如表 15.3 所示。

表 15.3 MAX7219 的编码模式寄存器

编码模式	寄存器数据								编码
	D7	D6	D5	D4	D3	D2	D1	D0	
均不编码	0	0	0	0	0	0	0	0	0x00
第 0 位编码，其他不解码	0	0	0	0	0	0	0	1	0x01
0~3 位编码，其他不解码	0	0	0	0	1	1	1	1	0x0F
均编码	1	1	1	1	1	1	1	1	0xFF

注意：BCD 码（Binary-Coded Decimal）也称二进制码十进制数或二-十进制代码，其用 4 位二进制数来表示 1 位十进制数中的 0~9 这 10 个数码，也就是说不会出现 "A~F"。

当 MAX7219 选择编码模式时，其内置的译码器只对数据的低四位（D3~D0）进行译码，D4~D6 为无效位，D7 位用来设置小数点，不受译码器的控制且始终为高电平，MAX7219 的字符编码参见表 15.4。

表 15.4　MAX7219 的字符编码

7 段编码字符	数据寄存器						显示的段=1							
	D7	D6~D4	D3	D2	D1	D0	DP	A	B	C	D	E	F	G
0		×	0	0	0	0	1	1	1	1	1	1	1	0
1		×	0	0	0	1	0	1	1	0	0	0	0	0
2		×	0	0	1	0	1	1	0	1	1	0	1	
3		×	0	0	1	1	1	1	1	1	0	0	1	
4		×	0	1	0	0	0	1	1	0	0	1	1	
5		×	0	1	0	1	1	0	1	1	0	1	1	
6		×	0	1	1	0	1	0	1	1	1	1	1	
7		×	0	1	1	1	1	1	1	0	0	0	0	
8		×	1	0	0	0	1	1	1	1	1	1	1	
9		×	1	0	0	1	1	1	1	1	0	1	1	
—		×	1	0	1	0	0	0	0	0	0	0	0	1
E		×	1	0	1	1	1	0	0	1	1	1	1	
H		×	1	1	0	0	0	1	1	1	0	1	1	
L		×	1	1	0	1	0	0	0	1	1	1	0	
P		×	1	1	1	0	1	1	1	0	1	1	1	
无显示		×	1	1	1	1	0	0	0	0	0	0	0	

MAX7219 可以通过加在 VCC 引脚和 SET 引脚之间的一个外部电阻来控制数码管的显示亮度，段驱动电流大小一般是流入 SET 引脚电流的 100 倍，这个电阻可以是固定的，也可以是可变电阻，其最小值为 9.53kΩ，此时段电流为 40mA。显示亮度也可以用亮度寄存器的低 4 位用脉宽调制器来控制，该脉宽调制器将段电流平均分为 16 级，最大值为通过 SET 引脚设置的最大电流的 31/32，最小值为 1/32，最小熄灭时间为时钟周期的 1/32。MAX7219 的亮度控制寄存器参见表 15.5。

表 15.5　MAX7219 的亮度控制寄存器

时 钟 周 期	D7	D6	D5	D4	D3	D2	D1	D0	编　码
1/32	×	×	×	×	0	0	0	0	0x00
3/32	×	×	×	×	0	0	0	1	0x01
5/32	×	×	×	×	0	0	1	0	0x02
7/32	×	×	×	×	0	0	1	1	0x03
9/32	×	×	×	×	0	1	0	0	0x04
11/32	×	×	×	×	0	1	0	1	0x05
13/32	×	×	×	×	0	1	1	0	0x06
15/32	×	×	×	×	0	1	1	1	0x07
17/32	×	×	×	×	1	0	0	0	0x08

续表

时钟周期	D7	D6	D5	D4	D3	D2	D1	D0	编码
19/32	×	×	×	×	1	0	0	1	0x09
21/32	×	×	×	×	1	0	1	0	0x0A
23/32	×	×	×	×	1	0	1	1	0x0B
25/32	×	×	×	×	1	1	0	0	0x0C
27/32	×	×	×	×	1	1	0	1	0x0D
29/32	×	×	×	×	1	1	1	0	0x0E
31/32	×	×	×	×	1	1	1	1	0x0F

MAX7219 的扫描控制寄存器用来控制需要显示的数码管的位数，最多为 8，最少为 1，MAX7219 将以 800Hz 的扫描速率对这些位数码管进行多路扫描显示，如果数据较少，扫描速率为 $8 \times f_{osc}/N$（N 是指需要扫描数字的个数）。扫描数据的位数会影响显示亮度，所以不能将扫描寄存器设置为空扫描，MAX7219 的扫描控制寄存器参见表 15.6。

表 15.6　MAX7219 的扫描控制寄存器

扫描的位	数据寄存器								编码
	D7	D6	D5	D4	D3	D2	D1	D0	
0	×	×	×	×	×	0	0	0	0x00
0~1	×	×	×	×	×	0	0	1	0x01
0~2	×	×	×	×	×	0	1	0	0x02
0~3	×	×	×	×	×	0	1	1	0x03
0~4	×	×	×	×	×	1	0	0	0x04
0~5	×	×	×	×	×	1	0	1	0x05
0~6	×	×	×	×	×	1	1	0	0x06
0~7	×	×	×	×	×	1	1	1	0x07

需要注意的是，如果需要扫描的数码管少于三位，个别的数据驱动将损耗过多的功耗，所以 SET 外加的电阻的大小必须根据显示数据的个数来确定，从而限制个别数据驱动对功耗的浪费。

当需要将多个 MAX7219 串接使用时可以使用关闭模式寄存器，把所有芯片的 LOAD 端连接在一起，然后把相邻芯片的 DOUT 和 DIN 连接在一起，DOUT 是一个 CMOS 逻辑电平的输出口，可以很容易驱动下一级的 DIN 口。例如，当 4 个 MAX7219 被连接起来使用时，向第 4 个芯片发送需要使用的 16 位数据，最后后面跟三组 NO-OP（0x××0×）代码，最后使对应的 LOAD 端变为高电平，数据则被载入所有芯片。前三个芯片接收到 NO-OP 代码，第四个接收到有效数据。

MAX7219 内部还存在一个显示检测寄存器，用于控制 MAX7219 的正常和显示检测两种工作模式。显示检测工作模式下，在不改变所有其他控制和数据寄存器（包括关闭寄存器）的情况下，将所有显示段都点亮；在该工作状态下，MAX7219 扩展的 8 个位都会被扫描，其工作周期为 31/32。

15.4　手动程控放大器的软件设计

手动程控放大器的软件设计重点是扫描键盘获得用户的输入，然后根据输入状态输出对应的控制电平。

15.4.1　软件模块划分和工作流程

手动程控放大器的软件模块可以划分为主程序模块和 MAX7219 驱动函数模块两个部分，其工作流程如图 15.14 所示。

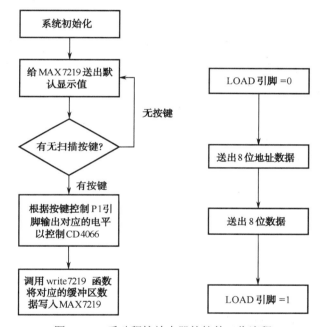

图 15.14　手动程控放大器的软件工作流程

15.4.2　MAX7219 驱动模块设计

MAX7219 的驱动模块包括写 MAX7219 函数 void Write7219（unsigned char Addr,unsigned char Dat）和初始化 MAX7219 函数 void Initialise7219()，其应用代码如例 15.1 所示。

应用代码使用 51 单片机的普通引脚来模拟 MAX7219 的读、写时序。

【例 15.1】　MAX7219 驱动模块的应用代码。

```
//MAX7129 的初始化函数
void Initialise7219()
{
    Write7219(0x09,0xff);                    //编码模式寄存器
Write7219(0x0a,0x07);                        //显示亮度控制
```

```
        Write7219(0x0b,0x07);                      //扫描控制
        Write7219(0x0c,0x01);                      //关闭模式控制寄存器设置
    }
    //写 MAX7219 函数，Addr 为 MAX7219 的内部寄存器地址，Dat 为待写入的数据
    void Write7219(unsigned char Addr,unsigned char Dat)
    {
        unsigned char i;
    sbLOAD = 0;
    for(i=0;i<8;i++)                               //先送出 8 位地址
    {
        sbCLK = 0;                                 //时钟拉低
        Addr <<= 1;                                //移位送出地址
        sbDIN      = CY;                           //送出数据
        sbCLK = 1;                                 //时钟上升沿
        _nop_();
        _nop_();
        sbCLK = 0;
    }
    for(i=0;i<8;i++)                               //再送出 8 位数据
    {
        sbCLK = 0;
        Dat <<= 1;                                 //移位送出数据
        sbDIN      = CY;
        sbCLK = 1;
        _nop_();
        _nop_();
        sbCLK = 0;
    }
    sbLOAD = 1;
    }
```

15.4.3　手动程控放大器的软件综合

　　手动程控放大器的软件综合如例 15.2 所示，其中涉及的 MAX7219 的驱动模块相应的代码可以参考例 15.1。

　　应用代码在 while 循环中对按键状态进行扫描，然后进行相应的操作。

　　【例 15.2】　手动程控放大器的软件综合。

```
    #include <AT89X52.h>
    #include <intrins.h>
    sbit sbF1 = P2 ^ 0;                            //不进行放大处理
    sbit sbF20 = P2 ^ 1;                           //放大 20 倍
    sbit sbF30 = P2 ^ 2;                           //放大 30 倍
    sbit sbF50 = P2 ^ 3;                           //放大 50 倍
    sbit sbDIN = P3 ^ 0;                           //MAX7219 的数据引脚
    sbit sbLOAD = P3 ^ 1;                          //MAX7219 的控制引脚
    sbit sbCLK = P3 ^ 2;                           //MAX7219 的时钟引脚
```

```c
//显示缓冲区定义
unsigned char Disp_Buffer[8]=                    //MAX7219 的输出缓冲
{
      0,0,0,0,0,0,0,0
};
unsigned char Disp_Buffer1[8]=                   //MAX7219 的输出缓冲
{
      0,0,0,0,0,0,0,1
};
unsigned char Disp_Buffer20[8]=                  //MAX7219 的输出缓冲
{
      0,0,0,0,0,0,2,0
};
unsigned char Disp_Buffer30[8]=                  //MAX7219 的输出缓冲
{
      0,0,0,0,0,0,3,0
};
unsigned char Disp_Buffer50[8]=                  //MAX7219 的输出缓冲
{
      0,0,0,0,0,0,5,0
};
void DelayMS(unsigned int ms)                    //ms 级延时函数
{
unsigned int i,j;
for( i=0;i<ms;i++)
      for(j=0;j<1141;j++);
}
void    Wobbling ()                              //延时程序防止按键抖动
{
   unsigned int i;
   for(i=0;i<1000;i++);
}
void main()
{
   unsigned char i;
Initialise7219();                                //首先初始化 MAX7129
DelayMS(1);                                      //延时 1ms
   for(i=0;i<8;i++)
{
      Write7219(i+1,Disp_Buffer[i]);             //将显示缓冲区内的数据循环送出
}
   P1 = 0x00;                                    //初始化端口
   P2 = 0xFF;
   P1 = 0x11;                                    //在不按键的情况下默认为不进行放大处理
   while(1)
   {
   if (sbF1 = = 0)                               //判断是否按下按键
   {
      Wobbling();                                //时间延时程序，软件防抖动
```

```
    if( sbF1 = = 0)                              //确定按下按键
    {
      P1 = 0x11;                                 //放大 1 倍
      for(i=0;i<8;i++)
    {
        Write7219(i+1,Disp_Buffer1[i]);          //显示放大 1 倍
    }
    }
    }
    if(sbF20 = = 0)                              //判断是否按下按键
    {
      Wobbling();                                //时间延时程序，软件防抖动
      if(sbF20 = = 0)                            //确定按下按键
      {
        P1 = 0x22;                               //放大 20 倍
        for(i=0;i<8;i++)
      {
          Write7219(i+1,Disp_Buffer20[i]);       //显示放大 20 倍
      }
      }
    }
    if(sbF30 = = 0)                              //判断是否按下按键
    {
      Wobbling();                                //时间延时程序，软件防抖动
      if(sbF30 = = 0)                            //确定按下按键
      {
        P1 = 0x44;                               //放大 30 倍
        for(i=0;i<8;i++)
      {
          Write7219(i+1,Disp_Buffer30[i]);       //显示放大 20 倍
      }
      }
    }
    if(sbF50 = = 0)                              //判断是否按下按键
    {
      Wobbling();                                //时间延时程序，软件防抖动
      if(sbF50 = = 0)                            //确定按下按键
      {
        P1=0x88;                                 //放大 50 倍
        for(i=0;i<8;i++)
      {
          Write7219(i+1,Disp_Buffer50[i]);       //显示放大 20 倍
      }
      }
    }
    }
    }
    }
```

15.5 手动程控放大器应用系统仿真与总结

在 Proteus 中绘制如图 15.10 所示的电路，其中所涉及的典型器件参见表 15.7。

表 15.7 Proteus 电路典型器件列表

器 件 名 称	库	子 库	说 明
AT89C52	Microprocessor ICs	8051 Family	51 单片机
RES	Resistors	Generic	通用电阻
CAP	Capacitors	Generic	电容
CAP-ELEC	Capacitors	Generic	极性电容
CRYSTAL	Miscellaneous	—	晶体振荡器
4066	CMOS 4000 series	Signal Switches	多路电子开关
BUTTON	Switches & Relays	Switches	独立按键
MAX7219	Microprocessor ICs	Peripherals	数码管驱动
μA741	Operational Amplifiers	Single	运算放大器

在输入通道上添加一个虚拟波形发生器，在输出通道上添加一个虚拟示波器，同时连接到虚拟波形发生器的输出端，单击运行，按下对应的放大按键，可以看到输入信号波形和输入信号波形的对比，如图 15.15 所示。

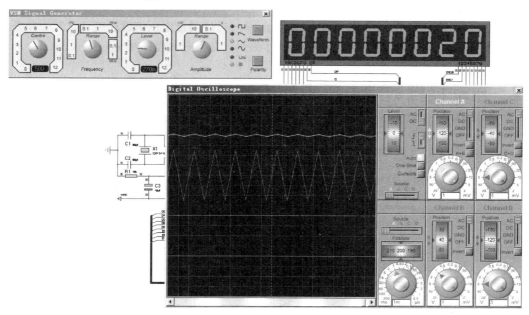

图 15.15 手动程控放大器的 Proteus 仿真

总结：如果在应用系统中增加相应的 A/D 采集部分，则可以形成具有自动选择放大倍率功能的程控放大器。

第 16 章　自动换挡数字电压表

电压表是用于测量当前电路两点之间电压值的仪器，而数字电压表是用模/数转换器将测量电压值转换成数字形式并以数字形式表示的仪器，它是电路设计中最常用的仪器之一。

本章应用实例涉及的知识如下：

> 数字电压表的实现原理；
> 运算放大器 LM324 的应用原理；
> A/D 芯片 ADC0809 的应用原理；
> 1602 数字字符液晶模块的应用原理。

16.1　自动换挡数字电压表的背景介绍

数字电压表通常都有挡程的概念，所谓挡程是指电压表当前的测量范围，这个范围决定了测量的精度。例如，当被测量电压范围为 0～2V 时选择 0～5V 挡就比选择 0～10V 挡测量精度要高。

自动换挡数字电压表就是一个能自动切换挡程的数字电压表，可以测量 0～20V 的电压，并且有 0～0.2V、0～2V 和 0～20V 三个挡程可供选择，当待测量电压值发生变化之后，电压表可以根据输入电压的情况自动选择合适的挡程进行测量，并且把测量结果显示出来。

16.2　自动换挡数字电压表的设计思路

16.2.1　自动换挡数字电压表的工作流程

自动换挡数字电压表的工作流程如图 16.1 所示。

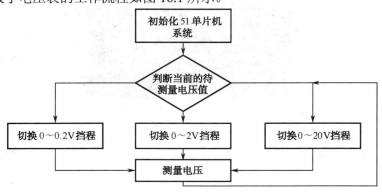

图 16.1　自动换挡数字电压表的工作流程

16.2.2　自动换挡数字电压表的需求分析

设计自动换挡数字电压表，需要考虑以下几方面的内容：
（1）51 单片机使用何种方式将模拟电压值转换为数字值；
（2）51 单片机如何控制进行相应的挡位切换；
（3）51 单片机如何显示对应的采集值；
（4）需要设计合适的单片机软件。

16.2.3　自动换挡数字电压表的换挡原理

自动换挡数字电压表对当前的输入电压信号进行调理，得到三种不同放大倍率的电压信号，然后分别对这三组信号进行检测，通过相应的算法选择合适的电压信号进行采集。

16.3　自动换挡数字电压表的硬件设计

16.3.1　自动换挡数字电压表的硬件模块

自动换挡数字电压表的硬件模块如图 16.2 所示，其各个部分详细说明如下。

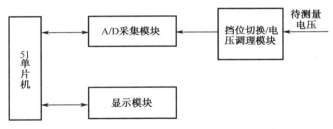

图 16.2　自动换挡数字电压表的硬件模块

（1）51 单片机：自动换挡数字电压表的核心控制器。
（2）显示模块：显示当前的测量电压。
（3）挡位切换/电压调理模块：对输入电压进行调理，并且选择合适的测量挡位。
（4）A/D 采集模块：将当前的模拟电压信号转换为数字信号。

16.3.2　自动换挡数字电压表的电路

自动换挡数字电压表的电路如图 16.3 所示，51 单片机使用 P0 端口以及 P2.0、P2.1 驱动一块 1602 液晶模块用于显示当前的电压值，使用 P1 和 P3 的部分引脚扩展一片 ADC0808 作为模拟/数字信号转换器，输入的待检测电压信号经过调理模块 AMP 调理后变成三路独立的信号输出。

图 16.3 中 AMP 模块是输入信号电路调理模块，如图 16.4 所示。

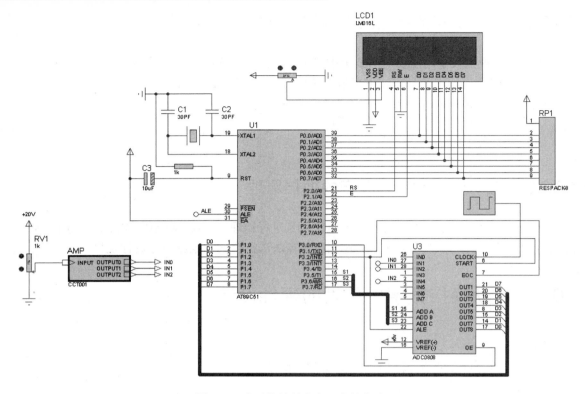

图 16.3　自动换挡数字电压表的电路

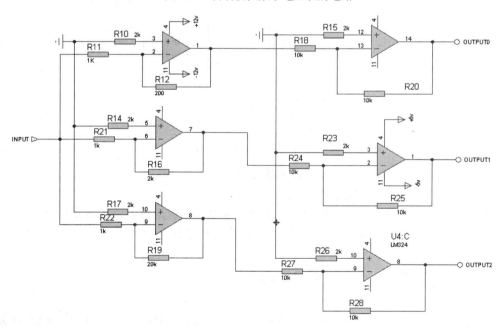

图 16.4　输入信号电路调理模块

　　由图 16.4 可知，输入信号经过三个不同放大倍率的放大电路进行放大之后，再通过一个跟随器处理得到三个不同倍率的电压信号，以供 ADC0808 进行处理。

自动换挡数字电压表中涉及的典型元器件说明参见表 16.1。

表 16.1 自动换挡数字电压表中涉及的典型器件说明

器 件 名 称	器 件 编 号	说 明
晶体振荡器	X1	51 单片机的振荡源
51 单片机	U11	51 单片机，系统的核心控制器件
电容	C1、C2、C3、C22、C12	滤波，储能器件
电阻	R1、R2 等	上拉
ADC0808	U3	AD 芯片
LM324	U2、U4	放大器
1602 液晶	LCD1	显示模块

16.3.3 硬件模块基础——LM324

LM324 是四运放集成电路，它采用 14 脚双列直插塑料封装，其引脚封装结构如图 16.5 所示。

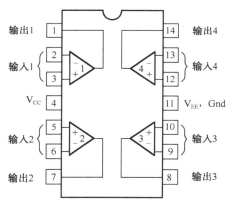

图 16.5 LM324 的引脚封装结构

LM324 的内部集成了四组形式完全相同的运算放大器，它们除公用电源外彼此独立，其引脚说明如下。

（1）"+"：同相输入引脚，表示和运放输出引脚 Vo 的信号相同。

（2）"−"：反相输入引脚，表示和运放输出引脚 Vo 的信号相反。

（3）"V+"：正电源输入引脚。

（4）"V−"：负电源输入引脚。

（5）"Vo"：信号输出端。

运算放大器的具体使用方法可以参考 15.3.3 节。

16.3.4 硬件模块基础——ADC0809

图 16.6 是 ADC0809 的外部引脚封装结构，其详细说明如下。

（1）OUT1～OUT8：8 位并行数字量输出引脚。

（2）IN0～IN7：8 位模拟量输入引脚。

（3）VCC：正电源（图中无标示）。

（4）GND：电源地（图中无标示）。

（5）VREF（+）：参考电压正端引脚。

（6）VREF（-）：参考电压负端引脚。

（7）START：A/D 转换启动信号输入端。

（8）ALE：地址锁存允许信号输入端。

（9）EOC：转换结束信号输出引脚，开始转换时为低电平，当转换结束时为高电平。

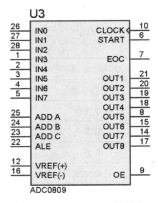

图 16.6　ADC0809 的外部引脚封装结构

（10）OE：输出允许控制端，用于打开三态数据输出锁存器。

（11）CLOCK：时钟信号输入引脚。

（12）ADDA、ADDB、ADDC：地址输入引脚，用于选择输入通道。

ADC0809 进行模拟/数字转换的操作步骤如下。

（1）清除 START 和 OE 引脚电平，对 ADC0809 进行初始化。

（2）设置地址通道 ADDA～ADDC，选择待采集的通道数。

（3）设置 START 引脚，发送启动采集信号。

（4）等待转换完成，EOC 引脚输出高电平。

（5）设置 OE 引脚为高电平，读取 A/D 转换数据。

16.4　自动换挡数字电压表的软件设计

16.4.1　自动换挡数字电压表的软件模块划分和工作流程

自动换挡数字电压表的软件可以划分为显示模块和 A/D 采集模块两个部分，其工作流程如图 16.7 所示。

16.4.2　1602 液晶驱动模块函数设计

1602 液晶驱动模块函数主要用于对 1602 液晶进行相应的基础操作，包括以下操作函数，其应用代码如例 16.1 所示。

（1）void delay(unsigned int z)：ms 级延时函数。

（2）void write_com(unsigned char c)：向 1602 写命令子函数。

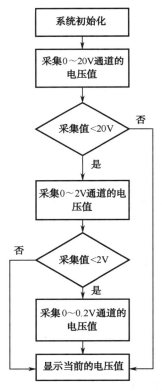

图 16.7　自动换挡数字电压表的软件工作流程

（3）void write_data(unsigned char d)：向 1602 写数据子函数。

（4）void initialize()：LCD 初始化子函数。

应用代码使用 P0 端口作为数据通信端口，然后使用 P2.0 和 P2.1 作为相应的控制引脚对 1602 进行控制。

【例 16.1】　1602 液晶驱动函数的应用代码。

```
void delay(unsigned int z)          //延时子函数  z*1ms
{
unsigned int x,y;
for(x=z;x>0;x--)
        for(y=110;y>0;y--);
}
void write_com(unsigned char c)    //写命令子函数
{
lcdrs=0;                            //低电平选择为"写指令"
lcden=0;
LEDDATA=c;                          //把指令写入 P0 口
delay(5);                           //参考时序图
lcden=1;                            //开使能
delay(5);                           //读取指令
lcden=0;                            //关闭使能
}
void write_data(unsigned char d)    //写数据子函数
{
lcdrs=1;                            //高电平选择为"写数据"
LEDDATA=d;                          //把数据写入 P0 口
delay(5);                           //参考时序图
lcden=1;                            //开使能
delay(5);                           //读取数据
lcden=0;                            //关闭使能
}
void initialize()                   //LCD 初始化函数
{
    unsigned char num;
lcden=0;
write_com(0x38);                    //设置 16×2 显示，5×7 点阵显示，8 位数据接口
write_com(0x0c);                    //00001DCB，D（开关显示），C（是否显示光标），B（光标闪烁，
                                    //光标不显示）
write_com(0x06);                    //000001N0，N（地址指针+-1）
write_com(0x01);                    //清屏指令  每次显示下一屏内容时，必须清屏
write_com(0x80+0x10);               //第一行，顶格显示
for(num=0;num<17;num++)
{
    write_data(mytable0[num]);
    delay(10);
}
write_com(0x80+0x50);               //第二行，从第一格开始显示
```

```
            for(num=0;num<15;num++)
            {
                write_data(mytable1[num]);
                delay(10);
            }

                for(num=0;num<16;num++)
            {
                write_com(0x1c);              //0001(S/C)(R/L)**；  S/C：高电平移动字符，低电平移动光标；
                                              //R/L：高电平左移，低电平右移
                delay(300);
            }
                delay(1000);

        write_com(0x01);                      //清屏指令，每次显示下一屏内容时，必须清屏
        write_com(0x80);
        for(num=0;num<14;num++)
            {
                write_data(line0[num]);
                delay(10);
            }

        write_com(0x80+0x40);
        for(num=0;num<15;num++)
            {
                write_data(line1[num]);
                delay(10);
            }
        }
        void value(unsigned char add,unsigned char dat)
        {
         write_com(0x80+0x47+add);
         if(l= =3&&add= =2||l!=3&&add= =1)
            {
                write_data(0x2e);
            }
         else
            {
                write_data(0x30+dat);
            }
        }
```

16.4.3　自动换挡数字电压表的软件综合

　　自动换挡数字电压表的软件综合如例 16.2 所示，其中涉及的 1602 液晶的驱动模块函数代码可以参考 16.4.2 节。

　　应用代码分别定义了 v20_on、v2_on 和 v02_on 三个宏定义，用于挡位的切换。

【例 16.2】　自动换挡数字电压表的软件综合。

```
#include <AT89X52.H>
#define LEDDATA P0
#define v20_on {s3=0;s2=0;s1=1;}              //宏定义不同量程，不同的开关状态
#define v2_on {s3=0;s2=1;s1=0;}
#define v02_on {s3=1;s2=0;s1=0;}
unsigned char code dispcode[]={0x3f,0x06,0x5b,0x4f,0x66,0x6d,0x7d,0x07,0x7f,0x6f,0x00};
unsigned char dispbuf[8]={0,0,0,0,0,0,0,0};
unsigned char getdata;
unsigned long temp;
unsigned char i,k,l,m;
unsigned char code   mytable0[]=" Welcome to use   ";
unsigned char code   mytable1[]="Auto Voltmeter!";
unsigned char code line0[]="   Voltmeter    ";         //初始化显示
unsigned char code line1[]=" Value:        V ";
//引脚定义
sbit lcdrs=P2^0;
sbit lcden=P2^1;
sbit s3=P3^7;
sbit s2=P3^6;
sbit s1=P3^5;
sbit OE=P3^0;
sbit EOC=P3^1;
sbit ST=P3^2;
main()
{
    initialize();
    while(1)
_20v:
    {
        v20_on;
        ST=0;
        ST=1;
        ST=0;
            while(EOC==0);
            OE=1;
        getdata=P1;
            OE=0;
        if(getdata<21)
            {
                goto _2v;
            }
        l=3;
        temp=getdata;
            temp=(temp*1000/51)/2;
        goto disp;
```

```
_2v:
            v2_on;
         ST=0;
         ST=1;
         ST=0;
         while(EOC==0);
          OE=1;
          getdata=P1;
          OE=0;
          if(getdata<21)
          {
              goto _02v;
          }
          else if(getdata>204)
          {
              goto _20v;
          }
          l=2;
          temp=getdata;
          temp=(temp*1000/51)/2;
          goto disp;

_02v:
            v02_on;
         ST=0;
         ST=1;
         ST=0;
         while(EOC==0);
          OE=1;
          getdata=P1;
          OE=0;
          if(getdata>204)
          {
              goto _2v;
          }
          l=1;
          temp=getdata;
          temp=(temp*1000/51)/2;
       m=temp%10;
       if(m>5){temp=temp/10+1;}
       else{temp=temp/10;}
       goto disp;

disp:   for(i=0;i<=3;i++)
            {
                dispbuf[i]=temp%10;
                temp=temp/10;
```

```
            }
        if(l==3)
            {
                for(i=4;i>=3;i--)
                dispbuf[i]=dispbuf[i-1];
            }
        else
            {
                dispbuf[4]=dispbuf[3];
            }
        for(k=0;k<5;k++)
            {
                value(k,dispbuf[4-k]);
            }
        if(l==2){goto _2v;}
        else if(l==1){goto _02v;}
        }
    }
```

16.5 自动换挡数字电压表应用系统仿真与总结

在 Proteus 中绘制如图 16.3 所示的电路，其中涉及的 Proteus 电路器件参见表 16.2。

表 16.2 Proteus 电路器件列表

器 件 名 称	库	子 库	说 明
AT89C52	Microprocessor ICs	8051 Family	51 单片机
RES	Resistors	Generic	通用电阻
CAP	Capacitors	Generic	电容
CAP-ELEC	Capacitors	Generic	极性电容
CRYSTAL	Miscellaneous	—	晶体振荡器
LM016L	Optoelectronics	Alphanumeric LCDs	1602 液晶模块
CLOCK	Simulator	Primitive Sources	时钟源
LM324	Operational	Amplifiers Quad	运算放大器
ADC0809	Data Converters	A/D Converters	A/D 转换器
RESPACK-8	Resistors	Resistor Packs	8 位电阻排

单击运行，调节 RV1 的电阻值，可以看到对应的测量输出，如图 16.8 所示。

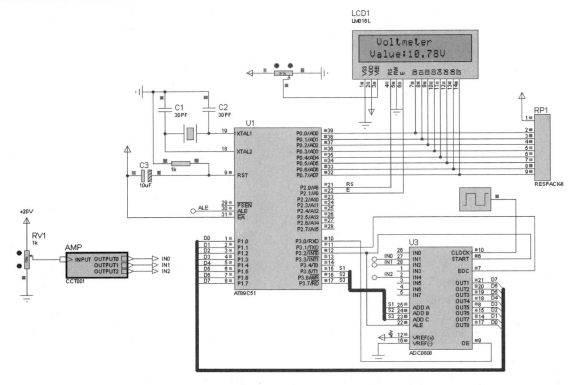

图 16.8　自动换挡数字电压表的 Proteus 仿真

总结：如果设置更多的放大器放大倍率，则可以增加数字电压表的挡位。

第 17 章　货车超重监测系统

为了行驶安全，交通管理部门对货车的具体载重量有相关的要求，但是在实际情况下大量货车都存在超重的情况，货车超重监测系统是一个对路段上货车超重情况进行监测记录的应用系统。

本章应用实例涉及的知识如下：

➤ 压力传感器 MPX4115 的应用原理；

➤ A/D 芯片 ADC0832 的应用原理；

➤ E^{2}PROM 芯片 AT24C04A 的应用原理；

➤ 多位数码管的应用原理。

17.1　货车超重监测系统的背景介绍

货车超重目前已经成为了国内道路管理上的一个重大问题，在某些道路上甚至发生过超重车辆压断桥梁的事故。在国道、高速公路等路段，交通管理部门常常会设置相应的管理措施对过往的货车进行现场称重，以抑制超重情况的发生，但是这种措施有以下两个缺点。

（1）需要相应的地磅等设备，还需要人员现场管理，对于国道、高速公路等车流量密集的路段来说尚可，但是对于某些省道或者车流量较小的路段设立相应的设施和人员，则有些得不偿失。

（2）车辆检测需要相应的时间，会导致拥堵情况的发生。

货车超重监测系统是一个不需要人员现场管理的设备，可以安装在无人看守的道路上，自动记录驶过的车辆的质量，并且将超重车辆的数量记录下来以供相关人员参考，如果配合远程通信、摄像头拍照等措施，还可以获得当前超重车辆的相应信息并对其进行相应的处理。

17.2　货车超重监测系统的设计思路

17.2.1　货车超重监测系统的工作流程

货车超重监测系统的工作流程如图 17.1 所示。

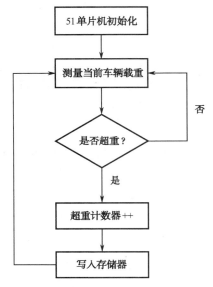

图 17.1 货车超重监测系统的工作流程

17.2.2 货车超重监测系统的需求分析

设计货车超重监控系统，需要考虑以下几方面的内容。

（1）51 单片机如何获得当前车辆的载重量。

（2）如何保存相应的计数信息。

（3）需要设计合适的单片机软件。

17.2.3 货车超重监测系统的工作原理

货车超重监测系统通过测量当前车辆对路面的压力来得到该车辆的载重量，然后通过相应的判断来确定其是否超重，如果超重则将数据写入存储器中。

17.3 货车超重监测系统的硬件设计

17.3.1 货车超重监测系统的硬件模块

货车超重监测系统的硬件模块如图 17.2 所示，其各个部分详细说明如下。

（1）51 单片机：货车超重监测系统的核心控制器。

（2）显示模块：用于显示当前的压力值。

（3）压力传感器：将当前车辆对地面的压力值转换为相应的电信号。

（4）A/D 模块：用于将压力传感器得到的模拟电压值转换为对应的数字信号。

（5）E²PROM 存储器芯片：用于保存当前的超重数据。

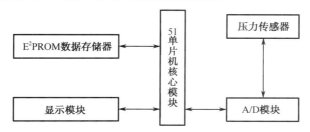

图 17.2 货车超重监测系统的硬件模块

17.3.2 货车超重监测系统的电路

货车超重监测系统的电路如图 17.3 所示，51 单片机使用 P0 端口扩展一个 4 位 8 段数码管作为显示部件；压力传感器 MPX4115 的输出连接到 A/D 芯片 ADC0832 上，而 51 单片机使用 P2.0 引脚和 P2.4 引脚扩展了外部 E²PROM 存储器 24C04A；使用 P2.2～P2.5 引脚扩展了 A/D 转换通道 ADC0832。

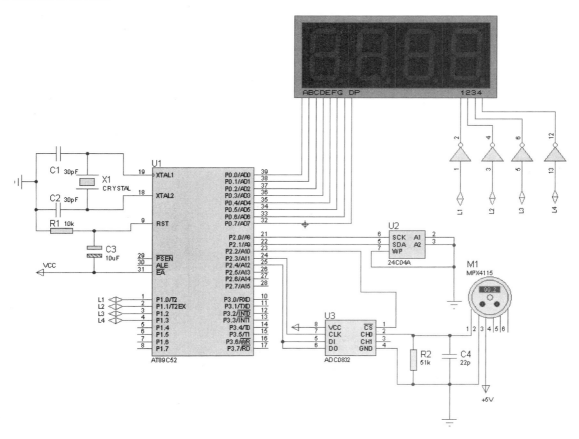

图 17.3 货车超重监测系统的电路

货车超重监测系统涉及的典型器件说明参见表 17.1。

表 17.1   货车超重监测系统涉及的典型器件说明

器 件 名 称	器 件 编 号	说　　明
晶体振荡器	X1	51 单片机的振荡源
51 单片机	U1	51 单片机，系统的核心控制器件
电容	C1、C2、C3、	滤波
电阻	R1 等	上拉、限流、辅助放大
ADC0832	U3	A/D 芯片
MPX4115	M1	压力传感器
24C04A	U2	E^{2}PROM 存储器
数码管		显示部件

17.3.3   硬件模块基础——压力传感器 MPX4115

MPX4115 是美国摩托罗拉公司生产的集成压力传感器，它结合了高级的微电动机技术、薄膜镀金技术和硅传感器技术，可以将一个均衡压力转换为高精度模拟输出电压，图 17.4 是 MPX4115 的实物外形。

MPX4115 的相关参数说明如下。

（1）采用硅传感器技术。

（2）在 0～85℃区间，最大误差为 1.5%。

（3）可以在-40～125℃温度区间进行相应的温度补偿。

（4）具有良好的总线接口和单片机接口。

MPX4115 的引脚封装结构如图 17.5 所示，其说明如下。

图 17.4   MPX4115 的实物外形

图 17.5   MPX4115 的引脚封装结构

（1）引脚 1：测量电压输出引脚。

（2）引脚 2：信号地引脚。

（3）引脚 3：5V 供电电源引脚。

（4）引脚 4～引脚 6：空引脚。

MPX4115 的压力-电压转换计算公式如下：

$$V_{输出} = V_{供电} \times (压力值 \times 0.09 - 0.095) \pm (压力偏差值 \times 温度系数 \times 0.009 \times V_{供电})$$

其中压力偏差值和温度系数可以通过查询 MPX4115 的相关手册获得。

17.3.4　硬件模块基础——A/D 芯片 ADC0832

压力传感器 MPX4115 的输出是一个模拟电压值，51 单片机需要进行 A/D 转换才能得到对应的数字值，ADC0832 是美国国家半导体公司生产的一种 8 位分辨率、双通道 A/D 转换芯片，具有体积小、兼容性强、性价比高的特点。

ADC0832 的主要参数说明如下：

（1）数据分辨率为 8 位；

（2）提供双通道输入；

（3）输入、输出电平与 TTL/CMOS 相兼容；

（4）5V 电源供电时，输入电压在 0～5V 之间；

（5）工作频率为 250kHz，转换时间为 32μs；

（6）功耗仅为 15mW；

（7）提供了 8P、14P-DIP（双列直插）、PICC 等多种封装；

（8）商用级芯片工作温度为 0～+70℃，工业级芯片工作温度为–40～+85℃。

图 17.6 是 ADC0832 的引脚封装结构，其详细说明如下。

（1）$\overline{CS}$：片选使能信号，当为低电平时候芯片被使能。

（2）CH0：模拟输入通道 0，或作为 IN+/-使用。

（3）CH1：模拟输入通道 1，或作为 IN+/-使用。

（4）GND：电源和参考地信号输入引脚。

（5）DI：数据信号输入，选择通道控制。

（6）DO：数据信号输出，转换数据输出。

（7）CLK：时钟输入引脚。

（8）VCC：芯片供电电源输入引脚。

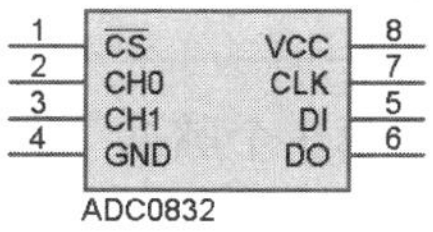

图 17.6　ADC0832 的引脚封装结构

ADC0832 与 51 单片机通过 CS、CLK、DO、DI 4 根数据线连接，但由于 DO 端与 DI 端在通信时并未同时有效，并与 51 单片机的接口是双向的，所以设计电路时可以将 DO 和 DI 并联在一根数据线上使用。

ADC0832 和 51 单片机的数据通信波形如图 17.7 所示，从上到下分别为时钟 CLK、控制引脚 CS、数据输入 DI 和数据输出 DO 的波形。当 ADC0832 未工作时其 CS 输入引脚应保持为高电平，此时芯片禁用，CLK 和 DO/DI 引脚上的电平可任意；当要开始 A/D 转换时，须先将 CS 使能端置于低电平并且保持低电平直到转换完全结束。此时芯片开始转换工作，同时 51 单片机向 ADC0832 的时钟输入引脚 CLK 输入时钟脉冲，DO/DI 引脚则使用 DI 端输入通道功能选择的数据信号。在第 1 个时钟的下降脉冲到来之前 DI 引脚必须是高电平以表示启动信号；在第 2、3 个脉冲下降沿到来之前 DI 引脚应输入 2 位数据用于选择通道功能。

ADC0832 的输入通道的功能选择由 DI 引脚上的第一位输入信号 SCL/DIF 和第二位输入信号 ODD/SIGN 决定，参见表 17.2。

由表 17.2 可知，当 2 位数据为 "1"、"0" 时，只对 CH0 进行单通道转换。当 2 位数据为 "1"、"1" 时，只对 CH1 进行单通道转换。当 2 位数据为 "0"、"0" 时，将 CH0 作为正输入端 IN+，CH1 作为负输入端 IN-进行输入。当 2 数据为 "0"、"1" 时，将 CH0 作为负输入端 IN-，CH1 作为正输入端 IN+进行输入。

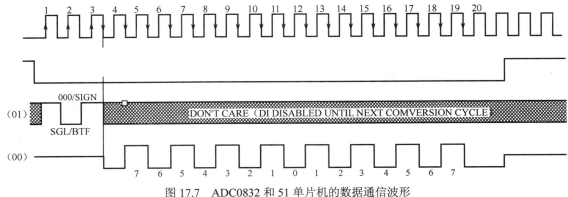

图 17.7　ADC0832 和 51 单片机的数据通信波形

表 17.2　ADC0832 的通道选择

地址选择		通道选择	
SGL/DIF	ODD/SIGN	0	1
1	0	+	无关
1	1	无关	+
0	0	+	−
0	1	−	+

　　第 3 个脉冲下沉之后，DI 引脚的输入电平就失去输入作用，DO/DI 引脚则开始利用数据输出 DO 进行转换数据的读取。从第 4 个脉冲下沉开始，由 DO 端输出转换数据最高位 DATA7，随后每一个脉冲下沉，DO 端输出下一位数据。直到第 11 个脉冲时发出最低位数据 DATA0，1B 的数据输出完成。也正是从此位开始输出下一个相反字节的数据，即从第 11B 的下沉输出 DATD0，随后输出 8 位数据，到第 19 个脉冲时数据输出完成，也标志着一次 A/D 转换的结束。最后将 $\overline{\text{CS}}$ 置高电平，禁用芯片，直接将转换后的数据进行处理就可以了。

17.3.5　硬件模块基础——E²PROM 芯片 24C04A

　　24C04A 是 Atmel 公司出品的 I²C 总线接口 E²PROM，其有 8KB 的内部存储空间，采取 8B/页，256 页、2 个块的分页方式。

　　24C04A 的引脚封装结构如图 17.8 所示，其详细说明如下。

　　（1）SCL：I²C 总线时钟引脚。

　　（2）SDA：I²C 总线数据引脚。

　　（3）A1、A2：地址引脚，用于决定 24C04A 芯片的 I²C 地址。

　　（4）WP：写保护引脚，当该引脚连接到 GND 时，芯片可以进行正常的读/写操作；当连接到 VCC 时，不同的芯片有不同的应用方式。

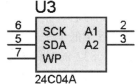

图 17.8　24C04A 的引脚封装结构

　　24C04A 有自己独立的 I²C 总线地址，其地址结构为 "1010+A2、A1+内部页选择位+读/写选择位"，当 A2、A1 均为 0 时，对 24C04A 的内部页面 1 进行读操作的地址是 0xA1，写操作地址是 0xA0。

　　24C04A 的操作分为写操作和读操作，写操作包括字节写和页面两种工作方式；而读操作则分为指定位置读、连续读和当前地址读三种工作方式。

17.4　货车超重监测系统的软件设计

17.4.1　货车超重监测系统的软件模块划分和工作流程

货车超重监测系统的软件模块可以分为 A/D 转换模块、存储器读写模块和软件综合模块三个部分，其工作流程如图 17.9 所示。

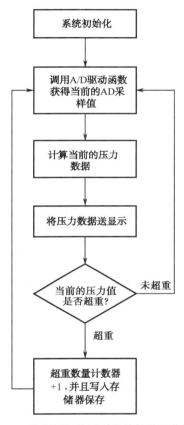

图 17.9　货车超重监测系统的软件工作流程

17.4.2　A/D 转换模块函数设计

A/D 转换模块函数是 51 单片机对 ADC0832 的驱动函数，其应用代码如例 17.1 所示。

应用代码使用 51 单片机的普通 I/O 引脚模拟 ADC0832 的相应时序进行数据交互，其中使用了 _nop_() 空语句进行相应的延时。

【例 17.1】　A/D 转换模块的应用代码。

```
//ADC0832 的驱动函数
```

```
unsigned int Adc0832(unsigned char channel)        //AD 转换，返回结果
{
    unsigned char i=0;
    unsigned char j;
    unsigned int dat=0;
    unsigned char ndat=0;
    if(channel= =0)channel=2;
    if(channel= =1)channel=3;
    ADDI=1;
    _nop_();
    _nop_();
    ADCS=0;                                        //拉低 CS 端
    _nop_();
    _nop_();
    ADCLK=1;                                       //拉高 CLK 端
    _nop_();
    _nop_();
    ADCLK=0;                                       //拉低 CLK 端，形成下降沿 1
    _nop_();
    _nop_();
    ADCLK=1;                                       //拉高 CLK 端
    ADDI=channel&0x1;
    _nop_();
    _nop_();
    ADCLK=0;                                       //拉低 CLK 端，形成下降沿 2
    _nop_();
    _nop_();
    ADCLK=1;                                       //拉高 CLK 端
    ADDI=(channel>>1)&0x1;
    _nop_();
    _nop_();
    ADCLK=0;                                       //拉低 CLK 端，形成下降沿 3
    ADDI=1;                                        //控制命令结束
    _nop_();
    _nop_();
    dat=0;
    for(i=0;i<8;i++)
    {
        dat|=ADDO;                                 //接收数据
        ADCLK=1;
        _nop_();
        _nop_();
        ADCLK=0;                                   //形成一次时钟脉冲
        _nop_();
        _nop_();
        dat<<=1;
        if(i= =7)dat|=ADDO;
```

```
    }
    for(i=0;i<8;i++)
    {
        j=0;
        j=j|ADDO;                      //接收数据
        ADCLK=1;
        _nop_();
        _nop_();
        ADCLK=0;                       //形成一次时钟脉冲
        _nop_();
        _nop_();
        j=j<<7;
        ndat=ndat|j;
        if(i<7)ndat>>=1;
    }
    ADCS=1;                            //拉低 CS 端
    ADCLK=0;                           //拉低 CLK 端
    ADDO=1;                            //拉高数据端，回到初始状态
    dat<<=8;
    dat|=ndat;
    return(dat);                       //返回 ACK 应答
}
```

17.4.3　E²PROM 读写模块函数设计

E²PROM 读写模块函数包括了用于对 AT24C04A 进行读/写的函数，其应用代码如例 17.2 所示。

应用代码使用 51 单片机的普通引脚模拟 I²C 总线的时序操作。

【例 17.2】 E²PROM 读写模块的应用代码。

```
//启动 I²C 总线，即发送起始条件
void StartI2C()
{
SDA = 1;                           //发送起始条件数据信号
_nop_();
SCL = 1;
_nop_();                           //起始建立时间大于 4.7μs
_nop_();
_nop_();
_nop_();
_nop_();
SDA = 0;                           //发送起始信号
_nop_();
_nop_();
_nop_();
_nop_();
```

```c
    _nop_();
    SCL = 0;                             //时钟操作
    _nop_();
    _nop_();
}
//结束 I²C 总线，即发送 I²C 结束条件
void StopI2C()
{
    SDA = 0;                             //发送结束条件的数据信号
    _nop_();                             //发送结束条件的时钟信号
    SCL = 1;                             //结束条件建立时间大于 4μs
    _nop_();
    _nop_();
    _nop_();
    _nop_();
    _nop_();
    SDA = 1;                             //发送 I²C 总线结束命令
    _nop_();
    _nop_();
    _nop_();
    _nop_();
    _nop_();
}
//发送 1B 的数据
void  SendByte(unsigned char c)
{
unsigned char BitCnt;
for(BitCnt = 0;BitCnt < 8;BitCnt++)      //1B
    {
            if((c << BitCnt)& 0x80) SDA = 1;   //判断发送位
            else    SDA = 0;
            _nop_();
            SCL = 1;                     //时钟线为高，通知从机开始接收数据
            _nop_();
            _nop_();
            _nop_();
            _nop_();
            SCL = 0;
    }
    _nop_();
    _nop_();
    SDA = 1;                             //释放数据线，准备接收应答位
    _nop_();
    _nop_();
    SCL = 1;
    _nop_();
```

```c
_nop_();
_nop_();
if(SDA == 1) bAck =0;
else bAck = 1;                        //判断是否收到应答信号
SCL = 0;
_nop_();
_nop_();
}
//接收 1B 的数据
unsigned char RevByte()
{
unsigned char retc;
unsigned char BitCnt;
retc = 0;
SDA = 1;
for(BitCnt=0;BitCnt<8;BitCnt++)
{
    _nop_();
    SCL = 0;                         //置时钟线为低，准备接收
    _nop_();
    _nop_();
    _nop_();
    _nop_();
    _nop_();
    SCL = 1;                         //置时钟线为高使得数据有效
    _nop_();
    _nop_();
    retc = retc << 1;                //左移补零
    if (SDA == 1)
    retc = retc + 1;                 //当数据为 1 时，则收到的数据+1
    _nop_();
    _nop_();
}
SCL = 0;
_nop_();
_nop_();
return(retc);                        //返回收到的数据
}

//WChipAdd:写器件地址;RChipAdd:读器件地址;InterAdd:内部地址;如写正确则返回数据，
//否则返回对应错误步骤序号
//向指定器件的内部指定地址发送一个指定字节
unsigned char WIICByte(unsigned char WChipAdd,unsigned char InterAdd,unsigned char WIICData)
{
StartI2C();                          //启动总线
SendByte(WChipAdd);                  //发送器件地址以及命令
if (bAck==1)                         //收到应答
```

```
{
        SendByte(InterAdd);                        //发送内部子地址
        if (bAck ==1)
        {
            SendByte(WIICData);                    //发送数据
            if(bAck == 1)
            {
                StopI2C();                         //停止总线
                return(0xff);
            }
            else
            {
                return(0x03);
            }
        }
        else
        {
            return(0x02);
        }
}
return(0x01);
}
//读取指定器件的内部指定地址 1B 数据
unsigned char RIICByte(unsigned char WChipAdd,unsigned char RChipAdd,unsigned char InterDataAdd)
{
unsigned char TempData;
TempData = 0;
StartI2C();                                        //启动
SendByte(WChipAdd);                                 //发送器件地址及读命令
if (bAck==1)                                        //收到应答
{
    SendByte(InterDataAdd);                         //发送内部子地址
    if (bAck ==1)
    {
        StartI2C();
        SendByte(RChipAdd);
        if(bAck == 1)
        {
            TempData = RevByte();                   //接收数据
            StopI2C();                              //停止 I²C 总线
            return(TempData);                       //返回数据
        }
        else
        {
            return(0x03);
        }
    }
```

```
        else
        {
            return(0x02);
        }
    }
    else
    {
        return(0x01);
    }
}
```

17.4.4　货车超重检测系统的软件综合

货车超重检测系统的软件综合如例 17.3 所示，其中涉及的相关代码可以参考前面的内容。

应用代码在主循环中采集当前的 A/D 芯片值，通过对应的计算公式得到当前的实际压力值，然后将该压力值送显示，同时进行相应的判断。

【例 17.3】　货车超重监测系统的软件综合。

```
//线性区间标度变换公式:          y=(115-15)/(243-13)*X+15kpa
#include <AT89X52.h>
#include <intrins.h>
#include <stdio.h>
#define R24C04ADD 0xA1
#define W24C04ADD 0xA0
//ADC0832 的引脚
sbit ADCS =P2^2;    //ADC0832 chip seclect
sbit ADDI =P2^4;    //ADC0832 k in
sbit ADDO =P2^4;    //ADC0832 k out
sbit ADCLK =P2^3;   //ADC0832 clock signal
sbit SDA = P2 ^ 1;                          //数据线
sbit SCL = P2 ^ 0;                          //时钟线
bit bAck;                                   //应答标志 当 bbAck=1 是为正确的应答
unsigned char dispbitcode[8]={0xf7,0xfb,0xfd,0xfe,0xef,0xdf,0xbf,0x7f};
                                            //位扫描
unsigned char dispcode[11]={0xC0,0xF9,0xA4,0xB0,0x99,0x92,0x82,0xF8,0x80,0x90,0xff};
                                            //共阳数码管字段码
unsigned char dispbuf[4];
unsigned int temp;
unsigned char getdata;                      //获取 ADC 转换回来的值
void delay_1ms(void)                        //12MHz 延时 1.01ms
{
    unsigned char x,y;
    x=3;
    while(x--)
```

```
    {
        y=40;
        while(y--);
    }
}
void display(void)                              //数码管显示函数
{
    char k;
    for(k=0;k<4;k++)
    {

    P1 = dispbitcode[k];
    P0 = dispcode[dispbuf[k]];
    if(k==1)                                    //加上数码管的 dp 小数点
        P0&=0x7f;
    delay_1ms();
    }
}
void main(void)
{
    unsigned int OverCounter = 0;
    unsigned char ptemp;
    bit OverFlg = 0;
    unsigned int temp,ppress = 0;
    float   press;
    while(1)
    {

    getdata=Adc0832(0);
    if(14<getdata<243)                          //当压力值介于 15kPa 到 115kPa 之间时，遵循线性变换
        {
        int vary=getdata;                       //y=(115-15)/(243-13)*X+15kPa

            press=((10.0/23.0)*vary)+9.3;       //测试时补偿值为 9.3

            temp=(int)(press*10);               //放大 10 倍，便于后面的计算
        if(temp != ppress)
        {
            ppress = temp;
            OverFlg = 1;
        }
            dispbuf[3]=temp/1000;               //取压力值百位
```

```
            dispbuf[2]=(temp%1000)/100;                 //取压力值十位
            dispbuf[1]=((temp%1000)%100)/10;            //取压力值个位
            dispbuf[0]=((temp%1000)%100)%10;            //取压力值十分位
            display();
        if (temp > 100)
        {
            if(OverFlg == 1)                            //如果是新的一辆车通过
            {
                OverCounter++;
                WIICByte(W24C04ADD,0x01,(OverCounter/0xff));     //低位
                WIICByte(W24C04ADD,0x02,(OverCounter%0xff));     //高位
                OverFlg = 0;                            //清除标志
            }
        }
    }
}
```

17.5　货车超重监测应用系统仿真与总结

在 Proteus 中绘制如图 17.3 所示的电路，其中涉及的 Proteus 电路元器件参见表 17.3。

表 17.3　Proteus 电路器件列表

器 件 名 称	库	子　库	说　明
AT89C52	Microprocessor ICs	8051 Family	51 单片机
RES	Resistors	Generic	通用电阻
CAP	Capacitors	Generic	电容
CAP-ELEC	Capacitors	Generic	极性电容
CRYSTAL	Miscellaneous	—	晶体振荡器
7SEG-MPX4-CA	Optolelctronics	7-Segment Displays	4 位 7 段数码管
MPX4115	Transducers	Pressure	压力传感器
ADC0832	Data Converters	A/D Converters	A/D 芯片
24C04A	Memory ICs	I^2C Memories	存储器芯片

单击运行，调试 MPX4115，可以看到对应的压力测量值输出；单击暂停，可以打开对应的存储器窗口，观测对应的计数器值，如图 17.10 所示。

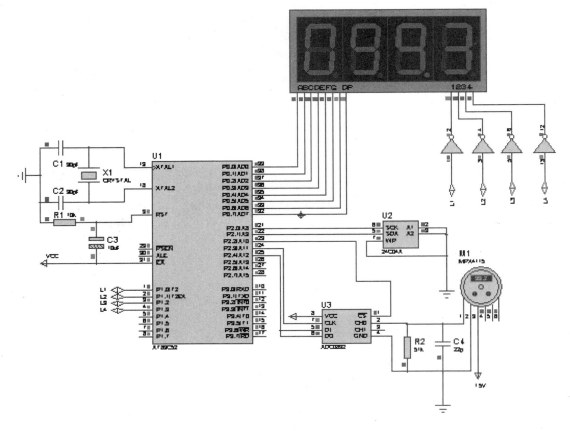

图 17.10　货车超重监测系统的 Proteus 仿真

总结： 在实际使用中，由于货车的种类不同，其载重量也不同，如何选择一个合适的压力值是关键。

第 18 章　远程仓库湿度监测系统

现代化的仓库，为了避免出现湿度过高导致存储物发霉、腐烂变质的情况，需要对当前仓库的湿度状态进行检测，并且将对应的检测结果发送到远程监控中心，以供管理人员进行参考，以便进行开门、开窗、加温、除湿等操作。

本章应用实例涉及的知识如下：

➢ RS-485 通信协议原理及通信芯片 MAX487；
➢ 湿度传感器芯片 SHT11 的工作原理；
➢ 1602 数字字符液晶模块的工作原理。

18.1　远程仓库湿度监测系统的背景介绍

远程仓库湿度监测系统可以实时监控仓库当前的湿度状态，既可以在仓库现场显示当前的湿度数据，还可以将该数据通过相应的传输通道送到远程监控中心。

18.2　远程仓库湿度监测系统的设计思路

18.2.1　远程仓库湿度监测系统的工作流程

远程仓库湿度监测系统的工作流程如图 18.1 所示。

18.2.2　远程仓库湿度监测系统的需求分析

设计远程仓库监控系统，需要考虑以下几方面的内容：
（1）51 单片机如何获得当前的仓库湿度数据；
（2）使用何种显示模块来显示当前的湿度数据；
（3）使用何种通信介质和通信协议来进行数据传输；
（4）需要设计合适的单片机软件。

图 18.1　远程仓库湿度
监测系统工作流程

18.2.3　远程仓库湿度监测系统的工作原理

远程仓库湿度检测系统使用一个湿度传感器采集当前的湿度数据，然后使用串口通过相应的串行通信网络将数据送出。

18.3 远程仓库湿度监测系统的硬件设计

18.3.1 远程仓库湿度监测系统的硬件模块

远程仓库湿度监测系统的硬件模块如图 18.2 所示，其详细说明如下。

（1）51 单片机：远程仓库湿度监控系统的核心控制器。

（2）湿度传感器：将当前的湿度数据转换为数字量的器件。

（3）显示模块：显示当前湿度数据的模块。

（4）串口通信模块：用于远程传输数据。

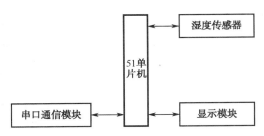

图 18.2　远程仓库湿度监测系统的硬件模块

18.3.2 远程仓库湿度监测系统的电路

远程仓库湿度监测系统的电路如图 18.3 所示，51 单片机使用 P0 端口作为 1602 液晶的数据端口，P2.0 和 P2.2 作为相应的控制引脚；使用 P2.4 和 P2.5 引脚扩展一片湿度测量芯片 SHT11 用于测量当前的湿度信息；使用 MAX487 作为 RS-485 通信协议芯片连接在串行端口来传输相应的数据。

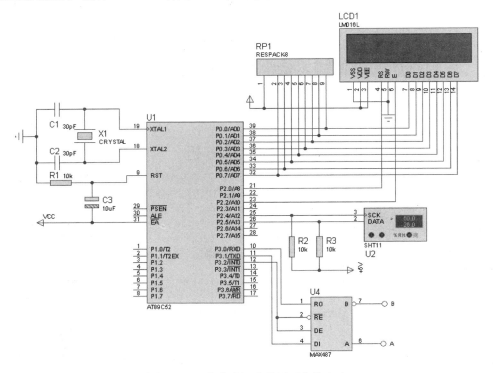

图 18.3　远程仓库湿度监测系统的电路

远程仓库湿度监测系统涉及的典型元器件说明参见表 18.1。

表 18.1　远程仓库湿度监测系统涉及的典型器件说明

器 件 名 称	器 件 编 号	说　　明
晶体振荡器	X1	51 单片机的振荡源
51 单片机	U1	51 单片机，系统的核心控制器件
电容	C1、C2、C3、	滤波
电阻	R1 等	上拉、限流、辅助放大
电阻排	RP1	电阻排
MAX487	U4	RS-485 通信协议芯片
SHT11	M1	压力传感器
LM061L	LCD1	显示部件

18.3.3　硬件模块基础——湿度传感器 SHT11

SHT11 是瑞士 Scnsirion 公司推出的一款数字温湿度传感器芯片，其主要特点如下。

（1）集成度高，其集成了温度感测、湿度感测、信号变换、A/D 转换和加热器等功能。

（2）提供二线数字串行接口，接口简单，支持 CRC 传输校验，传输可靠性高。

（3）测量精度可通过编程调节。

（4）测量精确度高，由于同时集成温湿度传感器，可以提供温度补偿的湿度测量值和高质量的露点计算功能。

（5）有防水设计，可以将元器件放入水中测量。

图 18.4 是 SHT11 的引脚封装结构，其详细说明如下。

（1）SCK：时钟引脚。

（2）DATA：数据引脚。

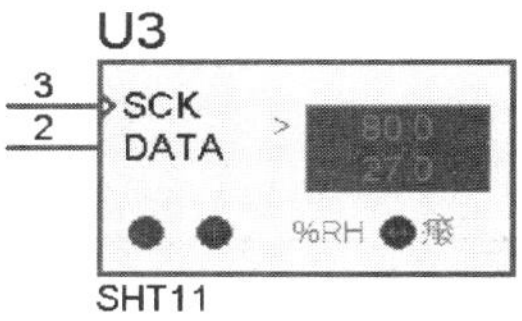

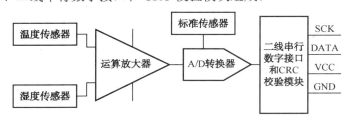

图 18.4　SHT11 的引脚封装结构

注意：图 18.4 中没有显示电源和地信号，其中电源的工作电压范围是 2.4～5.5 V。

图 18.5 是 SHT11 的内部结构示意图，其由温度传感器、湿度传感器、运算放大器、A/D 转换器、校准寄存器、二线串行数字接口和 CRC 校验模块组成。

图 18.5　SHT11 的内部结构示意图

SHT11 使用一个非标准的二线制串行接口和 51 单片机进行通信，其中 SCK 为时钟线，DATA 为数据线。在开始进行数据通信之前，单片机需要用一组"启动传输"时序表示数据传输的启动，如图 18.6 所示，当 SCK 时钟为高电平时，DATA 翻转为低电平；紧接着 SCK 变为低电平，随后又变为高电平；在 SCK 时钟为高电平时，DATA 再次翻转为高电平。

图 18.6　SHT11 的启动时序

SHT11 的读写时序如图 18.7 所示。主机发出启动命令，随后发出一个后续 8 位命令码，该命令码包含 3 个地址位（芯片设定地址为 000）和 5 个命令位；发送完该命令码，将 DATA 总线设为输入状态，等待 SHT11 的响应；SHT11 接收到上述地址和命令码后，在第 8 个时钟下降沿，将 DATA 下拉为低电平，作为从机的 ACK；在第 9 个时钟下降沿之后，从机释放 DATA（恢复高电平）总线；释放总线后，从机开始测量当前湿度，测量结束后，再次将 DATA 总线拉为低电平；主机检测到 DATA 总线被拉低后，得知湿度测量已经结束，给出 SCK 时钟信号；从机在第 8 个时钟下降沿，先输出高字节数据；在第 9 个时钟下降沿，主机将 DATA 总线拉低，作为 ACK 信号，然后释放总线 DATA；在随后 8 个 SCK 周期下降沿，从机发出低字节数据；接下来的 SCK 下降沿，主机再次将 DATA 总线拉低，作为接收数据的 ACK 信号；最后 8 个 SCK 下降沿从机发出 CRC 校验数据，主机不予应答（NACK）则表示测量结束。

S	地址和命令	ACK	测量	数据（高）	ACK	数据（低）	ACK	CRC	MACK

图 18.7　SHT11 的读写时序

SHT11 的操作命令参见表 18.2。

表 18.2　SHT11 的操作命令

命 令 代 码	说　　明
00011	温度测量
00101	湿度测量
00111	读 SHT11 内部状态寄存器
00110	写 SHT11 内部状态寄存器
11110	复位 SHT11，需要 11ms 以上的时间长度来完成此次复位操作

SHT11 读出的湿度值是"相对湿度"，需要进行线性补偿和温度补偿后才能得到较为准确的湿度值，由于相对湿度数字输出特性呈一定的非线性，因此为了补偿湿度传感器的非线性，可按下式修正湿度值：

$$RH_{linear} = C_1 + C_2 \times SO_{RH} + C_3 \times SO_{RH}^2$$

其中各个参数说明如下。

（1）RH_{linear}：经过线性补偿后的湿度值。

（2）SO_{RH}：相对湿度测量值。

（3）C_1、C_2、C_3：为线性补偿系数，取值参见表 18.3。

表 18.3　湿度线性补偿系数取值

SO$_{RH}$	C_1	C_2	C_3
12 位	−4	0.0405	−2.8×10^6
8 位	−4	0.648	−7.2×10^4

由于温度对湿度的影响十分明显，而实际温度与测试参考温度 25℃有所不同，所以对线性补偿后的湿度值必须进行温度补偿，补偿公式如下，其中 T 为测量时当前温度值，而 t_1 和 t_2 为补偿系数，参见表 18.4。

$$RH_{true} = (T - 25) \times (t_1 + t_2 \times SO_{RH}) + RH_{linear}$$

表 18.4　湿度值温度补偿系数

SO$_{RH}$	t_1	T_2
12 位	0.01	0.00008
8 位	0.01	0.00128

除了 SHT11 的湿度计算需要进行补偿之外，SHT 的温度和露点计算也需要进行相应的补偿，其详细计算公式可以参考相关资料。

18.3.4　硬件模块基础——RS-485 芯片 MAX487

由于 RS-232 协议只支持短距离范围内的数据通信，如果 51 单片机应用系统需要与其他系统进行远距离通信，此时可以使用符合 RS-485 协议的相关芯片进行扩展，其核心思想是使用差分电平来提供驱动能力以达到长距离传输的目的，MAX487 是一个 RS-484 通信协议标准的接口器件。

在 RS-485 接口标准中，只需要使用 A、B 两根输出引脚即可完成点对点以及多点对多点的数据交换，目前的 RS-485 接口标准版本允许在一条总线上挂接多达 256 个节点，并且通信速度最高可以达到 32Mb/s，距离可以到几千米。

图 18.8 所示是多点对多点系统使用 MAX487 进行符合 RS-485 协议通信的逻辑模型，数据从 MAX487 的 DI 引脚流入，通过 A、B 引脚上连接的双绞线送到其他 MAX487 上，经过 RO 流出；由于在 RS-485 接口标准中，A、B 引脚要同时承担数据发送和接收任务，所以需要通过 $\overline{RE}$ 和 DE 来对其进行控制，只有允许发送时才能使能 DE 引脚，否则就会将总线钳位导致总线上所有的设备都不能正常通信。需要注意的是，RS-485 总线的两端要加上 120Ω左右的匹配电阻以消除长线效应。

MAX487 的引脚封装结构如图 18.9 所示，其详细说明如下。

（1）A：接收器同相输入端引脚。

（2）B：接收器反相输入端引脚。

（3）RO：串行数据接收引脚。

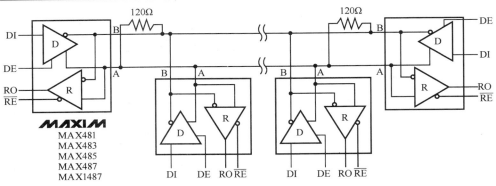

图 18.8　多点对多点 RS-485 协议通信逻辑模型

（4）DI：串行数据发送引脚。

（5）$\overline{\text{RE}}$：MAX487 的串行数据接收控制引脚，当该引脚为低电平时，允许 MAX487 进行数据接收，否则禁止 MAX487 进行数据接收。

（6）DE：MAX487 的串行数据发送控制引脚，当该引脚为高电平时，允许 MAX487 进行数据发送，否则禁止 MAX487 进行数据发送。

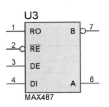

图 18.9　MAX487 的
引脚封装结构

18.4　远程仓库湿度监测系统的软件设计

18.4.1　远程仓库湿度监测系统的软件模块划分和工作流程

远程仓库湿度监测系统的软件模块可以分为湿度采集模块、1602 液晶驱动模块和软件综合三个部分，其工作流程如图 18.10 所示。

18.4.2　湿度采集模块函数设计

湿度采集模块主要用于对 SHT11 芯片进行相应的操作以获取当前的湿度数据，其应用代码如例 18.1 所示，包括以下函数。

（1）void nSCKPulse(unsigned int n)：发送 n 个时钟脉冲。

（2）void STARTSHT11()：启动 SHT11。

（3）void GETRH(unsigned char GETRH)：获取当前的湿度数据。

（4）void READSHT11()：读 SHT11。

应用代码使用 51 单片机的普通 I/O 引脚来模拟对应的时序来完成对 SHT 的相应操作。

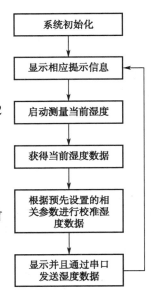

图 18.10　远程仓库湿度
监测系统的软件工作流程

【例 18.1】　湿度采集模块函数的应用代码。

```c
//在 SCK 上发送 n 个脉冲信号
void nSCKPulse(unsigned int n)
{
for(i=n;i>0;i--)
{
    SCK=0;
    SCK=1;
}
}
//启动 SHT11
void STARTSHT11()
{
SCK=1;
DATA=0;
SCK=0;
SCK=1;
DATA=1;
SCK=0;
}
//获得湿度数据
void GETRH(unsigned char GETRH)                    //测量湿度
{
unsigned char bei=0x80;
DATA=1;
SCK=0;                                              //下面可以开始
for(i=8;i>0;i--)
{
    if(GETRH&bei)
    {
        DATA=1;
        SCK=1;
        SCK=0;
    }
    else
    {
        DATA=0;
        SCK=1;
        SCK=0;
    }
    bei=bei/2;
}
}
//对 SHT11 进行读操作
void READSHT11()
{
unsigned char temp;
```

```c
    RH_H=0;
    RH_L=0;
    for(i=0;i<4;i++)                    //4 个脉冲位数据
    {
        SCK=1;
        SCK=0;
    }
    for(i=4;i>0;i--)                    //接收 RH 高 4 位数据
    {
        SCK=1;
        temp=0x01;
        if(DATA= =1)
        {
            temp=(temp<<(i-1));        //右移动
            RH_H=RH_H+temp;
        }
        SCK=0;
    }
    DATA=0;                            //拉低
    SCK=1;
    SCK=0;
    DATA=1;                            //释放
    for(i=8;i>0;i--)                    //接收 RH 低 4 位数据
    {
        SCK=1;
        temp=0x01;
        if(DATA= =1)
        {
            temp=(temp<<(i-1));        //右移动
            RH_L=RH_L+temp;
        }
        SCK=0;
    }
    P1=RH_H;
    P3=RH_L;
    DATA=0;                            //拉低
    SCK=1;
    SCK=0;
    DATA=1;                            //释放（不做 CRC 校验，就此结束）
}
```

18.4.3　1602 液晶驱动模块函数设计

1602 液晶驱动模块函数包含用于对 1602 液晶进行操作的函数，其应用代码如例 18.2 所示。应用代码使用 P0 端口作为 1602 液晶的相应数据端口，与其进行通信。

【例 18.2】　1602 液晶驱动模块函数的应用代码。

```
void delay(unsigned int z)
{
unsigned int x,y;
for(x=z;x>0;x--)
        for(y=110;y>0;y--);
}
void write_GETRH(unsigned char GETRH)
{
LCD_RS=0;
P0=GETRH;
delay(1);
LCD_EN=1;
delay(1);
LCD_EN=0;
}
void write_DATA(unsigned char *date)
{
unsigned char n;
for(n=0;n<0x40;n++)
{
        if(date[n]=='*')break;              //检测，如果字符输入"*"，就终止
        LCD_RS=1;
        P0=date[n];
        delay(5);
        LCD_EN=1;
        delay(5);
        LCD_EN=0;
}
}

void init()
{
LCD_EN=0;
write_GETRH(0x38);
write_GETRH(0x0c);
write_GETRH(0x06);
write_GETRH(0x01);
}
```

18.4.4　远程仓库湿度监测系统的软件综合

远程仓库湿度监测系统的软件综合如例 18.3 所示，其中涉及的相关代码参考以前内容。
应用代码调用 stido.h 库函数中的 Printf 函数，用于通过串口发送相应的湿度数据。

【例 18.3】 远程仓库湿度监控系统的软件综合。

```c
#include <AT89X52.h>
#include <intrins.h>
#include <stdio.h>
sbit SCK=P2^4;
sbit DATA=P2^5;
sbit LCD_RS=P2^0;
sbit LCD_EN=P2^2;
unsigned char RH_H,RH_L;            //接收的湿度的高位数据和低位数据
unsigned int i,j;
unsigned char dispbuf[4];
//阶乘函数
long FACTORIAL(int n)
{
long nn=1;
for(;n>0;n--)
{
    nn=10*nn;
}
return(nn);
}
//SHT11 的补偿算法
void COMPENSATIONSHT()
{
unsigned long ii;
char m;
ii=((((RH_H*256+RH_L)-221)*318878)/100000);

if(ii>5000)
{
    ii=ii+((10000-ii)*620/5000);
}
else
{
    ii=ii+ii*620/5000;
}
//printf("%f\n",ii);
for(m=4;m>=0;m--)
{
    if(m==1)
    {
        write_DATA(".*");
    }
    LCD_RS=1;
    P0=(int)(ii/FACTORIAL(m))+0x30;
    if(m= =4&P0= =0x30)
    {
        P0=0x20;
    }
    if(m= =4&P0= =0x31)
    {
```

```
                    write_DATA("100.00*");
                    break;
            }
        if(m= =3&P0= =0x30)
            {
                    P0=0x20;
            }
        delay(5);
        LCD_EN=1;
        delay(5);
        LCD_EN=0;
        ii=ii-((int)(ii/FACTORIAL(m)))*FACTORIAL(m);
        Printf("%f/n",ii);
    }
    write_DATA("%*");
}


void InitUart(void)
{
SCON = 0x50;                                //工作方式 1
TMOD = 0x21;
PCON = 0x00;
TH1 = 0xfd;                                 //使用 T1 作为波特率发生器
TL1 = 0xfd;
TI = 1;
TR1 = 1;                                    //启动 T1
}
{
void main()
{
init();
    InitUart();
write_GETRH(0x80+0x03);                     //放第一行字符的位置
write_DATA("Humidity*");
write_GETRH(0x80+0x42);                     //放第二行字符的位置
write_DATA("%RH*");
while(1)
{
    nSCKPulse(10);                          //复位
    STARTSHT11();                           //启动
    GETRH(0x05);                            //测湿度命令
    SCK=1;
    while(DATA);                            //如果 ack=0 则表示成功, 继续下一步操作
    SCK=0;                                  //一直都为低
    DATA=1;
    while(DATA);                            //等待 300ms
    READSHT11();
    write_GETRH(0x80+0x47);                 //放第二行字符的位置
    COMPENSATIONSHT();                      //数值转换+显示
}
}
```

18.5　远程仓库湿度监测应用系统仿真与总结

在 Proteus 中绘制如图 18.3 所示的电路，其中所涉及的 Proteus 电路元器件参见表 18.5。

表 18.5　Proteus 电路器件列表

器 件 名 称	库	子　库	说　明
AT89C52	Microprocessor ICs	8051 Family	51 单片机
RES	Resistors	Generic	通用电阻
CAP	Capacitors	Generic	电容
CAP-ELEC	Capacitors	Generic	极性电容
CRYSTAL	Miscellaneous	—	晶体振荡器
SHT11	Transducers	Humidity/Temperature	SHT11 温湿度芯片
LM016L	Optoelectronics	Alphanumeric LCDs	1602 液晶模块
RESPACK-8	Resistors	Resistors Packs	8 列上拉电阻
MAX487	Microprocessor ICs	Peripherals	485 电平转换芯片

单击运行，调节 SHT11，可以看到对应的湿度值发生变化，如图 18.11 所示。

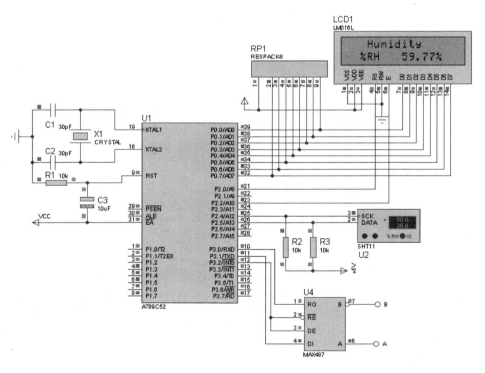

图 18.11　远程仓库湿度监测系统的 Proteus 仿真

总结： 在本实例中，由于没有利用完整的修正公式，所以其测量值和实际值有一定的误差，读者可以自行修改对应的修正公式来获得更加精确的值。

第 19 章 带计时功能的简单计算器

简单计算器是用于数学计算的相关工具，常用于教学、商业、工业中，进行各种简单或复杂的数字或逻辑计算，通常来说可能还带有时间显示、计时和按键提示等一些辅助功能。

本章应用实例涉及的知识如下：

➢ 多位数码管的应用原理；

➢ 行列扫描数字键盘的应用原理；

➢ 51 单片机的外部中断应用原理。

19.1 带计时功能的简单计算器的背景介绍

计算器从功能上通常可以划分为以下 3 种。

（1）算术型计算器：可以进行加、减、乘、除等简单的四则运算，又称简单计算器。

（2）科学型计算器：可以进行乘方、开方、指数、对数、三角函数、统计等方面的运算，又称函数计算器。

（3）程序计算器：可以编程序，把较复杂的运算步骤储存起来，进行多次重复的运算。

从实现方式上，计算器可以分为软件计算器和硬件计算器两种。软件计算器是运行在其他计算机平台上的应用软件，如 Windows 附件中自带的计算器等。硬件计算器则是由硬件搭建的可以独立实现计算功能的工具，通常由运算器、控制器、存储器、键盘、显示器、电源和一些可选外围设备及电子配件，通过人工或机器设备组装而成。本章应用实例即为一个硬件计算器，其可以实现简单的四则运算和 1s 计时，并且可以通过相应的按键在两个主模块功能中切换。

在计时器工作模式下：

（1）在停止状态，按下"="按键则切换到计算器模式，按下"ON/C"按键则开始计时；

（2）在暂停状态，按下"="按键或按下"ON/C"按键则恢复计时；

（3）在计时状态，按下"="按键则暂停计时，按下"ON/C"按键则停止计时，恢复到初始状态，计数为 0。

在计算器工作模式下：

（1）按下相应的数字、运算按键，显示相应的数字或进行相应的运算；

（2）按下"ON/C"按键，切换到计时模式。

简易计算器的显示屏除了显示相应的计算结果之外，还会显示以下相应的提示代码。

（1）"-EOR-1"：被除数等于 0。

（2）"-EOR-2"：被减数小于减数。

（3）"CHAG-1"：从计算器工作模式切换到计时器工作模式。

（4）"CHAG-0"：从计时器工作模式切换到计算器工作模式。

（5）"-PAUSE"：暂停计数。

（6）"-STOP-"：停止计数。

（7）"OPPOSE"：切换到倒计时模式。

（8）"-EOR-9"：超出显示范围。

19.2 带计时功能的简单计算器的设计思路

19.2.1 带计时功能的简单计算器的工作流程

带计时功能的简单计算器的工作流程如图 19.1 所示。

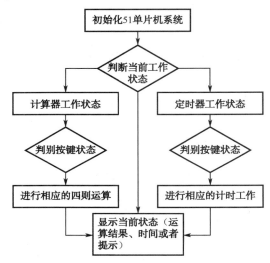

图 19.1 带计时功能的简易计算器的工作流程

19.2.2 带计时功能的简单计算器的需求分析

设计带计时功能的简单计算器，需要考虑以下几方面的内容。

（1）51 单片机使用何种方式和检测用户输入。

（2）51 单片机使用何种方式显示当前的工作状态。

（3）51 单片机如何进行定时操作。

（4）需要设计合适的单片机软件。

19.2.3 带计时功能的简单计算器的工作原理

计算器可以使用一个带数字、运算符按键的行列扫描键盘来作为用户的输入设备，其中不同的按键的功能可以进行相应的复用。例如，"ON/C"按键可以用于工作状态的切换，而"="
按键可以用于获得计算结果或者控制计时。为了显示相应的运算结果或者当前的计时，可以使
用一个 6 位 7 段数码管作为显示模块。

19.3 带计时功能的简单计算器的硬件设计

19.3.1 带计时功能的简单计算器的硬件模块

带计时功能的简单计算器的硬件模块如图 19.2 所示，其各个部分详细说明如下。

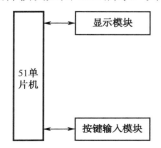

图 19.2 带计时功能的简单计算器硬件模块

（1）51 单片机：带计时功能的简单计算器的核心控制器。
（2）显示模块：显示当前相应的计算或者计时信息。
（3）按键输入模块：给用户提供相应的输入通道。

19.3.2 硬件系统的电路图

带计时功能的简单计算器的电路如图 19.3 所示，51 单片机使用 P1 和 P0 端口驱动一个 6 位
7 段数码管作为显示模块，由于 51 单片机的 P0 端口作为 I/O 端口时需要外加驱动，所以使用一
个 74LS245 作为驱动芯片。51 单片机使用一个 4×4 的数字小键盘作为用户输入键盘。为了提高
响应速度，使用了一个 4 输入与门作为键盘的按下信号汇总连接到 51 单片机的外部中断 0 引脚
（INT0）上，当有按键被按下时，51 单片机将检查到一个外部中断 0 事件。

带计时功能的简单计算器涉及的典型器件说明参见表 19.1。

表 19.1 带计时功能的简单计算器涉及的典型器件说明

器 件 名 称	器 件 编 号	说 明
晶体振荡器	X1	51 单片机的振荡源
51 单片机	U2	51 单片机，系统的核心控制器件
电容	C1、C2、C3、	滤波
电阻	R1	上拉

器 件 名 称	器 件 编 号	说 明
6 位数码管	—	显示器件
74LS245	U1	I/O 驱动器件
4 输入与门	U3	在有按键被按下的时候发生脉冲事件
数字小键盘	—	输入模块

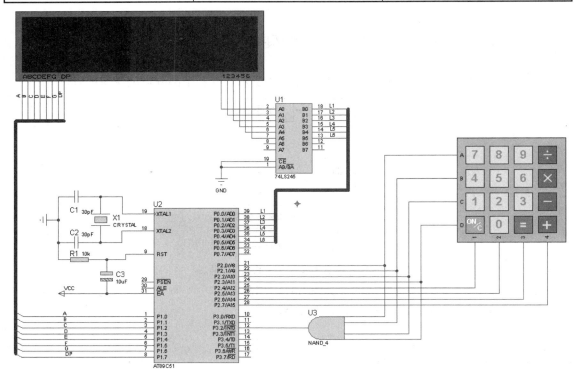

图 19.3 带计时功能的简单计算器的电路

19.4 带计时功能的简单计算器的软件设计

19.4.1 带计时功能的简单计算器的软件模块划分和工作流程

带计时功能的简单计算器的软件模块可划分为键盘扫描和处理、计算器功能处理、计时器处理和显示部分处理 4 个部分，其工作流程如图 19.4 所示。

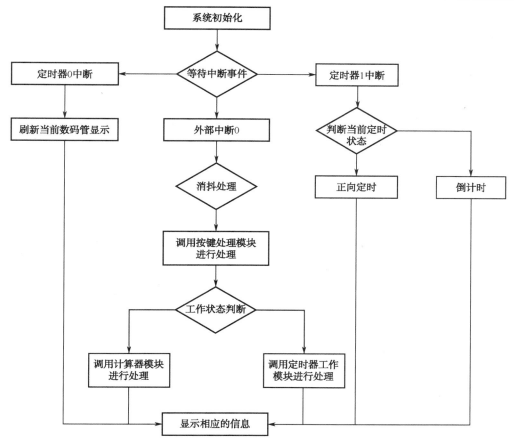

图 19.4 带计时功能的简单计算器的软件工作流程

19.4.2 键盘扫描和处理模块函数设计

键盘扫描和处理模块函数包括用于行列键盘扫描和对于返回值进行处理的两个相关函数，其应用代码如例 19.1 所示。

（1）void vKeyProcess(unsigned char ucKeyCodeTemp)：按键处理函数。

（2）unsigned char ucKeyScan()：对按键进行扫描的函数，返回对应按键值。

应用代码首先使用 define 关键字将 P2 引脚定义为键盘驱动引脚，使用数组 uca_LineScan 来存放了一组扫描值作为对应的按键状态判别。

【例 19.1】 键盘扫描和处理模块函数的应用代码。

```
#define SCANPORT P2
//4×4 键盘扫描端口，低 4 位是行线，高 4 位是列线，采用逐列扫描的方法，当无按键时，低 4 位输
//出 1，高 4 位输出 0。当有按键时，高 4 位输出扫描电位，低 4 位输入扫描结果
unsigned char uca_LineScan[4]={0xEF,0xDF,0xBF,0x7F};
//列线扫描电压，第 1、2、3、4 根列线为低电平，其他为高电平
extern bit b_KeyShock;          //键盘防抖动标志位
bit b_WorkMode=0;               //0—计算器模式；1—计时模式
```

273

```
//按键处理主函数
void vKeyProcess(unsigned char ucKeyCodeTemp)
{
    if(b_WorkMode==1)
        vTimer(ucKeyCodeTemp);              //当工作模式为计时模式时调用计时器处理函数
    else
        vCalculator(ucKeyCodeTemp);         //当工作模式为计算器模式时调用计算器处理函数
}
//扫描函数
unsigned char ucKeyScan()
{
unsigned char ucTemp=0;                     //扫描状态暂存
unsigned char ucRow=0,ucLine=0;             //行号，列号

for(ucLine=0;ucLine<4;ucLine++)             //列扫描
    {
        SCANPORT=uca_LineScan[ucLine];      //输出扫描电位
        ucTemp=SCANPORT&0x0F;               //输入扫描电位，并屏蔽高 4 位
        if(ucTemp!=0x0F)

            {                               //判断该列是否有按键按下
            switch(ucTemp)
                {
                case 0x0E: ucRow=10;break;  //如果有，则判断行号
                case 0x0D: ucRow=20;break;
                case 0x0B: ucRow=30;break;
                case 0x07: ucRow=40;break;
                default:   ucRow=50;break;
                }
            break;
            }
    }
return ucRow+ucLine+1;                      //返回按键编码。格式为 2 位数，高位为行号，低位
为列号
}
```

19.4.3　计算器功能处理模块函数设计

计算器功能处理模块函数包括用于在计算器工作模式下对于按键状态进行处理及实现计算器功能的相关函数，其应用代码如例 19.2 所示。

（1）void vCalculator(unsigned char ucKeyCode)：计算器功能实现主函数。

（2）void vGetResult()：获得当前计算结果的函数。

（3）void vPushOne(unsigned char ucPushNum)：对参与计算的数据一进行处理的函数。

（4）void vCalReadyOne(unsigned char ucKeyCode)：状态一按键处理函数。

（5）void vPushTwo(unsigned char ucPushNum)：对参与计算的数据二进行处理的函数。

（6）void vCalReadyTwo(unsigned char ucKeyCode)：状态二按键处理函数。

（7）void vCalContinue(unsigned char ucKeyCode)：状态三继续计算函数。

（8）void vCalReadyThree(unsigned char ucKeyCode)：状态三按键处理函数。

应用代码使用了大量的 case 语句用于状态判断。

【例 19.2】 计算器功能处理模块的应用代码。

```
        extern unsigned long ul_Number;              //LCE 显示数据，LCD 实时显示该数字
        extern bit b_WorkMode;                       //0—计算器模式；1—计时模式
        unsigned char uc_ModeChange=0;
        extern bit b_LCDClean;
        extern unsigned char uc_ReportSymbol;
        unsigned long ul_NumberOne=0;                //第一个数
        unsigned long ul_NumberTwo=0;                //第二个数
        unsigned char uc_Operator=0;                 //运算符
        unsigned long ul_Result=0;                   //运算结果
        unsigned char uc_NumPointer=1;               //计算状态
        extern unsigned long ul_Number;
        extern unsigned long ul_NumberOne;
        extern unsigned long ul_NumberTwo;
        extern unsigned char uc_Operator;
        extern unsigned long ul_Result;
        extern unsigned char uc_NumPointer;
        extern bit b_LCDClean;
        extern unsigned char uc_ReportSymbol;
        bit b_Zero=0;                                //状态一 0 输入检测，若有 0 输入则置一
        //主要处理函数
        void vCalculator(unsigned char ucKeyCode)
        {
        if(ucKeyCode= =41)                           //判断按键是不是"NO/C"
            {
                if(uc_NumPointer= =1)                //如果是"NO/C"键，则判断否是状态一
                    {
                        if(uc_ModeChange= =2)
                                    //如果是状态一，则看 uc_ModeChange 是不是 2
                            {
                                uc_ModeChange=0;        //如果是 2，则进入计进器模式
                                b_WorkMode=1;

                                uc_ReportSymbol=3;
                                        //闪烁显示：-CHAG-1。表明正在切换状态
                                b_LCDClean=1;
                            }
                        else
                            {
                                uc_ModeChange++;
                                        //如果 uc_ModeChange 不是 2，则加一
                                ul_NumberOne=0;
                                        //清除所有数据，将所有数据恢复到状态一
```

```
                                        ul_NumberTwo=0;
                                        ul_Number=0;
                                        uc_NumPointer=1;
                                    }
                            }
                        else
                            {
                            ul_NumberOne=0;
                                                                //清除所有数据，将所有数据恢复到状态一
                            ul_NumberTwo=0;
                            ul_Number=0;
                            uc_NumPointer=1;
                            }
                    }
            else
                {
                //如果不是"NO/C"键，首先将 uc_ModeChange 清零
                uc_ModeChange=0;
                //根据不同状态分派不同的键处理函数
                switch(uc_NumPointer)
                    {
                    case 1:
                            vCalReadyOne(ucKeyCode);        //进入状态一
                            break;
                    case 2:
                            vCalReadyTwo(ucKeyCode);        //进入状态二
                            break;
                    case 3:
                            vCalReadyThree(ucKeyCode);      //进入状态三
                            break;
                    default:break;
                    }
                }

    }
//计算器按键初始处理及运算，在计算器模式下，对按键进行响应，如清零，计算结果等
void vGetResult()
{
switch(uc_Operator)
    {
    case 14:                                            //除法运算
            if(ul_NumberTwo!=0)
                ul_Result=ul_NumberOne/ul_NumberTwo;
            else
                {
                    ul_Result=0;
                    uc_ReportSymbol=1;
```

```
                                                    //当被除数等于 0 时显示错误代码 EOR-1
                        b_LCDClean=1;
                    }
            break;
        case 24:                                    //乘法运算
            if((ul_NumberOne*ul_NumberTwo)>999999)
                {
                    ul_Result=0;
                    uc_ReportSymbol=9;
                    b_LCDClean=1;
                                            //当结果超出显示范围时显示错误代码 EOR-9
                }
            else
                ul_Result=ul_NumberOne*ul_NumberTwo;
            break;
        case 34:                                    //减法运算
            if(ul_NumberOne>ul_NumberTwo)
                ul_Result=ul_NumberOne-ul_NumberTwo;
            else
                {
                    ul_Result=0;
                    uc_ReportSymbol=2;
                                            //当被减数小于减数时显示错误代码 EOR-2
                    b_LCDClean=1;
                }
            break;
        case 44:                                    //加法运算
            if((ul_NumberOne+ul_NumberTwo)>999999)
                {
                    ul_Result=0;
                    uc_ReportSymbol=9;
                    b_LCDClean=1;
                                            //当结果超出显示范围时显示错误代码 EOR-9
                }
            else ul_Result=ul_NumberOne+ul_NumberTwo;
            break;

    default:break;
}
ul_Number=ul_Result;
ul_NumberOne=0;                                     //恢复计算前初始状态
ul_NumberTwo=0;
uc_NumPointer=1;
b_Zero=0;
}
//将一位数据压入第一个运算数字
void vPushOne(unsigned char ucPushNum)
```

```
        {
        if(ul_NumberOne<100000)
        //如果数字小于 6 位则压入数字，否则不执行
            {
            ul_NumberOne=ul_NumberOne*10+ucPushNum;
            ul_Number=ul_NumberOne;
            }
        }


//状态一按键处理函数
void vCalReadyOne(unsigned char ucKeyCode)
{
switch(ucKeyCode)
        {       //如果有数字输入，则压入第一个数字
            case 11: vPushOne(7);break;                         //'7'
            case 12: vPushOne(8);break;                         //'8'
            case 13: vPushOne(9);break;                         //'9'
            case 21: vPushOne(4);break;                         //'4'
            case 22: vPushOne(5);break;                         //'5'
            case 23: vPushOne(6);break;                         //'6'
            case 31: vPushOne(1);break;                         //'1'
            case 32: vPushOne(2);break;                         //'2'
            case 33: vPushOne(3);break;                         //'3'
            case 42: vPushOne(0);b_Zero=1;break;
        //'0'，当拆分数字为 0 时，置 0 检测标志
         default:
        //此处的 b_Zero 判断主要是为了实现连续运算功能
                 if(b_Zero= =0&&ul_NumberOne= =0)
                 //如果是运算符，则首先判断是否有 0 输入
                    {
                    //如果输入不是 0，但第一个数字是 0
                    ul_NumberOne=ul_Result;
                    //说明是继续上一次运算，将上一次运算结束
                    switch(ucKeyCode)
                    //赋给第一个数，进行连续运算
                        {
                        case 14: uc_Operator=14;uc_NumPointer=2;break;       //'/'
                        case 24: uc_Operator=24;uc_NumPointer=2;break;       //*
                        case 34: uc_Operator=34;uc_NumPointer=2;break;       //'-'
                        case 44: uc_Operator=44;uc_NumPointer=2;break;       //'+'
                        default: break;
                        }
                    }
                else
                switch(ucKeyCode)
                //如果有 0 输入，则说明是全新计算，正常进行
                    {
```

```
                                    case 14: uc_Operator=14;uc_NumPointer=2;break;        //'/'
                                    case 24: uc_Operator=24;uc_NumPointer=2;break;        //'*'
                                    case 34: uc_Operator=34;uc_NumPointer=2;break;        //'-'
                                    case 44: uc_Operator=44;uc_NumPointer=2;break;        //'+'
                                    default: break;
                                }
                        break;
            }
}
//状态二预处理
//将 1 位数字压入第二个运算数字中
void vPushTwo(unsigned char ucPushNum)
{
if(ul_NumberTwo<100000)                         //如果数字小于 6 位则压入数字，否则不执行
    {
        ul_NumberTwo=ul_NumberTwo*10+ucPushNum;
        ul_Number=ul_NumberTwo;
    }
}
//状态二按键处理函数
void vCalReadyTwo(unsigned char ucKeyCode)
{
switch(ucKeyCode)
//状态二下如果有数字输入则将数字压入数字二，转到状态三
    {
            case 11: vPushTwo(7);uc_NumPointer=3;break;              //'7'
            case 12: vPushTwo(8);uc_NumPointer=3;break;              //'8'
            case 13: vPushTwo(9);uc_NumPointer=3;break;              //'9'
            case 21: vPushTwo(4);uc_NumPointer=3;break;              //'4'
            case 22: vPushTwo(5);uc_NumPointer=3;break;              //'5'
            case 23: vPushTwo(6);uc_NumPointer=3;break;              //'6'
            case 31: vPushTwo(1);uc_NumPointer=3;break;              //'1'
            case 32: vPushTwo(2);uc_NumPointer=3;break;              //'2'
            case 33: vPushTwo(3);uc_NumPointer=3;break;              //'3'
            case 42: vPushTwo(0);uc_NumPointer=3;break;              //'0'
            //如果有运算符输入则将运算符键码存储在 uc_Operator 中
            case 14: uc_Operator=14;break;                          //'/'
            case 24: uc_Operator=24;break;                          //'*'
            case 34: uc_Operator=34;break;                          //'-'
            case 44: uc_Operator=44;break;                          //'+'
            default: break;
    }
}
//状态三继续运算函数
void vCalContinue(unsigned char ucKeyCode)
{
vGetResult();
```

```
ul_NumberOne=ul_Result;
uc_Operator=ucKeyCode;
uc_NumPointer=2;
}
//状态三按键处理函数
void vCalReadyThree(unsigned char ucKeyCode)
{
switch(ucKeyCode)
    {
            //状态三下如果有数字输入，则压入数字二
            case 11: vPushTwo(7);break;                    //'7'
            case 12: vPushTwo(8);break;                    //'8'
            case 13: vPushTwo(9);break;                    //'9'
            case 21: vPushTwo(4);break;                    //'4'
            case 22: vPushTwo(5);break;                    //'5'
            case 23: vPushTwo(6);break;                    //'6'
            case 31: vPushTwo(1);break;                    //'1'
            case 32: vPushTwo(2);break;                    //'2'
            case 33: vPushTwo(3);break;                    //'3'
            case 42: vPushTwo(0);break;                    //'0'
            //如果有"="号输入，则计算结果
            case 43: vGetResult();break;                   //'='
            //如果有运算符输入，则执行继续运算
            case 14: vCalContinue(14);break;               //'/'
            case 24: vCalContinue(24);break;               //*
            case 34: vCalContinue(34);break;               //'-'
            case 44: vCalContinue(44);break;               //'+'
            default: break;
    }
}
```

19.4.4 计时器功能处理模块函数设计

计算器功能处理模块函数包括用于在计时器工作模式下对按键状态进行处理以及实现正序计时和倒序计时功能的相关函数，其应用代码如例 19.3 所示。

（1）void vTimer(unsigned char ucKeyCode)：计时器的工作状态控制函数；

（2）void vTime(unsigned char ucKeyCode)：计时器处理函数，参数为按键扫描的返回值；

（3）void vPushTime(unsigned char ucPushNum)：计时状态倒计时处理子函数；

计时器功能处理模块函数代码同样使用了大量的 case 语句对各种状态进行判断。

【例 19.3】 计时器功能处理模块函数的应用代码。

```
//计时器工作状态标志位
bit b_CountStart=0;
bit b_CountPause=0;
extern bit b_CountStart;
extern bit b_CountPause;
```

```
extern bit b_ClockStart;
extern bit b_WorkMode;
extern bit b_LCDClean;
extern bit b_KeyShock;
extern unsigned char uc_ReportSymbol;
extern unsigned long ul_Number;
extern unsigned long ul_ClockOppose;
unsigned long ul_TimeTemp;                              //暂停状态技计数暂存
bit b_ClockOppose=0;                                   //0—正常计时，1—倒计时
//计时器的工作状态控制函数
void vTimer(unsigned char ucKeyCode)
{

if((!b_CountStart)&b_CountPause)                        //01：进行倒计时处理
     vTimeOppose(ucKeyCode);
else   vTime(ucKeyCode);                                //00,10,11：进入正常计时模式
}
//计时器处理函数，参数为按键扫描的返回值
void vTime(unsigned char ucKeyCode)
{
     switch(ucKeyCode)
     {
     //当按下"NO/C"时执行


          case 41:
              if((b_CountStart|b_CountPause)= =0)       //*00 ->10：从停止到开始
                  ul_Number=0;                          //初始化记时值为 0
                  b_CountStart=1;                       //重设标志位，改为开始状态
                  b_ClockStart=1;
                  }
              else if((b_CountStart&b_CountPause)= =1)  //11 ->10：从暂停到开始
                  {
                  ul_Number=ul_TimeTemp;                //初始化初值为暂存的值
                  b_CountPause=0;                       //重设标志位，改为开始状态
                  b_ClockStart=1;
                  }

              else if((b_CountStart=1&(!b_CountPause))= =1)
              //10 ->00：从开始到停止
                  {
                  b_CountStart=0;                       //重设标志位，改为停止状态
                  b_ClockStart=0;                       //停止计时
                  ul_Number=0;                          //恢复计时前状态
              uc_ReportSymbol=7;
              b_LCDClean=1;
                  }
          break;
```

```
                            //当按下"="时执行
                        case 43:
                            if(b_CountStart==1)                     //如果是开始或暂停状态,则进行处理;
                                {                                   //否则不处理
                                //10->11:从开始到暂停
                                if(b_CountPause==0)
                                    {                               //保存计时数值
                                    b_CountPause=1;                 //如果是开始状态,则改为暂停状态
                                    ul_TimeTemp=ul_Number;
                                    uc_ReportSymbol=5;              //闪烁显示:-PAUSE
                                    b_LCDClean=1;
                                    b_ClockStart=0;                 //暂停计时
                                    }
                                else
                                    {
                                    //11 ->10:从暂停到开始
                                    b_CountPause=0;                 //如果是暂停状态则改变为进行状态
                                    ul_Number=ul_TimeTemp;          //给计时器赋初值为暂停前的值
                                    b_ClockStart=1;
                                    }
                                }
                            else if(b_CountPause==0)                //00:切换到计算器模式
                                    {
                                    b_WorkMode=0;
                                    //如果在停止计时状态按下"="键便会切换到计算器模式
                                    ul_Number=0;
                                    uc_ReportSymbol=4;
                                    //CHAG-0 表明从计时器模式切换到计算器模式
                                    b_LCDClean=1;
                                    b_KeyShock=1;
                                    }
                            break;
                        case 44:                                    //当按下"+"时
                            {
                            b_ClockStart=0;                         //停止计时
                            //切换到倒计时模式
                            b_CountStart=0;
                            b_CountPause=1;
                            ul_Number=0;
                            uc_ReportSymbol=8;
                            b_LCDClean=1;
                            ul_ClockOppose=0;
                            }
                            break;
                    default:break;
                        }

            }
```

```
//计时状态倒计时处理子函数
void vPushTime(unsigned char ucPushNum)
{
        if(ul_ClockOppose<100000)                          //如果数字小于 6 位则压入数字, 否则不执行
            {
            ul_ClockOppose=ul_ClockOppose*10+ucPushNum;
            ul_Number=ul_ClockOppose;
            }
}
void vTimeOppose(unsigned char ucKeyCode)
{
if(b_ClockStart= =0)
        switch(ucKeyCode)
                    {                                       //若按键是数字, 则将数字压入计数初始
                    case 11: vPushTime(7);break;            //'7'
                    case 12: vPushTime(8);break;            //'8'
                    case 13: vPushTime(9);break;            //'9'
                    case 21: vPushTime(4);break;            //'4'
                    case 22: vPushTime(5);break;            //'5'
                    case 23: vPushTime(6);break;            //'6'
                    case 31: vPushTime(1);break;            //'1'
                    case 32: vPushTime(2);break;            //'2'
                    case 33: vPushTime(3);break;            //'3'
                    case 42: vPushTime(0); break;           //'0'
                    case 41:                                //'NO/C': 清除数据
                            ul_ClockOppose=0;
                            ul_Number=0;
                            break;
                    case 43:                                //'=': 倒计时开始
                            if(ul_ClockOppose>0)
                                {
                                b_ClockOppose=1;
                                b_ClockStart=1;
                                }
                            break;
                    case 44:
                            ul_Number=0;                    //: 返回正常计数模式
                            uc_ReportSymbol=8;
                            b_LCDClean=1;
                            b_ClockOppose=0;
                            b_CountStart=0;
                            b_CountPause=0;
                            break;
                    default:break;
                    }
        else
            switch(ucKeyCode)
```

```
            {
                case 14:                                    //'/': 倒计时初始值加一
                        ul_ClockOppose++;
                        ul_Number=ul_ClockOppose;
                        break;
                case 24:                                    //'*': 倒计时初始值减一
                        if(ul_ClockOppose>0)
                            {
                            ul_ClockOppose--;
                            ul_Number=ul_ClockOppose;
                            }
                        break;
                case 34:                                    //'-': 倒计时停止
                        b_ClockStart=0;
                        ul_Number=0;
                        ul_ClockOppose=0;
                        b_LCDClean=0;
                        break;
                default:break;
            }
    }
```

19.4.5 显示模块函数设计

显示模块函数包括用于显示数字和字符的相应函数，其应用代码如例 19.4 所示。

（1）unsigned char * pucLedNum(unsigned long ulNumber)：将一个数的各个位分别存储到数组里，并且返回首地址；

（2）void vShowOneNum(unsigned char ucOneNum,unsigned char ucOrder)：将 1 个数字顺序显示；

（3）void vShowCustom(unsigned char ucOneCostom,unsigned ucOrder)：将 1 个自定义字符按顺序显示；

（4）void vCharCopy(unsigned char ucaArray[])：将字符数组复制到字符显示数组中；

（5）void vShowReport(unsigned char ucSymbol)：根据报告代号，显示不同的报告字符。

应用代码将待显示的数据存储在相应的数组中，然后将该数组各个单元依次送出显示。

【例 19.4】 显示模块函数的应用代码

```
unsigned   char code uca_LEDCode[]=
                    {0xC0,0xF9,0xA4,0xB0,0x99,0x92,0x82,0xF8,0x80,0x90,0xFF};
                    //0,1,2,3,4,5,6,7,8,9,空白
unsigned char code uca_LEDSelect[]=
                    {0x01,0x02,0x04,0x08,0x10,0x20};
                    //分别点亮第 6，5，4，3，2，1 号灯
unsigned char uca_LedNum[6];
                    //存放数字的各个位
unsigned char uc_NumberFront=1;                     //只是数字的首位
```

```
extern unsigned char uca_ShowCustom[];                          //在自定义模式下，LCD 实时显示该字符
//自定义报告显示字符
unsigned char uca_ReportChar1[]={0xBF,0x86,0xC0,0x88,0xBF,0xF9};
//被除数等于 0，-EOR-1
unsigned char uca_ReportChar2[]={0xBF,0x86,0xC0,0x88,0xBF,0xA4};
//被减数小于减数，-EOR-2
unsigned char uca_ReportChar3[]={0xC6,0x89,0x88,0xC2,0xBF,0xF9};
//从计算器模式切换到计时模式，CHAG-1
unsigned char uca_ReportChar4[]={0xC6,0x89,0x88,0xC2,0xBF,0xC0};
//表明从计时器模式切换到计算器模式，CHAG-0
unsigned char uca_ReportChar5[]={0xBF,0x8C,0x88,0xC1,0x92,0x86};
//暂停，-PAUSE
unsigned char uca_ReportChar7[]={0xBF,0x92,0x87,0xC0,0x8C,0xBF};
//停止，-StoP-
unsigned char uca_ReportChar8[]={0xC0,0x8C,0x8C,0xC0,0x92,0x86};
//切换到倒计时模式，OPPPOSE
unsigned char uca_ReportChar9[]={0xBF,0x86,0xC0,0x88,0xBF,0x90};
//超出可显示的最大值，-EOR-9
//将一个数的各个位分别存到数组里，并且返回首地址
unsigned char * pucLedNum(unsigned long ulNumber)
{
if(ulNumber>999999)
      ulNumber=999999;
if(ulNumber<0)
      ulNumber=0;
uca_LedNum[5] = ulNumber/100000;                                //最高位存在数组 5 中
uca_LedNum[4] = (ulNumber-100000*(long)uca_LedNum[5])/10000;
uca_LedNum[3] = (ulNumber-100000*(long)uca_LedNum[5]-10000*(long)uca_LedNum[4])/1000;
uca_LedNum[2] = (ulNumber-100000*(long)uca_LedNum[5]-10000*(long)uca_LedNum[4]
                    -1000*(long)uca_LedNum[3])/100;
uca_LedNum[1] = (ulNumber-100000*(long)uca_LedNum[5]-10000*(long)uca_LedNum[4]
                    -1000*(long)uca_LedNum[3]-100*(long)uca_LedNum[2])/10;
uca_LedNum[0] = (ulNumber-100000*(long)uca_LedNum[5]-10000*(long)uca_LedNum[4]
-1000*(long)uca_LedNum[3]-100*(long)uca_LedNum[2]-10*(long)uca_LedNum[1]);
    //最低位存在数组 0 中
    for(uc_NumberFront=1;uc_NumberFront<6;uc_NumberFront++)
        {
            if(uca_LedNum[6-uc_NumberFront]!=0)                  //判断数据的首位不为零数字在第几位
                break;
        }
    return uca_LedNum;
}
//将 1 个数字按顺序显示
void vShowOneNum(unsigned char ucOneNum,unsigned char ucOrder)
{
if(ucOneNum!=0)                                                  //如果数字不为 0，则正常输出
    {
```

```
                    LEDSELECT=0;
                    LEDCHAR=uca_LEDCode[ucOneNum];
//ucOrder:1~6
                    LEDSELECT=uca_LEDSelect[ucOrder-1];
        }
    else
        {
                if(ucOrder<uc_NumberFront)          //如果为 0，则判断是不是在数字首位之前
                    LEDSELECT=0;                     //如果在则输出空，不显示数据
                else
                    {
                        LEDSELECT=0;                 //如果在首位之后，则正常输出
                        LEDCHAR=uca_LEDCode[ucOneNum];
                        LEDSELECT=uca_LEDSelect[ucOrder-1];
                    }
        }
}
//将 1 个自定义字符按顺序显示
void vShowCustom(unsigned char ucOneCostom,unsigned ucOrder)
{
LEDSELECT=0;
LEDCHAR=ucOneCostom;
LEDSELECT=uca_LEDSelect[ucOrder];                    //ucOrder:0~5
}
//将字符数组复制到字符显示数组中
void vCharCopy(unsigned char ucaArray[])
{
unsigned char ucCount;
for(ucCount=0;ucCount<6;ucCount++)
    {
    uca_ShowCustom[ucCount]=ucaArray[ucCount];
    }
}
//根据报告代号，显示不同的报告字符
void vShowReport(unsigned char ucSymbol)
{
switch(ucSymbol)
    {
    case 1:vCharCopy(uca_ReportChar1);break;        //显示：-EOR-1——被除数等于 0
    case 2:vCharCopy(uca_ReportChar2);break;        //显示：-EOR-2——被减数小于减数
    case 3:vCharCopy(uca_ReportChar3);break;
    //显示：CHAG-1--表明从计算器模式切换到计时模式；
    case 4:vCharCopy(uca_ReportChar4);break;
    //显示：CHAG-0--表明从计时器模式切换到计算器模式；
    case 5:vCharCopy(uca_ReportChar5);break;        //显示：-PAUSE——暂停
    case 7:vCharCopy(uca_ReportChar7);break;        //显示：-StoP——停止
    case 8:vCharCopy(uca_ReportChar8);break;        //显示：OPPOSE——切换到倒计时模式
```

```
         case 9:vCharCopy(uca_ReportChar9);break;      //显示：-EOR-9--超出可显示的最大值
         default:break;
         }
}
```

19.4.6　带计时功能的简单计算器的软件综合

带计时功能的简单计算器的软件综合如例 19.5 所示，其中涉及的相关代码可以参考前面的内容。

应用代码对单片机进行初始化之后，即进入一个 while 循环中，等待对应的中断时间，并且在对应的中断处理字函数中处理对应的功能。

【例 19.5】　带计时功能的简单计算器的软件综合。

```
#include <AT89X52.h>
#define TIME0H 0xFC
#define TIME0L 0x18                          //定时器 0 溢出时间：5ms
#define TIME1H 0x44
#define TIME1L 0x80                          //定时器 1 溢出时间：48ms
//定时器 0 定时刷新 LED 计数
unsigned long ul_Number=0;                   //LCD 实时显示数字
unsigned char uca_ShowCustom[6]={0x88,0x83,0xC6,0xA1,0x86,0x84};
                                             //存放自定义显示字符

unsigned char uc_DisCount=1;                 //LCD 时事刷新计数
bit b_ShowMode=0;                            //显示模式标志位
//定时器 1 计数刷新定时（计时模式)
unsigned char uc_TimeCount=1;                //定时器 1 定时计数
bit b_ClockStart=0;                          //定时器 1 显示计数标志位
extern bit b_ClockOppose;
extern unsigned long ul_ClockOppose;
//防抖动标志
bit b_KeyShock=0;                            //键盘防抖动标志位
bit b_KillShock=0;                           //防抖标志清除位：0——不清除；1——清除
unsigned char uc_KillCount=1;                //抖动标志清除计数，使用定时器 1
//LCD 闪烁显示报告
bit b_LCDClean=0;                            //通过设置 b_LCDClean 为 1 便可启动延时清空 LCD 显示
unsigned char uc_CleanCount=1;               //延迟时间可在 T1 中断中设定
unsigned char uc_ReportSymbol;
bit b_ReportFlash=0;
unsigned char uca_FlashBlank[]={0xFF,0xFF,0xFF,0xFF,0xFF,0xFF};
void main()
{
P2=0x0F;                                     //初始化键盘接口
TMOD=0x11;                                   //定时器 0：模式一；定时器 0：模式一
//定时器 0，用于 LCD 刷新
TH0=TIME0H;
TL0=TIME0L;
```

```
    TR0=1;                          //开启定时器 0
    ET0=1;                          //开定时器 0 中断
//定时器 1，用于 1s 计时
    TH1=TIME1H;
    TL1=TIME1L;
    TR1=1;                          //开启定时器 1
    ET1=1;                          //开定时器 1 中断
//外部中断 0，用于执行键盘扫描和键处理程序
    IT0=1;                          //外部中断 0，中断方式：下降沿
    EX0=1;                          //开启外部中断 0
    PT0=1;                          //把定时器 0 溢出中断设为高优先级
    EA=1;                           //开启总中断
    while(1);
}
//外部中断 0，调用键盘扫描程序
void vINT0(void) interrupt 0
{
    EX0=0;                          //在键扫描处理时，关闭外部中断 0，防抖动
    if(b_KeyShock= =0)
        {
        vKeyProcess(ucKeyScan());   //当判断有按键按下时，扫描键盘，并把扫描结果进行处理
        b_KeyShock=1;               //设置防抖动标志
        }
    else b_KeyShock=0;              //如果有抖动则不执行键扫描，恢复防抖动标志
//设置防抖动清除标志位
    if(b_KeyShock= =1)
        b_KillShock=1;//如果防抖动标志位开启则开启防抖动标志清除位，300ms 后清除防抖动标志
//恢复键扫描处理前初始状态
    P2=0x0F;                        //恢复 P2 口
    EX0=1;                          //恢复按键中断
}
//定时器 1 中断，用于计时功能和防抖动标志清除以及显示报告
void vTimer1(void) interrupt 3
{
//计时模式计数刷新
    if(b_ClockStart= =1)            //当计时模式开启式，如计时处于运行状态则执行定时计数增加
        {
        if(b_ClockOppose= =0)       //正常计时
            {
            if(uc_TimeCount%21= =0)
                {
                uc_TimeCount=1;
                ul_Number++;
                }
            else uc_TimeCount++;
            }
        else
            {                       //倒计时模式
```

```
                    if(uc_TimeCount%21= =0)
                        {
                        uc_TimeCount=1;
                        if(ul_ClockOppose>0)
                            {
                            ul_ClockOppose--;
                            ul_Number=ul_ClockOppose;
                            }
                        else
                            {
                            b_ClockStart=0;
                            uc_ReportSymbol=7;
                            b_LCDClean=1;
                            }
                        }
                    else uc_TimeCount++;
                    }
                }


//防抖动标志清除
if(b_KillShock= =1)
    {
    if(uc_KillCount%5= =0)                  //当防抖动标志位为 1 时，计时 300ms 后清除抖动标志位
        {
        b_KeyShock=0;
        b_KillShock=0;
        uc_KillCount=1;
        }
    else uc_KillCount++;
    }


//LCD 显示报告
if(b_LCDClean= =1)
    {
        if(uc_CleanCount= =1)
            {
                EX0=0;                      //关闭键盘中断，此时按键无效
                vShowReport(uc_ReportSymbol);
                b_ShowMode=1;
            }
        if(uc_CleanCount%40= =0)
        //通过设置 b_LCDClean 为 1 便可启动延时清空 LCD 显示
            {
                b_LCDClean=0;               //关闭清零标志位，清零结束
                uc_CleanCount=1;            //恢复清零计数为初始值 1
                b_ShowMode=0;               //恢复显示模式为默认的数字模式
                b_ReportFlash=0;
                EX0=1;                      //重新开启键盘中断
```

```
                    }
            else
                {
                //实现闪烁报告功能
                if(uc_CleanCount%7= =0)
                    {
                            if(b_ReportFlash= =0)
                                {
                                        vCharCopy(uca_FlashBlank);
                                        b_ReportFlash=1;
                                }
                            else
                                {
                                        vShowReport(uc_ReportSymbol);
                                        b_ReportFlash=0;
                                }
                    }
            uc_CleanCount++;
                }
        }
TH1=TIME1H;
TL1=TIME1L;
}
//定时器 0，定时刷新 LED
void vTimer0(void) interrupt 1
{
if(b_ShowMode= =0)
//数字模式
    {
    vShowOneNum(*(pucLedNum(ul_Number)+uc_DisCount),6-uc_DisCount);
 //在 LCD 上显示 1 位数字
    if(uc_DisCount= =5)
    uc_DisCount=0;                          //定时器 0 在每次被触发时，改变 LCD 显示
    else uc_DisCount++;                     //从第一位到第六位循环显示
    }
else
//自定义模式
    {
    vShowCustom(uca_ShowCustom[uc_DisCount],uc_DisCount);
    if(uc_DisCount= =5)
    uc_DisCount=0;                          //定时器 0 在每次被触发时，改变 LCD 显示
    else uc_DisCount++;                     //从第一位到第六位循环显示
    }

//恢复定时器 0 初始状态
TH0=TIME0H;
TL0=TIME0L;
}
```

19.5 带计时功能的简单计算器的应用系统仿真与总结

在 Proteus 中绘制如图 19.3 所示的电路，其中涉及的 Proteus 电路器件参见表 19.2。

表 19.2 Proteus 电路器件列表

器 件 名 称	库	子 库	说 明
AT89C52	Microprocessor ICs	8051 Family	51 单片机
RES	Resistors	Generic	通用电阻
CAP	Capacitors	Generic	电容
CAP-ELEC	Capacitors	Generic	极性电容
CRYSTAL	Miscellaneous	—	晶体
KEYPAD-CALCULATOR	Switchs & Relays	KeyPads	数字键盘
AND_4	Modelling Primitives	Digital(Buffers & Gates)	四输入与门
7SEG-MPX6-CA-BLUE	Optoelectronics	7-Segments Displays	7 段数码管

单击运行，默认进入的是计算器工作模式，此时可以进行简单的四则运算，如图 19.5 所示。

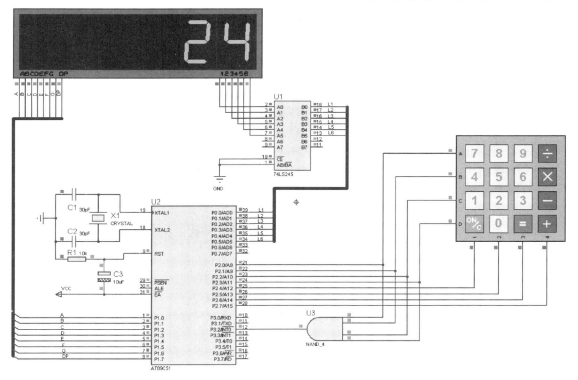

图 19.5 带计时功能的简单计算器的计算功能 Proteus 仿真

长按 "ON/C" 键，进入定时功能模式，此时可以进行相应的定时功能仿真。

总结：如果需要实现比较复杂的计算器工作功能，则最好使用液晶显示模块来替代多位数码管作为显示模块，因为其能适应更多复杂状态的显示。

第20章 密码保险箱

保险箱是一种特殊的容器，通常用于保存各种重要的物品。根据其功能可以分为防火保险箱、防盗保险箱、防磁保险箱、防火防磁保险箱等。根据不同的密码工作原理又可分为机械保险箱和电子保险箱两种，前者的特点是成本较低，性能比较可靠，早期的保险箱大部分都是机械保险箱；后者是将电子密码、IC卡等智能控制方式的电子锁应用到保险箱中，其特点是使用方便。例如，在宾馆中使用保险箱时，需经常更换密码，使用电子密码保险箱就比较方便。

本章应用实例涉及的知识如下：

➢ 多位数码管的应用原理；
➢ 行列扫描键盘的应用原理；
➢ 直流电动机的驱动方法；
➢ 发光二极管和蜂鸣器的应用原理。

20.1 密码保险箱的背景介绍

密码保险箱是一个可以让用户通过输入预先设定好的密码来驱动电动机打开柜门的设备，其详细功能说明如下：

（1）用户可以通过输入6位数字密码来打开保险箱；

（2）当密码正确时，保险箱柜门打开，有开门提示声。当密码不正确时，保险箱柜门不打开，并且提示报警；

（3）用户密码可以自行修改密码；

（4）有相应的密码输入显示窗口，输入数字用相应符号替代以免被偷窥。

20.2 密码保险箱的设计思路

20.2.1 密码保险箱的工作流程

密码保险箱的工作流程如图20.1所示。

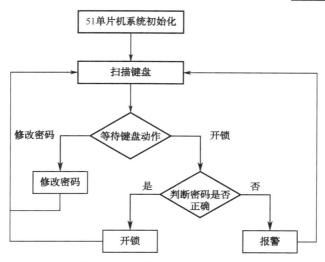

图 20.1　密码保险箱的工作流程

20.2.2　密码保险箱的需求分析与设计

设计密码保险箱，需要考虑以下几方面的内容：

（1）51 单片机如何获得当前的用户输入，必须提供一个能让用户输入数字"0"～"9"，以及一些其他诸如"确定"按键之类的通道。

（2）51 单片机使用何种显示器件来显示输入。

（3）51 单片机使用什么驱动模块来驱动电动机打开保险箱。

（4）如何提供相应的报警和开门信息。

（5）需要设计合适的单片机软件。

20.2.3　密码保险箱的工作原理

密码保险箱通过扫描用户的输入，将用户当前输入的密码和存储在系统中的密码进行比较，如果密码相同则通过电动机驱动电路驱动电动机打开保险箱，否则触动报警；如果当前的输入是为了修改密码，则将输入的密码保存在存储区中。

20.3　密码保险箱的硬件设计

20.3.1　密码保险箱的硬件模块

密码保险箱的硬件模块如图 20.2 所示，其各个部分详细说明如下。

（1）51 单片机：密码保险箱的核心控制器。

（2）密码显示模块：用于显示当前的密码输入。

（3）键盘输入模块：用于用户的输入密码、修改密码等操作。

（4）电动机驱动模块：用于驱动一个直流电动机以完成保险箱柜门开启操作。

（5）工作状态指示模块：用于指示当前的工作状态。

（6）声音报警模块：用于根据当前的工作状态进行发声提示。

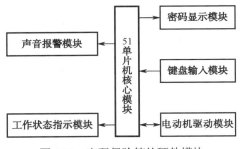

图 20.2　密码保险箱的硬件模块

20.3.2　密码保险箱的电路

密码保险箱的电路如图 20.3 所示，51 单片机使用 P0 和 P2 端口扩展了一个 6 位 8 段数码管；使用 P3 端口驱动一个数字小键盘；使用 P1 端口的部分引脚分别驱动两个 LED 用于指示密码保险箱的工作状态，驱动一个蜂鸣器用于声音报警，驱动一个 H 桥电路作为直流电动机的驱动模块。

图 20.3 中的 MOTOO 是直流电动机驱动模块，用于对直流电动机进行驱动。

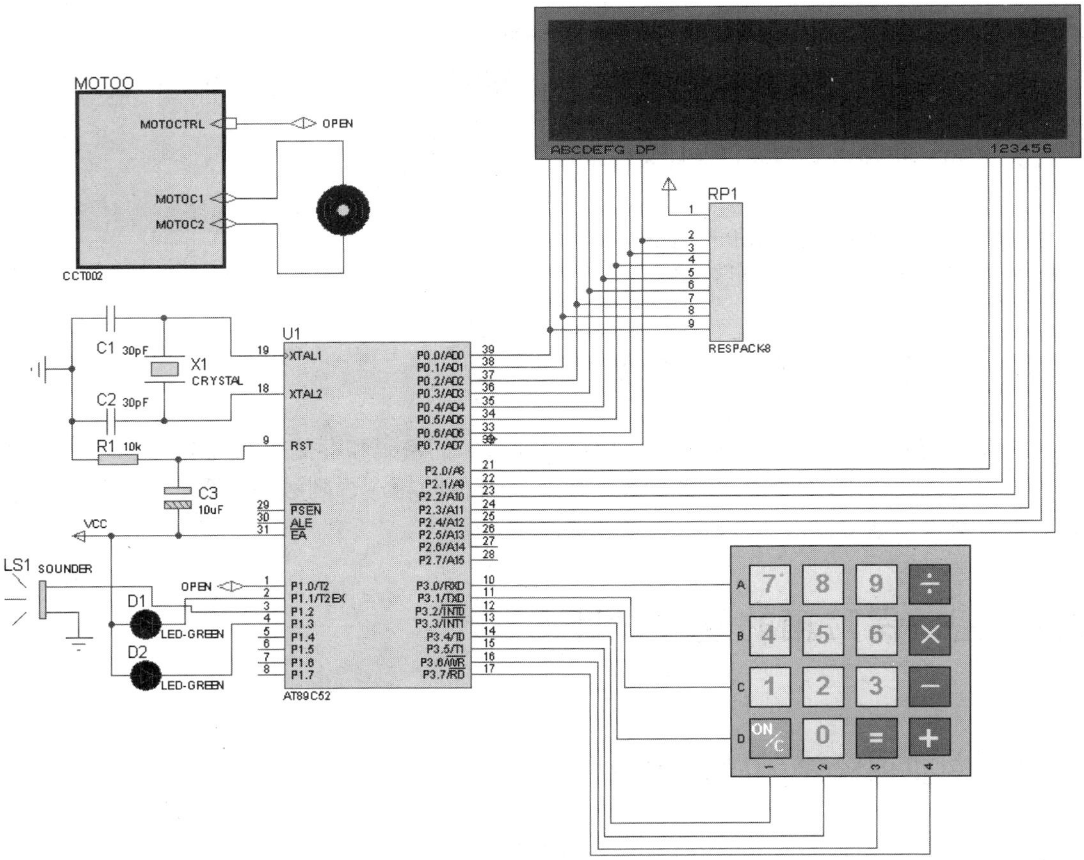

图 20.3　密码保险箱的电路

密码保险箱的直流电动机驱动模块电路如图 20.4 所示，由于柜门打开动作比较简单，而且需要的精度也不高，所以可以使用一个简单的 H 桥进行驱动。

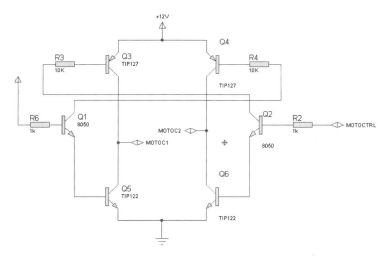

图 20.4　密码保险箱的直流电动机驱动模块电路

密码保险箱涉及的典型器件说明参见表 20.1。

表 20.1　密码保险箱涉及的典型器件说明

器 件 名 称	器 件 编 号	说　　　明
晶体振荡器	X1	51 单片机的振荡源
51 单片机	U1	51 单片机，系统的核心控制器件
电容	C1、C2、C3、	滤波
电阻	R1 等	上拉、限流、辅助放大
电阻排	RP1	上拉
数字小键盘	—	用户的输入通道
发光二极管	D1、D2	指示灯
8 位 7 段数码管	—	显示器件
蜂鸣器	LS1	声音报警器件
三极管	Q3、Q4 等	组成直流电动机的驱动模块

20.4　密码保险箱的软件设计

20.4.1　密码保险箱的软件模块划分和工作流程

密码保险箱的软件模块可以划分为键盘扫描模块、显示驱动模块、状态驱动模块、报警声驱动模块和电动机驱动模块 5 个部分，其工作流程如图 20.5 所示。

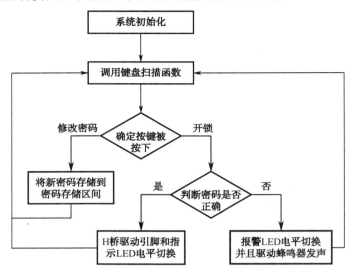

图 20.5　密码保险箱的软件工作流程

20.4.2　键盘扫描模块函数设计

键盘扫描模块函数主要用于对相应的按键编码进行处理，其应用代码如例 20.1 所示，键盘中各个按键的定义如下。

（1）"0" ～ "9"：数字键 0~9 按键。

（2）"ON/C"：确定密码输入和确定修改密码输入按键。

（3）"÷"：进入修改密码状态。

（4）"+"：关闭密码保险箱状态。

应用代码在 keyscan 函数中使用了一个 case 语句对各种按键返回值进行相应的判断，然后返回对应的状态。

【例 20.1】 键盘扫描模块函数的应用代码。

```
unsigned int keyscan()                    //键盘扫描函数
{
P3=0xfe;
temp=P3;
temp=temp&0xf0;
if(temp!=0xf0)
{
    delay(5);                             //键盘去抖，最好在 20ms 以上，这里用了 5ms
    temp=P3;
    temp=temp&0xf0;
    if(temp!=0xf0)
    {
        count++;                          //按键计数加 1
        temp=P3;
```

```
switch(temp)
{
    case 0xee:
    {
        num=7;
        if(count<6)                        //6 位密码，所以 COUNT<6
        {
            if(set= =0)                    //设置密码键没有按下时
            pwx[count]=num;                //存储按下的数字
            else
            pws[count]=num;                //设置密码键按下时，设置新密码
            workbuf[count]=tabledu[11];    //相应位的数码管显示"--"，不显示相应的数
                                           //字，密码是保密的
        }
    }
    break;
    case 0xde:
    {
        num=8;
        if(count<6)                        //以下扫描键盘的原理差不多同上
        {
            if(set= =0)
            pwx[count]=num;
            else
            pws[count]=num;
            workbuf[count]=tabledu[11];
        }
    }
    break;
    case 0xbe:
    {
        num=9;
        {
            if(count<6)
            {
                if(set= =0)
                pwx[count]=num;
                else
                pws[count]=num;
                workbuf[count]=tabledu[11];
            }
        }
    }
    break;
    case 0x7e:                             //设置密码键按下
    {
        set=1;                             //设置密码标志位置 1
```

```
                        P1_3=0;                    //设置密码指示灯亮
                        workbuf[0]=0x00;           //数码管第一位不显示
                        workbuf[1]=0x00;
                        workbuf[2]=0x00;
                        workbuf[3]=0x00;
                        workbuf[4]=0x00;
                        workbuf[5]=0x00;
                        count=-1;                  //按键计数复位为-1
                        if(count<6)                //密码没有设置完，继续设置密码
                        {
                            setpw();               //设置密码
                        }
                    }
                    break;
                }
                while(temp!=0xf0)                  //按键抬起检测
                {
                    temp=P3;
                    temp=temp&0xf0;
                }
            }
        }
        P3=0xfd;
        temp=P3;
        temp=temp&0xf0;
        if(temp!=0xf0)
        {
            delay(5);
            temp=P3;
            temp=temp&0xf0;
            if(temp!=0xf0)
            {
                count++;
                temp=P3;
                switch(temp)
                {
                    case 0xed:
                    {
                        num=4;
                        if(count<6)
                        {
                            if(set= =0)
                            pwx[count]=num;
                            else
                            pws[count]=num;
                            workbuf[count]=tabledu[11];
                        }
```

```
                              }
                              break;
                              case 0xdd:
                              {
                                      num=5;
                                      if(count<6)
                                      {
                                              if(set= =0)
                                              pwx[count]=num;
                                              else
                                              pws[count]=num;
                                              workbuf[count]=tabledu[11];
                                      }
                              }
                              break;
                              case 0xbd:
                              {
                                      num=6;
                                      if(count<6)
                                      {
                                              if(set= =0)
                                              pwx[count]=num;
                                              else
                                              pws[count]=num;
                                              workbuf[count]=tabledu[11];
                                      }
                              }
                              break;
                      }
                      while(temp!=0xf0)
                      {
                              temp=P3;
                              temp=temp&0xf0;
                      }
                }
        }
P3=0xfb;
temp=P3;
temp=temp&0xf0;
if(temp!=0xf0)
{
      delay(5);
      temp=P3;
      temp=temp&0xf0;
      if(temp!=0xf0)
      {
            count++;
```

```c
                    temp=P3;
                    switch(temp)
                    {
                        case 0xeb:
                        {
                                num=1;
                                if(count<6)
                                {
                                        if(set==0)
                                        pwx[count]=num;
                                        else
                                        pws[count]=num;
                                        workbuf[count]=tabledu[11];
                                }
                        }
                        break;
                        case 0xdb:
                        {
                                num=2;
                                if(count<6)
                                {
                                        if(set==0)
                                        pwx[count]=num;
                                        else
                                        pws[count]=num;
                                        workbuf[count]=tabledu[11];
                                }
                        }
                        break;
                        case 0xbb:
                        {
                                num=3;
                                if(count<6)
                                {
                                        if(set==0)
                                        pwx[count]=num;
                                        else
                                        pws[count]=num;
                                        workbuf[count]=tabledu[11];
                                }
                        }
                        break;
                    }
                    while(temp!=0xf0)
                    {
                        temp=P3;
                        temp=temp&0xf0;
```

```
                    }
               }
          }
     P3=0xf7;
     temp=P3;
     temp=temp&0xf0;
     if(temp!=0xf0)
     {
          delay(5);
          temp=P3;
          temp=temp&0xf0;
          if(temp!=0xf0)
          {
               count++;
               temp=P3;
               switch(temp)
               {
                    case 0xd7:
                    {
                         num=0;
                         if(count<6)
                         {
                              if(set= =0)
                              pwx[count]=num;
                              else
                              pws[count]=num;
                              workbuf[count]=tabledu[11];
                         }
                    }
                    break;
                    case 0xe7: num=20;break;          //确定键按下检测
                    case 0x77:                        //复位键或者输入密码全部一次删除
                    {
                         P1_1=0;                      //锁关
                         P1_3=1;                      //密码设置指示灯灭
                         set=0;                       //不设置密码
                         num=10;                      //num 复位
                         count=-1;                    //COUNT 复位
                         workbuf[0]=tabledu[10];      //第一位数码管不显示
                         workbuf[1]=tabledu[10];      //第二位数码管不显示
                         workbuf[2]=tabledu[10];
                         workbuf[3]=tabledu[10];
                         workbuf[4]=tabledu[10];
                         workbuf[5]=tabledu[10];
                         P1_0=1;                      //锁关
                    }
                    break;
```

```
                    case 0xb7:                        //输入密码删除键(一位一位删除)
                    {
                        count--;
                        workbuf[count]=0x00;  //因确定键按下时,COUNT 也会加 1,而确定键不是密码,
                                              //所以这里是 COUNT,而不是 COUNT+1
                        count--;              //因确定键按下时,确定键不是密码,COUNT 也会加 1,
                                              //这里 COUNT 再自减 1
                        if(count<=-1)
                        count=-1;
                    }
                    break;
                }
                while(temp!=0xf0)
                {
                    temp=P3;
                    temp=temp&0xf0;
                }
            }
        }
    }
    return(num);
}
```

20.4.3　显示驱动模块函数设计

显示驱动模块的主要功能是将需要显示的数据送到数码管,并且对数码管进行刷新,其应用代码如例 20.2 所示。

应用代码使用定时器/计数器 T0 提供扫描驱动,在 T0 的中断服务子程序中对数码管进行扫描。

【例 20.2】　显示驱动模块函数的应用代码。

```
void timer0() interrupt 1              //数码管驱动函数
{
unsigned char i;
TH0=(65536-500)/200;
TL0=(65536-500)%200;
for(i=0;i<6;i++)
{
    P0=workbuf[i];                     //送出显示内容
    P2=tablewe[i];                     //选中显示的行
    delay(5);
    P0=0;
}
}
```

20.4.4　状态驱动模块函数设计

状态驱动模块用于指示密码保险箱的当前状态，其软件非常简单，只需要在对应的 LED 控制引脚上输出对应的引脚即可，其应用代码是在软件综合的 main 函数中实现的，可以参考例 20.4。

20.4.5　报警声驱动模块函数设计

报警声驱动模块用于在密码输入错误时及时报警，其应用代码如例 20.3 所示。

报警声驱动模块函数应用代码在 51 单片机对应蜂鸣器的控制引脚上输出一串脉冲信号，即可实现驱动蜂鸣器发声报警。

【例 20.3】　报警声驱动模块函数的应用代码。

```
for(i=0;i<1000;i++)
{
for(j=0;j<80;j++);
Beep=~Beep;
}
```

20.4.6　电动机驱动模块函数设计

电动机驱动模块主要用于驱动直流电动机打开密码保险箱的柜门，其应用代码也非常简单，只需要在对应的电动机控制引脚上输出对应的引脚即可，由于密码保险箱的 H 桥为一个单向的 H 桥，所以 51 单片机只需要使用一个 I/O 引脚即可完成对电动机的控制。

20.4.7　密码保险箱的软件综合

密码保险箱的软件综合如例 20.4 所示，其中涉及的相关代码可以参考前面的内容。

密码保险箱的软件综合使用了"123456"作为密码保险箱的初始化密码。

【例 20.4】　密码保险箱的软件综合。

```
#include<AT89x52.h>
unsigned int num=10;                    //开始让数码管什么都显示
bit set=0;                              //定义设置密码的位
char count=-1;                          //开始让 COUNT=-1，方便后面显示数码管
sbit Beep=P1^2;                         //蜂鸣器
unsigned char temp;
unsigned char pws[6]={1,2,3,4,5,6};     //原始密码
unsigned char pwx[6];                   //按下的数字存储区
bit rightflag;                          //密码正确标志位
unsigned char workbuf[6];
unsigned char code tabledu[]={
0x3f,0x06,0x5b,0x4f,0x66,0x6d,0x7d,0x07,0x7f,0x6f,0x00,0x40
```

```
};                                  //段选码，共阴极
unsigned char code tablewe[]={
0xfe,0xfd,0xfb,0xf7,0xef,0xdf
};                                  //位选码
unsigned int keyscan();
void delay(unsigned char z)         //延时，ms 级
{
unsigned char y;
for(;z>0;z--)
    for(y=120;y>0;y--);
}
void setpw()                        //设置密码函数
{
keyscan();
}
void init()                         //利用定时显示数码管
{
TMOD=0x01;
TH0=(65536-500)/200;
TL0=(65536-500)%200;
ET0=1;
EA=1;
TR0=1;
}
bit compare()                       //密码比较函数
{
if((pwx[0]= =pws[0])&(pwx[1]= =pws[1])&(pwx[2]= =pws[2])&(pwx[3]= =pws[3])&(pwx[4]= =pws[4])&
(pwx[5]= =pws[5]))
rightflag=1;
else
rightflag=0;
return(rightflag);
}
void main()
{
unsigned int i,j;
init();
P0=0;
P1_1=0;                             //锁关
while(1)
{
    keyscan();
    if(num= =20)                    //如果确定键按下（修改密码和输入密码共用的确定键）
    {
        if(count= =6)
        {
            if(set= =1)             //修改密码确定
```

```
        {
            P1_3=1;
            workbuf[0]=0;
            workbuf[1]=0;
            workbuf[2]=0;
            workbuf[3]=0;
            workbuf[4]=0;
            workbuf[5]=0;
        }
        else                                //输入密码确定
        {
            set=0;
            compare();
            if(rightflag==1)                //如果密码正确
            {
                P1_0=0;                     //锁开
                P1_1=1;
                workbuf[0]=tabledu[8];      //数码管第一位显示"8"
                workbuf[1]=tabledu[8];      //数码管第二位显示"8"
                workbuf[2]=tabledu[8];
                workbuf[3]=tabledu[8];
                workbuf[4]=tabledu[8];
                workbuf[5]=tabledu[8];
            }
            else
            {
                P1_1=0;                     //锁仍然是关
                workbuf[0]=0X71;            //数码管第一位显示 "F"
                workbuf[1]=0X71;
                workbuf[2]=0X71;
                workbuf[3]=0X71;
                workbuf[4]=0X71;
                workbuf[5]=0X71;
                for(i=0;i<1000;i++)         //密码错误报警
                {
                    for(j=0;j<80;j++);
                    Beep=~Beep;
                }
                break;
            }
        }
    }
    else                                    //若输入的密码位数不为 6 位时
    {
        P1_1=0;                             //锁仍然关
        workbuf[0]=0X71;                    //数码管第一位显示 "F"
        workbuf[1]=0X71;
```

```
                workbuf[2]=0X71;
                workbuf[3]=0X71;
                workbuf[4]=0X71;
                workbuf[5]=0X71;
                for(i=0;i<1000;i++)
                {
                        for(j=0;j<80;j++);
                        Beep=~Beep;
                }
                break;
            }
        }
    }
}
```

20.5 密码保险箱应用系统仿真与总结

在 Proteus 中绘制如图 20.3 所示的电路，其中涉及的 Proteus 电路器件参见表 20.2。

表 20.2 Proteus 电路器件列表

器 件 名 称	库	子　库	说　明
AT89C52	Microprocessor ICs	8051 Family	51 单片机
RES	Resistors	Generic	通用电阻
CAP	Capacitors	Generic	电容
CAP-ELEC	Capacitors	Generic	极性电容
CRYSTAL	Miscellaneous	—	晶体振荡器
7SEG-MPX6-CA-BLUE	Optoelectronics	7-Segment Displays	6 位 8 段数码管
RESPACK-8	Resistors	Resistor-Packs	8 位排阻
KEYPAD-SMALLCALC	Switches & Relays	Keypads	4×4 行列扫描键盘
TIP122	Transistors	Bipolar	三极管
TIP127	Transistors	Bipolar	三极管
MOTOR-DC	Electromecharical	—	直流电动机
LED-GREEN	Optoelectronics	LEDs	发光二极管（绿色）

单击运行，输入密码，可以看到电动机转动，密码保险柜门打开，如图 20.6 所示。

总结： 本章应用实例将对按键的处理都放在了键盘扫描函数中，使得该函数比较复杂，读者可以自行拆分该函数，使代码结构更加清晰。

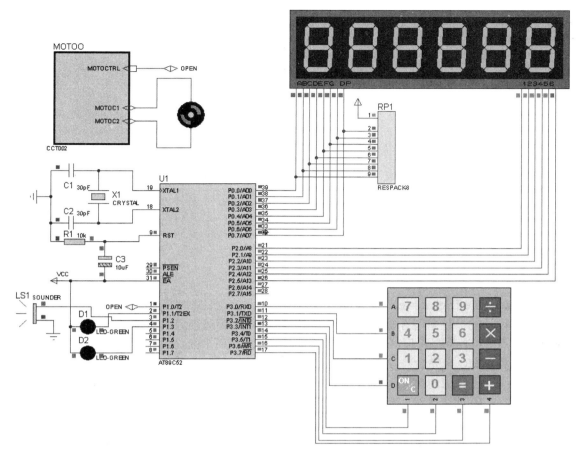

图 20.6　密码保险箱的 Proteus 仿真

第21章 SD卡读卡器

在51单片机的实际应用系统中，有时候需要存放比较大的数据量，并且需要将这些数据很方便地导入到其他计算机系统中去，此时可以使用SD（Secure Digital Memory Card）作为存储介质。

本章应用实例涉及的知识如下：

➢ SD卡读卡器的应用原理。

21.1 SD卡读卡器的背景介绍

SD卡（Secure Digital Memory Card）是一种为满足安全性、容量、性能和使用环境等各方面的需求而设计的一种新型存储器件，其具有价格低廉、存储容量大、使用方便、通用性与安全性强等优点。SD卡是基于MultiMedia卡（MMC）发展而来的，大小和MMC卡差不多，其读写控制也和MMC卡完全兼容。其具有SD1.0和SD2.0两种不同的规范，在SD2.0中对SD卡的读写速度进行了相应的定义，参见表21.1。其中普通卡和高速卡的速率定义为Class 2、Class 4、Class 6和Class 10四个等级。超高速卡的速率目前只有UHS Class 1一个等级。对于51单片机应用系统而言，Class 2就足够了。通常来说，SD卡可以用于高速A/D采集系统的数据存储或存放类似地图数据等大容量的数据。

表21.1 SD卡的速度规范

速 度 等 级	读取速度（Mb/s）	应 用 范 围
Class 0		包括低于Class 2和未标注Speed Class的情况
Class 2	2.0	观看普通清晰度电视，数码摄像机拍摄
Class 4	4.0	流畅播放高清电视（HDTV），数码相机连拍
Class 6	6.0	单反相机连拍，以及专业设备的使用
Class 10	10.0	全高清电视的录制和播放
UHS Class 1	312.0	专业全高清电视实时录制

21.2 SD卡读卡器的设计思路

21.2.1 SD卡读卡器的工作流程

SD卡读卡器的工作流程如图21.1所示。

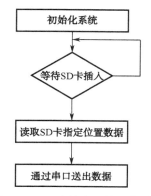

图 21.1　SD 卡读卡器的工作流程

21.2.2　SD 卡读卡器的需求分析

设计 SD 卡读卡器，需要考虑以下几方面的内容：

（1）51 单片机使用何种硬件接口与 51 单片机进行连接；

（2）51 单片机使用何种软件协议与 51 单片机进行数据交互；

（3）51 单片机如何将从 SD 卡读出的数据通过串口送出；

（4）需要设计合适的单片机软件。

21.2.3　SPI 接口总线

SD 卡支持两种总线接口方式与 51 单片机进行数据交互：SD 方式与 SPI 方式。其中 SD 方式采用 6 线制进行数据通信；而 SPI 方式采用 4 线制进行数据通信。采用 SD 方式的数据传输速度比 SPI 方式要快。但从成本及开发难度等方面综合考虑，51 单片机对 SD 卡进行读写时一般都采用 SPI 总线接口方式。

SPI（Serial Peripheral Interface）总线是由摩托罗拉公司开发的一种总线标准，这是一种全双工的串行总线，可以达到 3Mb/s 的通信速率，常常用于 51 单片机与高速外部资源的通信。

SPI 总线由四根信号线组成，其定义分别如下。

（1）MISO：主入从出数据线，是主机的数据输入线，从机的数据输出线。

（2）MOSI：主出从入数据线，是主机的数据输出线，从机的数据输入线。

（3）SCK：串行时钟线，由主机发出，对于从机来说是输入信号，当主机发起一次传送时，自动发出 8 个 SCK 信号，数据移位发生在 SCK 的一次跳变上。

（4）SS：外设片选线，当该线使能时允许从机工作。

和 I^2C 总线不同，在每条 SPI 总线上只允许存在一个主机，从机则可以有多个，由 SS 数据线来选择使用哪一个从机。在时钟信号 SCK 的上升/下降沿来到时，数据从主机的 MOSI 引脚上发送到被 SS 选中的从机 MISO 引脚上，而在下一次下降/上升沿来到时，数据从从机的 MISO 引脚上发送到主机的 MOSI 引脚上。SPI 总线的工作过程类似于一个 16 位的移位寄存器，其中 8 位数据在主机中，另外的 8 位数据在从机中，51 单片机使用 SPI 总线扩展外部资源示意图如图 21.2 所示。

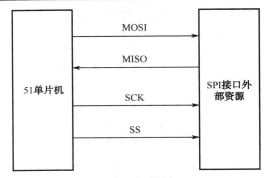

图 21.2　51 单片机使用 SPI 总线扩展外部资源示意图

　　和 I^{2}C 总线类似，SPI 总线的数据传输过程也需要时钟驱动，SPI 总线的时钟信号 SCK 有时钟极性（CPOL）和时钟相位（CPHA）两个参数，前者决定了有效时钟是高电平还是低电平，后者决定有效时钟的相位，这两个参数配合起来决定了 SPI 总线的数据时序，如图 21.3 和图 21.4 所示。

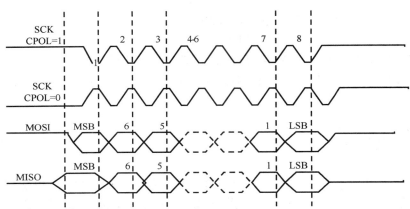

图 21.3　CPHA＝0 时的 SPI 总线数据传输时序

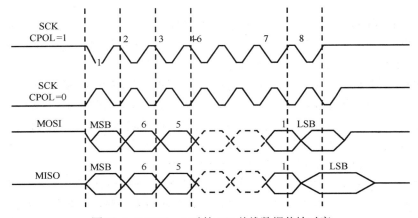

图 21.4　CPHA＝1 时的 SPI 总线数据传输时序

　　从图 21.3 和图 21.4 可知：

　　（1）如果 CPOL=0，串行同步时钟的空闲状态为低电平；

（2）如果 CPOL=1，串行同步时钟的空闲状态为高电平；

（3）如果 CPHA=0，在串行同步时钟的第一个跳变沿（上升或下降）数据有效；

（4）如果 CPHA=1，在串行同步时钟的第二个跳变沿（上升或下降）数据有效。

21.2.4　SD 卡读写基础

1. SD 卡的操作命令

在 SPI 总线接口方式下，SD 卡提供了相应的命令来完成相应的操作，SPI 总线接口读写 SD 卡的操作命令格式，如图 21.5 所示。

图 21.5　SPI 总线接口读写 SD 卡的操作命令格式

对于每一个命令，SD 卡都会发出相应的应答，在 SPI 总线接口中定义了三种应答模式，参见表 21.2 至表 21.4。

表 21.2　SPI 总线接口 SD 卡应答模式 1

字　节	位	说　明
1	7	开始位，始终为 0
	6	参数错误
	5	地址错误
	4	擦除系列错误
	3	CRC 错误
	2	非法命令
	1	擦除复位
	0	闲置状态

表 21.3　SPI 总线接口 SD 卡应答模式 2

字　节	位	说　明
1	7	开始位，始终为 0
	6	参数错误
	5	地址错误
	4	擦除系列错误
	3	CRC 错误
	2	非法命令

续表

字　节	位	说　明
1	1	擦除复位
	0	闲置状态
2	7	溢出，CSD 覆盖
	6	擦除参数
	5	写保护非法
	4	卡 ECC 失败
	3	卡控制器错误
	2	未知错误
	1	写保护擦除跳过，锁/解锁失败
	0	锁卡

表 21.4　SPI 总线接口 SD 卡应答模式 3

字　节	位	含　义
1	7	开始位，始终为 0
	6	参数错误
	5	地址错误
	4	擦除系列错误
	3	CRC 错误
	2	非法命令
	1	擦除复位
	0	闲置状态
2～5	全部	操作条件寄存器，高位在前

2．SD 卡的初始化

在对 SD 卡进行读写之前必须首先进行初始化，在初始化过程中，SPI 总线的时钟速率不能太快，否则会造成初始化失败；而在初始化成功后，则应该尽量提高 SPI 总线的时钟速率。在刚开始时要先发送至少 74 个时钟信号，随后写入两个命令 CMD0 与 CMD1，使 SD 卡进入 SPI 模式。

3．SD 卡的 CID 寄存器

SD 卡中存在一个 CID 寄存器，用于存储 SD 卡的标识码。每一张 SD 卡都有唯一的标识码，该寄存器长度为 128 位。CID 寄存器说明参见表 21.5。

表 21.5　CID 寄存器说明

名　称	域	数据宽度（位）	CID 划分
生产标识号	MID	8	127～120
OEM/应用标识	OID	16	119～104
产品名称	PNM	40	103～64

续表

名　　称	域	数据宽度（位）	CID 划分
产品版本	PRV	8	63～56
产品序列号	PSN	32	55～24
保留	—	4	23～20
生产日期	MDT	12	19～8
CRC7 校验和	CRC	7	7～1
保留，始终为 1	—	1	0

4．SD 卡的 CSD 寄存器

SD 卡的 CSD（Card-Specific Data）寄存器中提供了读写 SD 卡的一些信息，其中部分字节可以由用户自定义。CSD 寄存器说明参见表 21.6。

表 21.6　CSD 寄存器说明

名　　称	域	数据宽度（位）	单 元 类 型	CSD 划分
CSD 结构	CSD_STRUCTURE	2	R	127～126
保留	—	6	R	125～120
数据读取时间 1	TAAC	8	R	119～112
数据在 CLK 周期内读取时间 2	NSAC	8	R	111～104
最大数据传输率	TRAN_SPEED	8	R	103～96
卡命令集合	CCC	12	R	95～84
最大读取数据块长	READ_BL_LEN	4	R	83～80
允许读的部分块	READ_BL_PARTIAL	1	R	79
非线写块	WRITE_BLK_MISALIGN	1	R	78
非线读块	READ_BLK_MISALIGN	1	R	77
DSR 条件	DSR_IMP	1	R	76
保留	—	2	R	75～74
设备容量	C_SIZE	12	R	73～53
最大读取电流	VDD_R_CURR_MIN	3	R	61～59
最大写电流	VDD_W_CURR_MAX	3	R	52～50
设备容量乘子	C_SIZE_MULT	3	R	49～47
擦除单块使能	RASE_BLK_EN	1	R	46
擦除扇区大小	SECTOR_SIZE	7	R	45～39
写保护群大小	WP_GRP_SIZE	7	R	38～32
写保护群使能	WP_GRP_ENABLE	1	R	31
保留	—	5	R	20～16
文件系统群	FILE_OFRMAT_GRP	1	R/W	15
拷贝标志	COPY	1	R/W	14

续表

名　称	域	数据宽度（位）	单元类型	CSD 划分
永久写标志	PERM_WRITE_PROTECT	1	R/W	13
暂时写保护	TMP_WRITE_PROTECT	1	R/W	12
文件系统	FIL_FORMAT	2	R/W	11～10
保留	—	2	R/W	9～8
CRC	CRC	7	R/W	7～1
保留，始终为 1	—	1	—	0

注意：CID 寄存器和 CSD 寄存器其实就是关于 SD 卡信息状态的一个集合，对这两个寄存器进行读取，可以知道很多关于 SD 卡的信息。

5. SD 卡的扇区读、写

扇区读是对 SD 卡驱动的目的之一。SD 卡的每一个扇区中有 512B，一次扇区读操作将把某一个扇区内的 512B 全部读出。过程很简单，先写入命令，在得到相应的回应后，开始读取数据，其时序如图 21.6 所示。

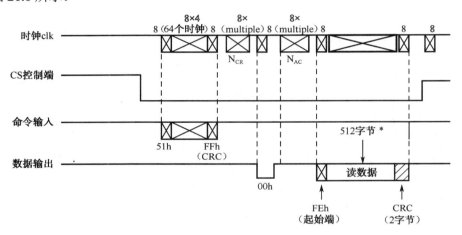

图 21.6　SD 卡的扇区读时序

扇区写是 SD 卡驱动的另一目的。每次扇区写操作将向 SD 卡的某个扇区中写入 512B。扇区写与扇区读相似，只是数据的方向相反，如图 21.7 所示。

6. SD 卡的命令

SD 卡的命令可以分为 12 类，为 class 0～class 11，不同的类型的 SD 卡支持不同的命令集。

（1）Class 0 是基础命令集，包括了卡的识别、初始化等基本命令，其详细说明如下。

① CMD0：复位 SD 卡。

② CMD1：读 OCR 寄存器。

③ CMD9：读 CSD 寄存器。

④ CMD10：读 CID 寄存器。

⑤ CMD12：停止读多块时的数据传输。

⑥ CMD13：读 Card_Status 寄存器。

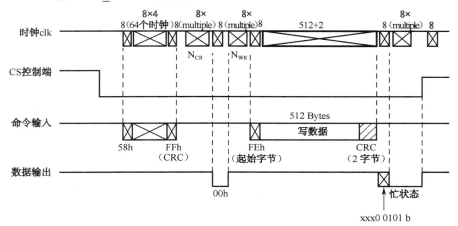

图 21.7　SD 卡的扇区写时序

（2）Class 2 是读卡命令集，主要包括对 SD 卡读的命令，其详细说明如下。

① CMD16：设置块的长度。

② CMD17：读单块。

③ CMD18：读多块，直至主机发送 CMD12 为止。

（3）Class 4 是写卡命令集，主要包括对 SD 卡读的命令，其详细说明如下。

① CMD24：写单块。

② CMD25：写多块。

③ CMD27：写 CSD 寄存器。

（4）Class 5 是擦除卡命令集，主要包括对 SD 卡擦除的命令，其详细说明如下。

① CMD32：设置擦除块的起始地址。

② CMD33：设置擦除块的终止地址。

③ CMD38：擦除所选择的块。

（5）Class 6 是写保护命令集，主要包括对 SD 卡写保护的命令，其详细说明如下。

① CMD28：设置写保护块的地址。

② CMD29：擦除写保护块的地址。

Class 7 是卡的锁定、解锁功能命令集，Class 8 是申请特定命令集，Class 10～Class 11 是系统保留命令集。

注意： 其中 Class 1、Class 3 和 Class 9 在 SPI 总线接口模式下不支持。

21.3　SD 卡读卡器的硬件设计

21.3.1　SD 卡读卡器的硬件模块

SD 卡读卡器的 51 单片机使用 SPI 总线接口与 SD 卡进行数据通信，其硬件模块如图 21.8

所示，各个部分详细说明如下。

（1）51 单片机：SD 卡读卡器的核心控制器，使用普通 I/O 引脚模拟 SPI 总线时序与 SD 卡进行数据交互。

（2）SD 卡座：由于 SD 卡的引脚并不能和 51 单片机的引脚直接固定，所以需要一个转接器，即 SD 卡座。

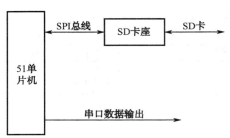

图 21.8　SD 卡读卡器的硬件模块

21.3.2　SD 卡读卡器的电路

SD 卡读卡器的电路如图 21.9 所示，51 单片机使用 P1.4～P1.7 引脚模拟 SPI 总线时序与 SD 卡进行通信（MMC 卡和 SD 卡完全兼容）。

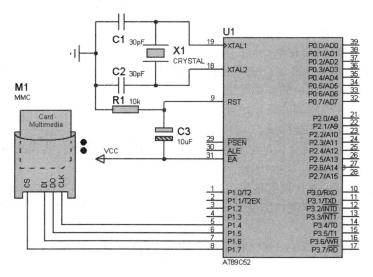

图 21.9　SD 卡读卡器的电路

SD 卡读卡器涉及的典型器件说明参见表 21.7。

表 21.7　SD 卡读卡器涉及的典型器件说明

器 件 名 称	器 件 编 号	说　　明
晶体振荡器	X1	51 单片机的振荡源
51 单片机	U11	51 单片机，系统的核心控制器件

器件名称	器件编号	说　明
电容	C1、C2、C3、C22、C12	滤波,储能器件
电阻	R1、R2 等	上拉
SD 卡座	M1	SD 卡卡座

21.3.3　硬件模块基础——SD 卡

SD 卡具有 9 根有效引脚,而 SPI 总线通信方式使用了其中的 4 根,其详细说明参见表 21.8。

表 21.8　SD 卡的引脚说明

SD 卡引脚	SD 模式	SPI 模式
1	DAT3	CS
2	CMD	DI
3	VSS	VSS
4	VDD	VDD
5	CLK	SCLK
6	VSS	VSS
7	DAT0	DO
8	DAT1	Resvered
9	DAT2	Resvered

（1）CS：控制引脚。

（2）DI：数据输入引脚,对应 SPI 接口的 MISO 引脚。

（3）DO：数据输出引脚,对应 SPI 接口的 MOSI 接口。

（4）SCLK：时钟引脚,对应 SPI 接口的 SCK 引脚。

21.4　SD 卡读卡器的软件设计

21.4.1　SD 卡读卡器软件的工作流程

SD 卡读卡器软件设计的重点是使用 51 单片机模拟 SPI 总线时序完成对 SD 卡的操作,其工作流程如图 21.10 所示。

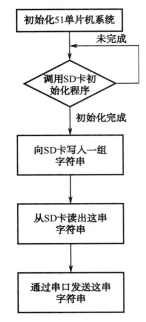

图 21.10　SD 卡读卡器软件的工作流程

21.4.2　SD 卡基础驱动模块设计

SD 卡基础驱动模块包括 51 单片机用于模拟基础 SPI 总线时序进行操作的相应函数，详细说明如下，其应用代码如例 21.1 所示。

（1）void SdWrite(unsigned char n)：写 1B 数据到 SD 卡。

（2）unsigned char SdRead()：从 SD 卡读取 1B 数据。

（3）unsigned char SdResponse()：检查 SD 卡的响应。

（4）void SdCommand(unsigned char command, unsigned long argument, unsigned char CRC)：向 SD 卡发送 1B 命令。

SD 卡基础驱动模块的应用代码使用 51 单片机的普通引脚来模拟 SPI 总线的时序对 SD 卡进行操作。

【例 21.1】　SD 卡基础驱动模块的应用代码。

```
//写 1B 数据到 SD 卡，模拟 SPI 总线方式
void SdWrite(unsigned char n)
{

    unsigned char i;

    for(i=8;i;i--)
    {
        SD_CLK=0;
        SD_DI=(n&0x80);
        n<<=1;
```

```
            SD_CLK=1;
            }
        SD_DI=1;
    }
//从 SD 卡读取 1B 数据，模拟 SPI 总线方式
unsigned char SdRead()
{
    unsigned char n,i;
    for(i=8;i;i--)
    {
        SD_CLK=0;
        SD_CLK=1;
        n<<=1;
        if(SD_DO) n|=1;

    }
    return n;
}
//检测 SD 卡的响应
unsigned char SdResponse()
{
    unsigned char i=0,response;

    while(i<=8)
    {
        response = SdRead();
        if(response= =0x00)
        break;
        if(response= =0x01)
        break;
        i++;
    }
    return response;
}
//发送命令到 SD 卡
void SdCommand(unsigned char command, unsigned long argument, unsigned char CRC)
{

    SdWrite(command|0x40);
    SdWrite(((unsigned char *)&argument)[0]);
    SdWrite(((unsigned char *)&argument)[1]);
    SdWrite(((unsigned char *)&argument)[2]);
    SdWrite(((unsigned char *)&argument)[3]);
    SdWrite(CRC);
}
```

21.4.3 SD 卡读写函数模块设计

SD 卡读写函数模块包括 51 单片机对 SD 卡进行读写操作所需要的函数，详细说明如下，其应用代码如例 21.2 所示。

（1）unsigned char SdReadBlock(unsigned char *Block, unsigned long address,int len)：从 SD 卡指定位置读出最多 512B 的数据；

（2）unsigned char SdWriteBlock(unsigned char *Block, unsigned long address,int len)：向 SD 卡指定位置写入最多 512B 的数据；

（3）unsigned char SdInit(void)：初始化 SD 卡。

SD 卡读写驱动模块的应用代码调用了例 21.1 中的基础操作函数。

【例 21.2】 SD 卡读写驱动模块的应用代码。

```
//初始化 SD 卡
unsigned char SdInit(void)
{
    int delay=0, trials=0;
    unsigned char i;
    unsigned char response=0x01;
    SD_CS=1;
    for(i=0;i<=9;i++)
    SdWrite(0xff);
    SD_CS=0;
    //发送命令 0 使得 MMC 进入 SPI 模式
    SdCommand(0x00,0,0x95);
    response=SdResponse();
    if(response!=0x01)
    {
        return 0;
    }
    while(response= =0x01)
    {
        SD_CS=1;
        SdWrite(0xff);
        SD_CS=0;
        SdCommand(0x01,0x00ffc000,0xff);
        response=SdResponse();
    }
    SD_CS=1;
    SdWrite(0xff);
    return 1;
}
//往 SD 卡指定地址写数据，一次最多写 512B
unsigned char SdWriteBlock(unsigned char *Block, unsigned long address,int len)
{
```

```
    unsigned int count;
    unsigned char dataResp;
    //块空间为 512B，首先拉低 SS 引脚

    SD_CS=0;
    //发送写命令
    SdCommand(0x18,address,0xff);

    if(SdResponse()==00)
    {
        SdWrite(0xff);
        SdWrite(0xff);
        SdWrite(0xff);
        //发送命令成功，然后发送数据令牌 OxFE
        SdWrite(0xfe);
        //现在发送数据
        for(count=0;count<len;count++) SdWrite(*Block++);

        for(;count<512;count++) SdWrite(0);
        //发送数据块；然后发送校验和
        SdWrite(0xff);                    //2B CRC 校验，为 0XFFFF  表示不考虑 CRC
        SdWrite(0xff);
        //数据返回令牌
        dataResp=SdRead();
        //紧跟数据令牌的是 BUSY 忙字节；如果为 0/00 则表明处于忙状态
        while(SdRead()==0);
        dataResp=dataResp&0x0f;        //标志高位以表示为数据反馈令牌
        SD_CS=1;
        SdWrite(0xff);
        if(dataResp==0x0b)
        {
        return 0;
        }
        if(dataResp==0x05)
        return 1;

        return 0;
    }
    return 0;
}
//从 SD 卡指定地址读取数据，一次最多读取 512B
unsigned char SdReadBlock(unsigned char *Block, unsigned long address,int len)
{
    unsigned int count;
    //块空间为 512B，首先拉低 SS 引脚
    SD_CS=0;
```

```
//发送写命令
SdCommand(0x11,address,0xff);
if(SdResponse()= =00)
{
    //发送命令成功,现在开始发送数据,数据以数据令牌 0xFE 作为起始
    while(SdRead()!=0xfe);
    for(count=0;count<len;count++) *Block++=SdRead();
    for(;count<512;count++) SdRead();
    //现在开始发送数据块的校验和
    SdRead();
    SdRead();
    //等待读入数据回送令牌
    SD_CS=1;
    SdRead();
    return 1;
}
return 0;
}
```

21.4.4　SD 卡读卡器的软件综合

SD 卡读卡器的软件综合如例 21.3 所示,其中涉及的基础操作代码可以参考例 21.1 和例 21.2。

SD 卡读卡器的软件综合应用代码定义了一个函数 void Sen_String(unsigned char *string),用于通过串口输出一个字符串。

【例 21.3】 SD 卡读卡器的软件综合。

```
#include <AT89X52.H>
#define F_OSC                              //晶振频率 11059200Hz
#define F_BAUD 9600
#define RELOAD 256-F_OSC/12/32/F_BAUD
#define CR 0x0D                            //回车
//定义 SD 卡需要的 4 根信号线
sbit SD_CLK = P1^4;
sbit SD_DI  = P1^6;
sbit SD_DO  = P1^5;
sbit SD_CS  = P1^7;
unsigned char xdata DATA[512];
//定义 512B 缓冲区,注意需要使用 xdata 关键字
void UART()
{
    SCON=0x40;                             //工作方式 1,不允许接收
    TMOD=0x20;                             //定时器 1 工作与方式 2 自动重装模式
    TH1=RELOAD;
    TR1=1;
    TI=0;
```

```
    }
    //通过串口发送一个字符串
    void Sen_String(unsigned char *string)
    {
        while(*string!='\0')
        {
            if(*string= ='\n')
            {
                SBUF=CR;
            }
            else
            {
                SBUF=*string;
            }
            while(TI= =0);
            TI=0;
            string++;
        }
    }
    void main()
    {
        UART();
        while(!SdInit());                                //等待 SD 卡初始化完成
        SdWriteBlock("THIS IS A TEST!",0x000000,15);     //写入字符串，然后读出进行检验
        SdReadBlock(DATA,0x000000,15);
        Sen_String(DATA);                                //发出数据
        while(1)
        {
        }
    }
```

21.5　SD 卡读卡器应用系统仿真与总结

在 Proteus 中绘制如图 21.9 所示的电路，其中涉及的 Proteus 电路器件参见表 21.9。

表 21.9　Proteus 电路器件列表

器 件 名 称	库	子 库	说 明
AT89C52	Microprocessor ICs	8051 Family	51 单片机
RES	Resistors	Generic	通用电阻
CAP	Capacitors	Generic	电容
CAP-ELEC	Capacitors	Generic	极性电容
CRYSTAL	Miscellaneous	—	晶体
MMC	Memory ICs	Memory Cards	I^2C 接口 E^2PROM

双击 SD 卡座 M1，可以弹出如图 21.11 所示的属性设置对话框，其中涉及的主要参数说明如下。

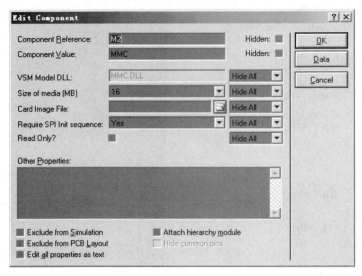

图 21.11　SD 卡座的属性设置对话框

（1）Size of media（MB）：MMC 卡容量大小，单位为 MB。

（2）Card Image File：卡上的内存数据映射文件。

（3）Require SPI Init sequence：是否要求 SPI 初始化。

注意： 通常可以使用 WINImage 等软件来编辑 Card Image 文件，读者可以自行参考相关资料。

单击运行，在 51 单片机的串口上外加一个虚拟终端，可以看到相应的字符串输出，如图 21.12 所示。

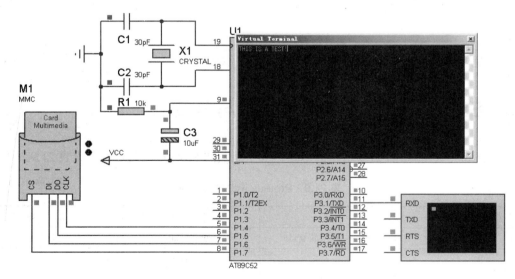

图 21.12　SD 卡读卡器的 Proteus 仿真

总结： 由于 SD 卡采用的是 3.3V 电源供电，所以在实际使用中 51 单片机的 I/O 引脚上的电平必须与其兼容，此时可以采用 3.3V 的单片机，也可以使用电阻分压或其他电平转换芯片进行处理。

第22章 简易数字示波器

示波器（Oscilloscope）是用于显示被测量的瞬时值轨迹变化情况的仪器，是一种用途十分广泛的电子测量仪器。它能把肉眼看不见的电信号转换成看得见的图像，便于人们研究各种电现象的变化过程。

本章应用实例涉及的知识如下：

➢ 使用运算放大器搭建加法运算电路；

➢ A/D 芯片 ADC0809 的应用原理；

➢ 液晶模块 12864 的应用原理。

22.1 简易数字示波器的背景介绍

数字示波器是示波器的一种，它是集数据采集、A/D 转换、软件编程等一系列技术制造出来的高性能示波器。数字示波器一般支持多级菜单，能提供给用户多种选择及多种分析功能。还有一些示波器可以提供存储功能，实现对波形的保存和处理。

本章实例展示的简易数字示波器可以测量 1kHz 频率范围内、电压值为−5～5V 之间的模拟信号，将对应的波形在液晶模块上进行显示，并支持对 X 轴和 Y 轴显示刻度的调节。

22.2 简易数字示波器的设计思路

22.2.1 简易数字示波器的工作流程

简易数字示波器的工作流程如图 22.1 所示。

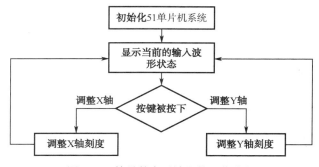

图 22.1 简易数字示波器的工作流程

22.2.2 简易数字示波器的需求分析

设计简易数字示波器，需要考虑以下几方面的内容：
（1）51 单片机如何获得当前输入波形的状态；
（2）51 单片机使用何种显示器件来显示当前的波形；
（3）用户如何调节示波器的 X 轴和 Y 轴刻度；
（4）需要设计合适的单片机软件。

22.2.3 简易数字示波器的工作原理

简易数字示波器通过 A/D 转换芯片对当前波形进行采样，得到该波形的数字值，然后将该数字值转换为对应 X 轴、Y 轴上的坐标点，最后通过点亮或熄灭对应液晶模块和坐标点所对应的点阵来完成对应波形的显示。

22.3 简易数字示波器的硬件设计

22.3.1 硬件模块

简易数字示波器的硬件模块划分如图 22.2 所示，其各个部分详细说明如下。

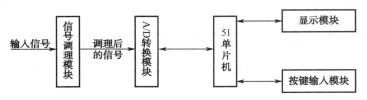

图 22.2 简易数字示波器的硬件模块

（1）51 单片机：简易数字示波器的核心控制器。
（2）显示模块：显示当前输入信号的波形。
（3）按键输入模块：给用户提供相应的输入通道，用于调节波形 X 轴、Y 轴刻度。
（4）信号调理模块：对输入信号进行调理，使该信号适合 A/D 芯片采集。
（5）A/D 转换模块：获得模拟波形的对应数字值，以便于送显示模块显示。

22.3.2 简易数字示波器的电路

简易数字示波器的电路如图 22.3 所示，51 单片机使用 P1 和 P2.0～P2.4 引脚驱动一块 12864 液晶作为简易数字示波器的显示模块；使用 P0 引脚和 P3 的部分引脚扩展一片 ADC0809 作为

A/D 转换芯片，将当前输入波形转换为对应的数字值；使用 P3 的部分引脚扩展 4 个按键用于对示波器显示波形的 X 轴和 Y 轴刻度进行调节。

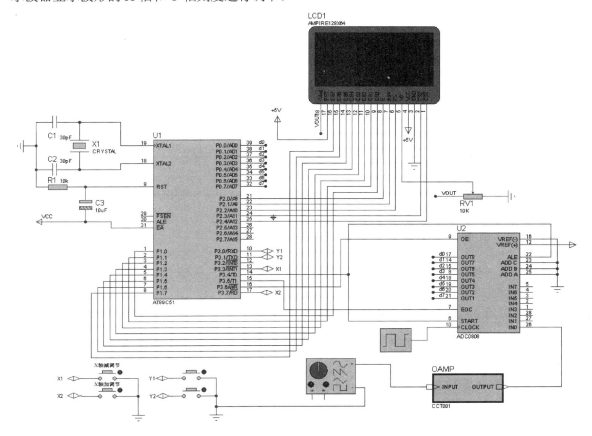

图 22.3 简易数字示波器的电路

图 22.3 中的 OAMP 是信号调理模块，用于将输入波形进行一次调理，使其能更好地进行 A/D 转换。

简易数字示波器的信号调理模块电路如图 22.4 所示，其基本结构是由放大器构成的一个反相加法器和一个跟随器。

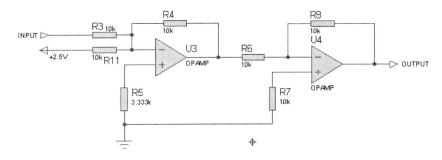

图 22.4 简易数字示波器的信号调理模块电路

简易数字示波器涉及的典型器件说明参见表 22.1。

表 22.1　简易数字示波器涉及的典型器件说明

器 件 名 称	器 件 编 号	说　明
晶体振荡器	X1	51 单片机的振荡源
51 单片机	U1	51 单片机，系统的核心控制器件
电容	C1、C2、C3、	滤波
电阻	R1 等	上拉、限流、辅助放大
AMPIRE 128×64 液晶模块	LCD1	显示器件
ADC0808	U2	A/D 转换芯片
独立按键		用于调节波形的显示刻度
运算放大器	U3、U4	构成相应的调理运算电路

22.3.3　硬件模块基础——信号的加法运算

15.2.3 节介绍了在 51 单片机应用系统中如何使用运算放大器实现对信号的同相和反相放大，本小节将介绍如何实现同相和反相加法运算。

使用运算放大器来实现对输入信号的同相加法运算电路如图 22.5 所示，运算放大器的输入和输出电压关系如下：

$$\frac{V_1 - V_{\text{input+}}}{R_4} + \frac{V_2 - V_{\text{input+}}}{R_5} + \frac{V_3 - V_{\text{input+}}}{R_6} = \frac{V_{\text{input+}}}{R_7}$$

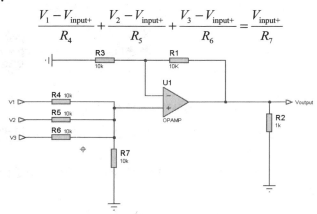

图 22.5　输入信号的同相加法运算电路

由于 $R_1 = R_3 = R_4 = R_5 = R_6 = R_7$，所以可以推导出：

$$V_{\text{output}} = \frac{1}{2}(V_1 + V_2 + V_3)$$

从上式可以看到，通过修改对应的电阻值，可以得到不同的放大倍率，图 22.6 是一个同相加法运算电路的输入和输出信号波形的对比。

使用运算放大器来实现对输入信号的反相加法运算的电路如图 22.7 所示，运算放大器的输入和输出电压关系如下：

$$\frac{V_1 - V_{\text{input-}}}{R_4} + \frac{V_2 - V_{\text{input-}}}{R_3} = \frac{V_{\text{input-}} - V_{\text{output}}}{R_1}$$

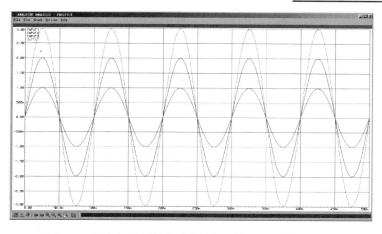

图 22.6　同相加法运算电路的输入和输出信号波形的对比

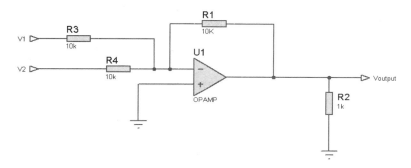

图 22.7　输入信号的反相加法运算电路

当 $R_1=R_3=R_4$ 时，可以推导出：

$$V_{output} = -(V_{input1} + V_{input2})$$

从上式可以看到，通过修改对应电阻值，则可以得到不同的放大倍率，图 22.8 是反相加法运算电路的输入和输出信号波形的对比。

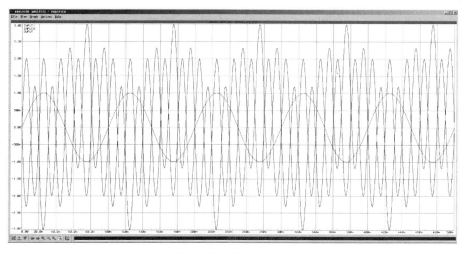

图 22.8　反相加法运算电路的输入和输出信号波形的对比

22.4　简易数字示波器的软件设计

22.4.1　简易数字示波器的软件模块划分和工作流程

简易数字示波器的软件模块可以划分为 A/D 转换模块、液晶显示模块基础驱动模块、波形显示模块三个部分，其工作流程如图 22.9 所示。

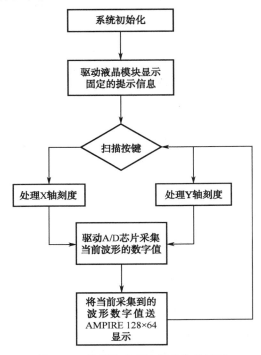

图 22.9　简易数字示波器的软件流程

22.4.2　A/D 转换模块函数设计

A/D 转换模块函数包含用于 A/D 转换的相应函数，其应用代码如例 22.1 所示。

A/D 转换模块函数的应用代码直接对 51 单片机的引脚进行操作来模拟相应的 ADC0808 控制时序以完成对相应 A/D 数据的采集。

【例 22.1】 A/D 转换模块函数的应用代码。

```
//AD 转换函数
void ADCChage()
{
    START=1;
    START=0;
```

```
    while(EOC= =0)              //等待转换完成
    {
      OE=1;
    }
    ADdata = P0;               //读取 AD 数据
    OE=0;
}
```

22.4.3　AMPIRE 128×64 液晶模块函数设计

AMPIRE 128×64 液晶模块函数包含对 AMPIRE 128×64 液晶进行相应操作的函数，其应用代码如例 22.2 所示。

（1）void CheckState()：检查液晶模块的当前状态。

（2）void WriteCommand(unsigned char cmd) ：向 AMPIRE 128×64 写入 1B 的命令。

（3）void WriteData(unsigned char dat)：向 AMPIRE 128×64 写入 1B 的数据。

（4）void LCMCSControl(unsigned int csl)：AMPIRE 128×64 液晶的选择控制引脚。

（5）void LCMView()：AMPIRE 128×64 显示函数。

（6）void CleanScreen()：AMPIRE 128×64 的清屏函数。

（7）void InitLCM(void)：AMPIRE 128×64 的初始化函数。

（8）void Delay50us(unsigned int t)：50μs 延时函数。

（9）void RefreshLCM()：AMPIRE 128×64 刷新函数。

AMPIRE 128×64 液晶模块函数的应用代码使用 51 单片机的普通引脚来模拟了 AMPIRE 128×64 液晶的时序以完成对应的操作。

【例 22.2】 AMPIRE 128×64 液晶模块函数的应用代码。

```
//检查 AMPIRE 128×64 液晶状态
void CheckState()
{
  DI=0;
RW=1;
do
{
  E=1;
  E=0;
  //仅当第 7 位为 0 时才可操作（判别 busy 信号）
}while(BUSY= =1);
}
//向 AMPIRE 128×64 写入 1B 的命令
void WriteCommand(unsigned char cmd)
{
CheckState();              //检查当前的 AMPIRE 128×64 状态
DI = 0;
RW = 0;
P1 = cmd;                  //送出相应的命令
E = 1;
```

```c
     E = 0;
}
//向 AMPIRE 128×64 写入 1B 的数据
  void WriteData(unsigned char dat)
{
     CheckState();                        //检查当前的 AMPIRE128×64 状态
     DI = 1;
     RW = 0;
     P1 = dat;                            //送出相应的数据
     E = 1;
     E = 0;
}
// AMPIRE 128×64 液晶的选择控制引脚
void LCMCSControl(unsigned int csl)
{
  if(csl= =1)                            //根据参数不同判断当前的 AMPIRE 128×64 控制引脚状态
  {
     CS1=0,
     CS2=1;
  }
  if(csl= =2)
  {
     CS1=1,
     CS2=0;
  }
  if(csl= =3)
  {
     CS1=0,
     CS2=0;
  }
}
// AMPIRE 128×64 显示函数
void LCMView()
{
     LCMCSControl(Ldata);                 //先发送控制命令
     WriteCommand(ye);
     WriteCommand(lei);
     WriteData(shu);                      //然后发送数据
}
// AMPIRE 128×64 的清屏函数
void CleanScreen()
{
unsigned char page,i;
LCMCSControl(3);
for(page=0xb8;page<=0xbf;page++)
{
     WriteCommand(page);
```

```c
            WriteCommand(0x40);
            for(i=0;i<64;i++)
            {
                WriteData(0x00);
            }
        }
    LCMCSControl(1);
            lei=0x40;
    for(ye=0xb8;ye<0xbf;ye++)
    {
      shu=0xff;
      LCMView();
    }
    ye=0xb8;
    for(lei=0x40;lei<=0x7f;lei++)
    {
        shu=0x80;
        LCMView();
    }
    ye=0xbf;
    for(lei=0x40;lei<=0x7f;lei++)
    {
        shu=0x01;
        LCMView();
    }
        LCMCSControl(2);
        ye=0xb8;
    for(lei=0x40;lei<=0x5b;lei++)
        {
        shu=0x80;
        LCMView();
    }
    ye=0xbf;
    for(lei=0x40;lei<=0x5b;lei++)
    {
        shu=0x01;
        LCMView();
    }
    lei=0x5b;
    for(ye=0xb9;ye<=0xbe;ye++)
    {
      shu=0xff;
      LCMView();
    }
    }
// AMPIRE 128×64 的初始化函数
void InitLCM(void)
```

```
    {
        WriteCommand(0xc0);
        WriteCommand(0x3f);
    }
//50μs 的延时函数
void Delay50us(unsigned int t)
{
    unsigned char j;
    for(;t>0;t--)
        for(j=19;j>0;j--);
}
//刷新 AMPIRE 128×64 液晶
void RefreshLCM()
{
    unsigned char i;
    for(i=0xb9;i<=0xbe;i++)
    {
        ye=i;
        shu=0x00;
        LCMView();
    }
}
```

22.4.4 简易数字示波器的软件综合

简易数字示波器的软件综合如例 22.3 所示，其中涉及的相关代码可以参考前面的内容。

简易数字示波器的应用代码在对系统进行初始化（主要是液晶模块）之后，即对当前的按键状态进行判断，用于确定 AMPIRE 128×64 的显示刻度，然后持续地采集当前波形对应的数字值，最后驱动液晶模块进行显示。

【例 22.3】 简易数字示波器的软件综合。

```
#include <AT89X52.h>
#include <intrins.h>
// AMPIRE 128×64 控制引脚定义
sbit DI = P2 ^ 2;              //数据/指令选择引脚
sbit RW = P2 ^ 1;             //读/写选择引脚
sbit E= P2 ^ 0;                //读/写使能引脚
sbit CS1 = P2 ^ 4;            //片选 1 引脚
sbit CS2 = P2 ^ 3;            //片选 2 引脚
sbit BUSY= P1 ^ 7;           //忙标志位
//按键控制定义
sbit Y1 = P3 ^ 0;
sbit Y2 = P3 ^ 1;
sbit X1 = P3 ^ 3;
sbit X2 = P3 ^ 7;
//ADC0808 控制引脚
```

```
sbit START=P3^4;
sbit OE=P3^6;
sbit EOC=P3^5;

unsigned int ADdata;                        //AD 采集值
unsigned int Ldata;
unsigned char ye,lei,shu;
unsigned char ADViewdata[91];               //AD 显示数据存储区

char code FrameData[]={                      //提示字符存储区
0x00,0x00,0x3F,0xF8,0x00,0x00,0x00,0x00,0x00,0x00,0x00,0x00,0xFF,0xFE,0x01,0x00,
0x01,0x00,0x11,0x10,0x11,0x08,0x21,0x04,0x41,0x02,0x81,0x02,0x05,0x00,0x02,0x00,
0x00,0x20,0x20,0x20,0x10,0x20,0x13,0xFE,0x82,0x22,0x42,0x24,0x4A,0x20,0x0B,0xFC,
0x12,0x84,0x12,0x88,0xE2,0x48,0x22,0x50,0x22,0x20,0x24,0x50,0x24,0x88,0x09,0x06,
0x00,0x00,0x3E,0x7C,0x22,0x44,0x22,0x44,0x3E,0x7C,0x01,0x20,0x01,0x10,0xFF,0xFE,
0x02,0x80,0x0C,0x60,0x30,0x18,0xC0,0x06,0x3E,0x7C,0x22,0x44,0x22,0x44,0x3E,0x7C,
0x00,0x00,0x00,0x00,0x00,0x00,0x00,0x00,0x00,0x00,0x00,0x00,0x00,0x00,0x00,0x00,
0x00,0x00,0x00,0x00,0x00,0x00,0x00,0x00,0x00,0x00,0x00,0x00,0x00,0x00,0x00,0x00,
};                                           //示波器
//主函数
void main()
{
    unsigned int r,j,q,k;
    unsigned int Xaxis =0;
    unsigned int Yaxis = 1;
    unsigned char l;
    unsigned char d1,d2,d3,d4,d5;
    CleanScreen();
    InitLCM();
  LCMCSControl(2);
  l=0xb8;
  for(k=0;k<4;k++,l=l+0x02)                   //首先显示右侧的提示
  {
    ye=l;
    lei=0x70;
    for(r=0;r<16;r++)
      {
         shu=FrameData[2*r+1+32*k];
      LCMView();
       lei++;
    }
    ye=l+0x01;
    lei=0x70;
    for(r=0;r<16;r++)
      {
         shu=FrameData[2*r+32*k];
      LCMView();
```

```c
            lei++;
          }
      }
    while(1)
    {
      while(X2==0)                              //调节 X 轴
      {
        while(X2==0);
        Xaxis = Xaxis + 1;
      }
      while(X1==0)
      {
        while(X1==0);
        if(Xaxis!=0)
        {
          Xaxis = Xaxis - 1;
        }
      }
      while(Y1==0)                              //调节 Y 轴
      {
        while(Y1==0);
        Yaxis = Yaxis + 1;
      }
      while(Y2==0)
      {
        while(Y2==0);
        if(Yaxis!=1)
        {
          Yaxis=Yaxis-1;
        }
      }
      for(j=0;j<90;j++)                         //A/D 采样最大值
      {
        ADCChage();
        ADViewdata[j]=ADdata;
        if(ADViewdata[j]>ADViewdata[91])
        {
          ADViewdata[91]=ADViewdata[j];
        }
        Delay50us(Xaxis);
      }
      while(ADdata!=ADViewdata[91])            //如果采集值不相等,则继续
      {
        ADCChage();
      }
      for(j=0;j<90;j++)                         //连续采样 90 次
      {
```

```
                    ADCChage();
                    ADViewdata[j]=ADdata;
                    Delay50us(Xaxis);
            }
        lei=0x41;
        for(r=0,j=0;r<90;r++,j++)
    {
        if(j<63)
            {
                Ldata=1;
            }
        if(j==63)
            {
                lei=0x40;
            }
        if(j>=63)
            {
                Ldata=2;
            }
    RefreshLCM();                           //刷新当前显示
    if(ADViewdata[j]>=127])                 //正电压
        {
            ADdata=(ADViewdata[j]-127)*0.196/Yaxis;     //计算电压值
            if(ADdata<=7)
                {
                    ye=0xbb;
                    shu=(0x80>>ADdata);
                }
            else if(ADdata<=15)
                {
                    ye=0xba;
                    shu=(0x80>>(ADdata-8));
                }
                else if(ADdata<=23)
                    {
                        ye=0xb9;
                        shu=(0x80>>(ADdata-16));
                    }
                else if(ADdata<=31)
                    {
                        ye=0xb9;
                        shu=(0x80>>(ADdata-24));
                    }
                }
    if(ADViewdata[j]<127)                    //负电压
        {
            ADdata=(127-ADViewdata[j])*0.196/Yaxis;     //计算电压值
```

```
            if(ADdata<=7)
            {
                ye=0xbc;
                shu=(0x01<<(ADdata));
            }
            else if(ADdata<=15)
            {
                ye=0xbd;
                shu=(0x01<<(ADdata-8));
            }
            else if(ADdata<=23)
            {
                ye=0xbe;
                shu=(0x01<<(ADdata-16));
            }
        else if(ADdata<=31)
            {
                ye=0xbe;
                shu=(0x01<<(ADdata-24));
            }
    }
    if(r= =0)                      //判断正负
    {
    d1=shu;
    d2=ye;
    }
    if(r!=0)
    {
    d3=shu;
    d4=ye;
    if(ye= =d2)                    //如果相等，则判断是否显示完成
    {
      if(shu>d1)
      {
        d5=shu;
        d5=d5>>1;
        while(d5!=d1)
        {
            d5=d5>>1;
          shu=shu|(shu>>1);
          }
      }
      if(shu<d1)
      {
        d5=shu;
        d5=d5<<1;
        while(d5!=d1)
```

```
          {
              d5=d5<<1;
              shu=shu|(shu<<1);
          }
      }
  }
  if(ye<d2)
{
  for(q=0;q<7;q++)
    {
        shu=shu|(shu<<1);
      }
  LCMView();
  ye++;
  while(ye<d2)
  {
    shu=0xff;
    LCMView();
    ye++;
  }
  if(ye= =d2)
  {
      shu=0x01;
                  if(shu<d1)
    {
      d5=shu;
      d5=d5<<1;
      while(d5!=d1)
      {
          d5=d5<<1;
          shu=shu|(shu<<1);
      }
    }
              }
  }
if(ye>d2)
{
  for(q=0;q<7;q++)
    {
        shu=shu|(shu>>1);
      }
  LCMView();
  ye--;
  while(ye>d2) {shu=0xff,LCMView(),ye--;}
  if(ye= =d2)
  {
      shu=0x80;
```

```
                              if(shu>d1)
                   {
                       d5=shu;
                       d5=d5>>1;
                       while(d5!=d1)
                       {
                           d5=d5>>1;
                           shu=shu|(shu>>1);
                       }
                   }
               }
           }
       }
   }
   if(r!=0)
   {
       d1=d3;
       d2=d4;
   }
   LCMView();
   if(lei!=0x7f)
   {
       lei++;
   }
   }
 }
}
```

22.5   简易数字示波器应用系统仿真与总结

在 Proteus 中绘制如图 22.3 所示的电路，其中涉及的 Proteus 电路器件参见表 22.2。

表 22.2   Proteus 电路器件列表

器 件 名 称	库	子 库	说 明
AT89C51	Microprocessor ICs	8051 Family	51 单片机
RES	Resistors	Generic	通用电阻
CAP	Capacitors	Generic	电容
CAP-ELEC	Capacitors	Generic	极性电容
CRYSTAL	Miscellaneous	—	晶体
ADC0808	Data Converters	A/D Converters	A/D 芯片
BUTTON	Swiches & Relays	Switches	独立按键
AMPIRE128×64	Optoelectronics	Graphical LCDs	12864 液晶
OPAMP	Operational	Ideal	运算放大器

在仿真电路中添加一个虚拟波形发生器，单击运行，调节虚拟波形发生器的输出，可以看到液晶模块上的相应输出，如图 22.10 所示。

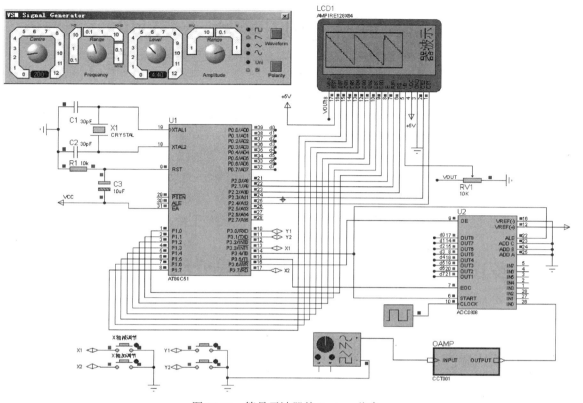

图 22.10　简易示波器的 Proteus 仿真

总结： 数字示波器的频率采集范围由其中的 A/D 芯片决定，A/D 芯片的工作频率越高，则其能采集的频率也就越高。

第 23 章　多功能电子闹钟

电子闹钟是带有闹时装置的钟表，既能指示时间又能按人们预定的时刻发出音响信号或其他信号。电子闹钟按机芯结构可以分为机械式和电子式两大类。

本章应用实例涉及的知识如下：

➢ 温度传感器芯片 DS18B20 的应用原理；
➢ 时钟芯片 DS1302 的应用原理；
➢ 1602 数字字符液晶模块的应用原理；
➢ 独立按键和蜂鸣器的应用原理。

23.1　多功能电子闹钟应用系统的背景介绍

电子式闹钟和机械式闹钟不同，它没有相应的发条、齿轮、钟锤等机械部件，取而代之的是各种电子元器件，包括中央处理器、液晶显示模块和按键等。

多功能电子钟是一个可以显示当前时间、日历、温度信息以及设置闹钟报警的应用系统，其具有以下功能：

（1）可以显示当前的时间、日历信息；
（2）可以显示当前的温度信息，精确到 1℃即可；
（3）可以手动修改时间信息；
（4）可以设置闹钟，并且当到达设置的时间点时发出音响信号。

23.2　多功能电子闹钟应用系统的设计思路

23.2.1　多功能电子闹钟的工作流程

多功能电子闹钟的工作流程如图 23.1 所示。

23.2.2　多功能电子闹钟的需求分析

设计多功能电子闹钟，需要考虑以下几方面的内容：

（1）如何获得当前的时钟信息；
（2）如何获得当前的温度信息；

（3）提供必要的用户输入设置通道；

（4）提供相应的显示和报警部件；

（5）需要设计合适的单片机软件。

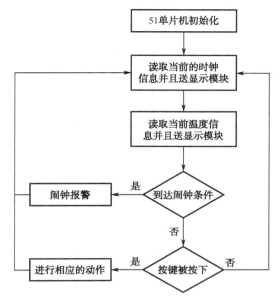

图 23.1　多功能电子闹钟的工作流程

23.2.3　多功能电子闹钟的工作原理

51 单片机分别从时钟芯片和温度芯片获取当前的时钟信息和温度信息，然后送显示模块显示，然后将时钟信息和预先设置的闹钟信息进行比较，如果相同，则发出音响信号。

23.3　多功能电子闹钟应用系统的硬件设计

23.3.1　多功能电子闹钟的硬件模块

多功能电子闹钟的硬件模块如图 23.2 所示，其详细说明如下。

（1）51 单片机：多功能电子闹钟的核心控制模块。

（2）显示模块：用于显示当前的时间、日历、温度信息，并且在用户进行相应设置时显示当前的设置状态。

（3）用户输入模块：用于用户的输入，设置当前时间及闹钟信息。

（4）时钟日历模块：用于给应用系统提供相应的时钟日历信息。

（5）温度传感器模块：用于给应用系统提供当前的温度信息。

（6）声音报警模块：用于发声报警。

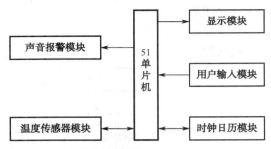

图 23.2　多功能电子闹钟的硬件模块

23.3.2　多功能电子闹钟的电路

多功能电子闹钟的电路如图 23.3 所示，51 单片机使用 P0 和 P1 的部分引脚扩展一片 1602 液晶作为闹钟的显示模块，使用 P1.4 引脚扩展一片 DS18B20 以获得当前的温度数据，同时使用 P3.3～P3.5 引脚扩展时钟芯片 DS1302。四个独立按键 K1～K4 则分别连接到 P2.4～P2.7 上为用户提供输入，P3.3 引脚扩展一个蜂鸣器作为报警装置。

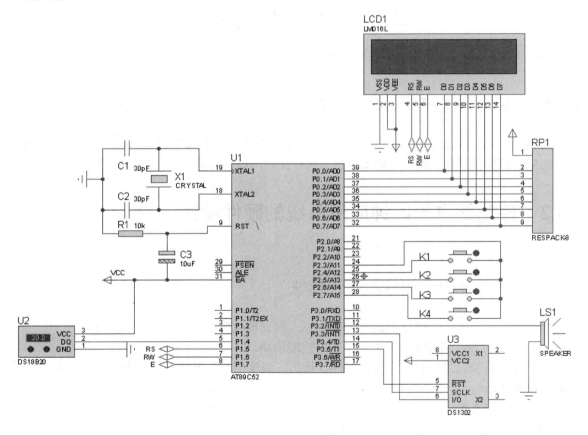

图 23.3　多功能电子闹钟的电路

多功能电子闹钟涉及的典型器件说明参见表 23.1。

表 23.1　多功能电子闹钟涉及的典型器件说明

器 件 名 称	器 件 编 号	说　　　明
晶体振荡器	X1	51 单片机的振荡源
51 单片机	U1	51 单片机，系统的核心控制器件
电容	C1、C2、C3、	滤波
电阻	R1 等	上拉、限流、辅助放大
独立按键	K1～K4	用户输入通道
1602 液晶	LCD1	显示器件
DS18B20	U2	温度器件，提供相应温度信息
DS1302	U3	时钟芯片，提供相应的时钟信息
蜂鸣器	LS1	报警

23.3.3　硬件模块基础——DS1302

DS1302 是 DALLAS 公司生产的一款使用串行接口的时钟日历芯片，其主要特点如下：

（1）使用 SPI 三线接口与 51 单片机通信；

（2）内置 31B 的 RAM；

（3）提供秒、分、时、日、星期、月、年数据，其中月计数 30 与 31 天时可以自动调整，且具有闰年补偿功能；

（4）提供 2.5～5.5V 工作电压，采用双电源供电（主电源和备用电源），并且可设置备用电源充电方式。

图 23.4 是 DS1302 的引脚封装结构，其详细说明如下。

（1）VCC1：主电源输入引脚。

（2）VCC2：备份电源输入引脚，当 $V_{CC2}>V_{CC1}+0.2V$ 时，由 VCC2 向 DS1302 供电，当 $V_{CC2}<V_{CC1}$ 时，由 V_{CC1} 向 DS1302 供电。

（3）SCLK：串行时钟引脚。

（4）I/O：数据引脚。

（5）$\overline{RST}$：功能控制引脚，高有效。

（6）X1、X2：外部晶体信号输入引脚。

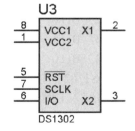

图 23.4　DS1302 的引脚封装结构

DS1302 的寄存器可以分为时间寄存器、控制寄存器、突发传输寄存器、充电寄存器等，DS1302 寄存器的地址分布参见表 23.2。

表 23.2　DS1302 寄存器的地址分布

读寄存器	写寄存器	BIT7	BIT6	BIT5	BIT4	BIT3	BIT2	BIT1	BIT0	范围
0x81	0x80	CH		10 秒			秒			00～59
0x83	0x82			10 分			分			00～59

续表

读寄存器	写寄存器	BIT7	BIT6	BIT5	BIT4	BIT3	BIT2	BIT1	BIT0	范围
0x85	0x84	12/24	0	10 AM/PM	小时	小时	小时	小时	小时	1～12/ 0～23
0x87	0x86	0	0	10 日	10 日	日	日	日	日	1～31
0x89	0x88	0	0	0	10 月	月	月	月	月	1～12
0x8B	0x8A	0	0	0	0	0	周日	周日	周日	1～7
0x8D	0x8C	10 年	10 年	10 年	10 年	年	年	年	年	00～99
0x8F	0x8E	WP	0	0	0	0	0	0	0	—

小时寄存器（0x85、0x84）的 BIT7 用于定义 DS1302 是运行于 12 小时模式还是 24 小时模式，当该位为"1"时，选择 12 小时模式，在 12 小时模式下，BIT5 用于标志上午还是下午，当 BIT5 为"1"时，表示 PM，为"0"时表示 AM。在 24 小时模式下，BIT5 是第二个 10 小时位。

秒寄存器（0x81、0x80）的 BIT7 定义为时钟暂停标志位（CH），当该位被置为"1"时，时钟振荡器停止，DS1302 处于低功耗状态；当该位置为"0"时，时钟开始运行。

控制寄存器（0x8F、0x8E）的 BIT7 是写保护位（WP），其他 7 位均置为"0"，在对时钟和 RAM 写操作之前，WP 位必须为"0"。当 WP 位为"1"时，写保护位防止对任意寄存器的写操作。

DS1302 的控制字用于在 51 单片机和 DS1302 进行通信时，选择对应的寄存器以及决定操作内容。DS1302 的控制参见表 23.3，其详细说明如下。

表 23.3　DS1302 的控制字

BIT7	BIT6	BIT5	BIT4	BIT3	BIT2	BIT1	BIT0
1	RAM /CK	A4	A3	A2	A1	A0	RD /WR

（1）BIT7：必须是"1"，如果该位为"0"，则不能把数据写入 DS1302 中。

（2）BIT6：为"0"表示操作日历时钟寄存器，为"1"表示操作 RAM 空间。

（3）BIT5～BIT1：寄存器或者内部 RAM 地址。

（4）BIT0：读写指示位，为"0"表示要进行写操作，为"1"表示要进行读操作。

DS1302 的控制字总是从最低位开始输出。在控制字指令输入后下一个 SCLK 时钟的上升沿，数据被写入 DS1302，数据输入从 BIT0 开始。同样，在紧跟 8 位的控制字指令后的下一个 SCLK 脉冲的下降沿，读出 DS1302 的数据，读出的数据也是从最低位到最高位。

23.4　多功能电子闹钟应用系统的软件设计

23.4.1　多功能电子闹钟的软件模块划分和工作流程

多功能电子闹钟的软件模块可以分为温度传感器驱动模块、时钟芯片驱动模块、1602 液晶模块驱动、闹钟设置模块、时间设置模块、声音报警模块六个部分，其工作流程如图 23.5 所示。

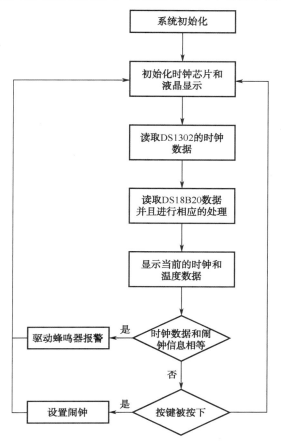

图 23.5　多功能电子闹钟的软件工作流程

23.4.2　温度采集模块函数设计

温度采集模块用于对温度传感器 DS18B20 进行驱动，以获得当前的温度数据，其应用代码如例 23.1 所示。

（1）Read18B20()：读 18B20 函数。

（2）DealTempData()：温度处理函数。

（3）RST18B20()：18B20 复位函数。

（4）unsigned char Read1Byte18B20(void)：从 18B20 上读取 1B 数据。

（5）void Write1Byte18B20(unsigned char val)：向 18B20 写入 1B 数据。

温度采集模块的应用代码使用 51 单片机的普通 I/O 引脚模拟了 1-wire 总线的时序对 DS18B20 进行了相应的操作。

【例 23.1】　温度采集模块的应用代码。

```
//读出温度函数
Read18B20()
```

```
{
RST18B20();                              //总线复位
if(!flag)                                //判断 DS18B20 是否存在; 若 DS18B20 不存在则返回
    return;
Write1Byte18B20(0xCC);                   //发 Skip ROM 命令
Write1Byte18B20(0xBE);                   //发读命令
temp_data[0]=Read1Byte18B20();           //温度低 8 位
temp_data[1]=Read1Byte18B20();           //温度高 8 位
RST18B20();
Write1Byte18B20(0xCC);                   //Skip ROM
Write1Byte18B20(0x44);                   //发转换命令
}
//温度数据处理函数
DealTempData()
{
unsigned char n=0,m;
if(temp_data[1]>127)                     //负温度求补码
{
    temp_data[1]=(256-temp_data[1]);
    temp_data[0]=(256-temp_data[0]);
    n=1;
}
time2[13]=ditab[temp_data[0]&0x0f]+'0';
time2[12]='.';
m=((temp_data[0]&0xf0)>>4)|((temp_data[1]&0x0f)<<4);//
if(n)
{
    m-=16;
}
time2[9]=m/100+'0';
time2[11]=m%100;
time2[10]=time2[11]/10+'0';
time2[11]=time2[11]%10+'0';
if(time2[9]= ='0')                       //最高位为 0 时都不显示
{
    time2[9]=0x20;
    if(n)                                //负温度时最高位显示"-"
    {
        time2[9]='-';
    }
    if(time2[10]= ='0')
    {
        if(n)
        {
            time2[10]='-';
            time2[9]=0x20;
        }
```

```
                else
                    time2[10]=0x20;
                if(time2[11]= ='0'&&time2[13]= ='0')
                    time2[11]=time2[12]=0x20;
        }
    }
}
//DS18B20 复位函数
RST18B20(void)
{
unsigned char i;
DQ=1;_nop_();_nop_();
DQ=0;
delay(50);                              // 550μs
DQ=1;
delay(6);                               // 66μs
for(i=0;i<0x30;i++)
{
    if(!DQ)
        goto d1;
}
flag=0;                                 //清标志位，表示 DS18B20 不存在
DQ=1;
return;
d1:  delay(45);                         //延时 500μs
flag=1;
DQ=1;                                   //置标志位，表示 DS18B20 存在
}
//从总线上读取 1B
unsigned char Read1Byte18B20(void)
{
unsigned char i;
unsigned char value=0;
for (i=8;i>0;i--)
{
    DQ=1;_nop_();_nop_();
    value>>=1;
    DQ=0;
    _nop_();_nop_();_nop_();_nop_();     //4μs
    DQ=1;_nop_();_nop_();_nop_();_nop_();  //4μs
    if(DQ)
        value|=0x80;
    delay(6);                           //66μs
}
DQ=1;
return(value);
}
```

```
//向 1-wire 总线上写 1B
void Write1Byte18B20(unsigned char val)
{
unsigned char i;
for (i=8; i>0; i--) //
{
    DQ=1;_nop_();_nop_();
    DQ=0;_nop_();_nop_();_nop_();_nop_();_nop_();    //5μs
    DQ=val&0x01;                                      //最低位移出
    delay(6);                                         //66μs
    val=val/2;                                        //右移一位
}
DQ=1;
delay(1);
}
```

23.4.3　时钟芯片驱动模块函数设计

时钟芯片驱动模块主要用于对时钟芯片 DS1302 进行驱动，其应用代码如例 23.2 所示。

（1）unsigned char ReadDS1302()：读 DS1302 函数；

（2）WriteDS1302(unsigned char address)：写 DS1302 函数；

（3）ReadTime()：读取当前的时间。

时间芯片驱动模块的应用代码同样使用了 51 单片机的普通引脚来模拟相应的时序。

【例 23.2】　时间芯片驱动模块的应用代码。

```
//读 DS1302 子程序
unsigned char ReadDS1302()
{
unsigned char i,j=0;
for(i=0;i<8;i++)
{
    j>>=1;
    _nop_();
    clk=0;
    _nop_();
    if(dat)
            j|=0x80;
    _nop_();
    clk=1;
}
return(j);
}
//读取时间
ReadTime()
{
unsigned char i,m,n;
```

```
WriteDS1302(0x8d);                    //读取年份
m=ReadDS1302();
rst=0;
time1[4]=m/16+0x30;
time1[5]=m%16+0x30;
WriteDS1302(0x8b);                    //读取星期
m=ReadDS1302();
rst=0;
time1[15]=m+0x30;
for(i=7,n=0x89;i<11;i+=3,n-=2)         //读取月份和日期
{
    WriteDS1302(n);
    m=ReadDS1302();
    rst=0;
    time1[i]=m/16+0x30;
    time1[i+1]=m%16+0x30;
}
for(m=0,i=0,n=0x85;i<7;i+=3,n-=2,m++)  //读取时、分、秒
{
    WriteDS1302(n);
    time[m]=ReadDS1302();
    rst=0;
    time2[i]=time[m]/16+0x30;
    time2[i+1]=time[m]%16+0x30;
}
}
//写 DS1302 子程序
WriteDS1302(unsigned char address)
{
unsigned char i;
clk=0;
_nop_();
rst=1;
_nop_();
for(i=0;i<8;i++)
{
    dat=address&1;
    _nop_();
    clk=1;
    address>>=1;
    clk=0;
}
}
```

23.4.4 显示模块驱动函数设计

显示模块驱动函数包括对 1602 液晶进行操作的基础函数，其应用代码如例 23.3 所示。

（1）void EnableLCD(void)：使能 LCD 液晶模块。

（2）void WriteLCD(unsigned char i)：写 LCD 液晶模块。

（3）void WriteLCDRAM(unsigned char data *address,m)：向 LCD 内部地址写入 1B 的数据。

（4）void LCDSHOW(void)：LCD 显示函数。

（5）void DesignHZ(void)：自建字控制函数。

显示模块函数的应用代码使用 P0 端口作为 1602 液晶的数据交互端口。

【例 23.3】 显示模块函数的应用代码。

```
//使能 1602
EnableLCD()
{
rs=0;
rw=0;
e=0;
delay1ms(3);
e=1;
}
//LCD 显示
LCDSHOW()
{
P0=0XC;                          //显示器开、光标关
EnableLCD();
P0=0x80;                         //写入显示起始地址
EnableLCD();
WriteLCDRAM(time1,16);
P0=0xc1;                         //写入显示起始地址
EnableLCD();
WriteLCDRAM(time2,15);
}
//写 LCD 函数
WriteLCD(unsigned char i)
{
P0=i;
rs=1;
rw=0;
e=0;
delay1ms(2);
e=1;
}
//写 LCD 内部地址函数
WriteLCDRAM(unsigned char data *address,m)
{
```

```
unsigned char i,j;
for(i=0;i<m;i++,address++)
{
    j=*address;
    WriteLCD(j);
}
}
//自建字函数库
DesignHZ()
{
unsigned char i;
P0=0x40;
EnableLCD();
for(i=0;i<32;i++)
{
    WriteLCD(tab[i]);
    delay1ms(2);
}
}
```

23.4.5　时间设置模块驱动函数设计

时间设置模块函数包括对时间和日期进行设置的相关函数，其应用代码如例 23.4 所示。

时间设置模块函数的应用代码构造了一个函数 settime 用于设置当前的时钟信息，一个函数 unsigned char setweek()用于自动调节当前星期。

【例 23.4】　时间设置模块函数的应用代码。

```
//设置时间
settime()
{
unsigned char i=0x85,year,month,day,n;
time2[6]=time2[7]=0x30,time1[14]=time1[15]=0x20;
LCDSHOW();
while(1)
{
    P0=0xe;                          //显示器开、光标开
    EnableLCD();
    P0=i;                            //定光标
    EnableLCD();
    P2=0xf7;
    if(P2!=0XF7)
    {
        delay1ms(100);               //延时 0.1s 去抖动
        if(P2!=0XF7)
        {
            j=7;
```

```
            if(P2= =0X77)
            {
                    i+=3;
                    if(i= =0x8e)
                            i=0xc2;
                    else if(i>0xc5)
                            i=0x85;
            }
            else if(P2= =0xb7)
            {
                    year=(time1[4]&0xf)*10+(time1[5]&0xf);
                    month=(time1[7]&0xf)*10+(time1[8]&0xf);
                    day=(time1[10]&0xf)*10+(time1[11]&0xf);
                    if(i= =0x85)
                    {
                            year++;
                            if(year>99)
                                    year=0;
                            if((year%4)!=0)
                                    if(month= =2&&day= =29)
                                            day=28;
                    }
                    else if(i= =0x88)
                    {
                            month++;
                            if(month>12)
                                    month=1;
                            if(day>Day[month-1])
                            {
                                    day=Day[month-1];
                                    if(month= =2&&(year%4)= =0)
                                            day=29;
                            }
                    }
                    else if(i= =0x8b)
                    {
                            day++;
                            if(day>Day[month-1])
                            {
                                    if(month= =2&&(year%4)= =0)
                                    {
                                            if(day>29)
                                                    day=1;
                                    }
                                    if(month!=2)
                                            day=1;
                            }
```

```
                }
                else if(i= =0xc2)
                {
                        n=(time2[0]&0xf)*10+(time2[1]&0xf);
                        n++;
                        if(n>23)
                                n=0;
                        time2[0]=n/10+0x30;
                        time2[1]=n%10+0x30;
                }
                else
                {
                        n=(time2[3]&0xf)*10+(time2[4]&0xf);
                        n++;
                        if(n>59)
                                n=0;
                        time2[3]=n/10+0x30;
                        time2[4]=n%10+0x30;
                }
                time1[4]=year/10+0x30;
                time1[5]=year%10+0x30;
                time1[7]=month/10+0x30;
                time1[8]=month%10+0x30;
                time1[10]=day/10+0x30;
                time1[11]=day%10+0x30;
                LCDSHOW();
        }
        else if(P2= =0xd7)
        {
                WriteDS1302(0x8c);
                WriteDS1302((time1[4]&0xf)*16+(time1[5]&0xf));
                rst=0;
                WriteDS1302(0x8a);
                WriteDS1302(setweek());
                rst=0;
                for(i=7,n=0x88;i<11;i+=3,n-=2)
                {
                        WriteDS1302(n);
                        WriteDS1302((time1[i]&0xf)*16+(time1[i+1]&0xf));
                        rst=0;
                }
                for(i=0;i<7;i+=3,n-=2)
                {
                        WriteDS1302(n);
                        WriteDS1302((time2[i]&0xf)*16+(time2[i+1]&0xf));
                        rst=0;
                }
```

```
                                TR0=0;
                                time1[14]='W';
                                return;
                        }
                    else
                    {
                        TR0=0;
                        time1[14]='W';
                        return;
                    }
                }
            }
        if(j==0)
        {
            TR0=0;
            time1[14]='W';
            return;
        }
    }
}
//根据日期的变动自动调整星期
unsigned char setweek()
{
unsigned char i=5,j,n;
j=(time1[4]&0xf)*10+(time1[5]&0xf);
n=j/4;
i=i+5*n;
n=j%4;
if(n==1)
    i+=2;
else if(n==2)
    i+=3;
else if(n==3)
    i+=4;
j=(time1[7]&0xf)*10+(time1[8]&0xf);
if(j==2)
    i+=3;
else if(j==3)
    i+=3;
else if(j==4)
    i+=6;
else if(j==5)
    i+=1;
else if(j==6)
    i+=4;
else if(j==7)
    i+=6;
```

```
else if(j= =8)
        i+=2;
else if(j= =9)
        i+=5;
else if(j= =11)
        i+=3;
else if(j= =12)
        i+=5;
if(n= =0)
        if(j>2)
                i++;
j=(time1[10]&0xf)*10+(time1[11]&0xf);
i+=j;
i%=7;
if(i= =0)
        i=7;
return(i);
}
```

23.4.6　闹钟设置模块驱动函数设计

闹钟设置模块驱动函数的应用代码如例 23.5 所示，其构造了一个函数 setalarm 用于对闹钟的相关信息进行设置，一个函数 showalarm 用于显示当前的闹钟设置信息。

【例 23.5】　闹钟设置模块驱动函数的应用代码。

```
//设置闹钟
setalarm()
{
unsigned char i,n;
for(i=1;i<16;i++)
{
        time1[i]=0x20;
}
time2[0]=alarm[0]/16+0x30;
time2[1]=(alarm[0]&0xf)+0x30;
time2[3]=alarm[1]/16+0x30;
time2[4]=(alarm[1]&0xf)+0x30;
time2[6]=time2[7]=0x30;
LCDSHOW();
i=0xc2;
while(1)
{
        P0=0xe;                         //显示器开、光标开
        EnableLCD();
        P0=i;                           //定光标
        EnableLCD();
        P2=0xf7;
```

```
if(P2!=0XF7)
{
    delay1ms(100);                          //延时 0.1s 去抖动
    if(P2!=0XF7)
    {
        j=7;
        if(P2= =0X77)
        {
            i+=3;
            if(i>0xc5)
                i=0xc2;
        }
        else if(P2= =0xb7)
        {
            if(i= =0xc2)
            {
                n=(time2[0]&0xf)*10+(time2[1]&0xf);
                n++;
                if(n>23)
                    n=0;
                time2[0]=n/10+0x30;
                time2[1]=n%10+0x30;
            }
            else
            {
                n=(time2[3]&0xf)*10+(time2[4]&0xf);
                n++;
                if(n>59)
                    n=0;
                time2[3]=n/10+0x30;
                time2[4]=n%10+0x30;
            }
            LCDSHOW();
        }
        else if(P2= =0xd7)
        {
            WriteDS1302(0xc0);
            WriteDS1302((time2[0]&0xf)*16+(time2[1]&0xf));
            rst=0;
            WriteDS1302(0xc2);
            WriteDS1302((time2[3]&0xf)*16+(time2[4]&0xf));
            rst=0;
            time1[0]=FLAG;
            WriteDS1302(0xc4);
            WriteDS1302(time1[0]);
            rst=0;
            TR0=0;
```

```
                                TimeInit();
                                return;
                          }
                          else
                          {
                                TR0=0;
                                TimeInit();
                                return;
                          }
                    }
              }
        if(j= =0)
        {
              TR0=0;
              TimeInit();
              return;
        }
  }
}
//显示当前的闹钟设置信息
showalarm()
{
unsigned char i,j,a,b,n;
ET1=1;
for(j=0;j<6;j++)
{
        i=0;
        while(1)
        {
                a=table2[i];
                if(a= =0)
                        break;
                b=a&0xf;
                a>>=4;
                if(a= =0)
                {
                        TR1=0;
                        goto  D1;
                }
                a=((--a)<<1)/2;
                TH1=th1=table1[a]/256,TL1=tl1=table1[a]%256;
                TR1=1;
D1:             do
                {
                        b--;
                        for(n=0;n<3;n++)
                        {
```

```
                        ReadTime();
                        LCDSHOW();
                        P2=0xf7;
                        if(P2==0xe7)
                        {
                                delay1ms(100);
                                if(P2==0xe7)
                                {
                                        TR1=0;
                                        ET1=0;
                                        return;
                                }
                        }
                    }while(b!=0);
                    i++;
            }
            TR1=0;
        }
    ET1=0;
    }
```

23.4.7 声音报警模块驱动函数设计

声音报警模块驱动函数的应用代码如例 23.6 所示，在定时器/计数器 1 的中断服务子函数中将蜂鸣器控制引脚上的电平翻转即可。

【例 23.6】 声音报警模块驱动函数的应用代码。

```
//闹钟部分
intime1() interrupt 3
{
TH1=th1,
    TL1=tl1;
P3_2=!P3_2;
}
```

23.4.8 多功能电子闹钟的软件综合

多功能电子闹钟的软件综合如例 23.7 所示。

【例 23.7】 多功能电子闹钟的软件综合。

```
#include<AT89X52.H>
#include<INTRINS.H>
#define TIME (0X10000-50000)
#define FLAG 0XEF                    //闹钟标志
//引脚连接图
```

```
sbit rst=P3^5;
sbit clk=P3^4;
sbit dat=P3^3;
sbit rs=P1^5;
sbit rw=P1^6;
sbit e=P1^7;
sbit DQ=P1^4;                                              //温度输入口
sbit ACC_7=ACC^7;
//全局变量及常量定义
unsigned char i=20,j,time1[16];
unsigned char alarm[2],time2[15],time[3];
unsigned char code Day[]={31,28,31,30,31,30,31,31,30,31,30,31};    //12 个月的最大日期（非闰年）
//音律表
unsigned int code table1[]={64260,64400,64524,64580,64684,64777,
64820,64898,64968,65030,65058,65110,65157,65178,65217};
//发声部分的延时时间
unsigned char code table2[]={0x82,1,0x81,0xf4,0xd4,0xb4,0xa4,
0x94,0xe2,1,0xe1,0xd4,0xb4,0xc4,0xb4,4,0};
//LCD 自建字
unsigned char code tab[]={0x18,0x1b,5,4,4,5,3,0,
0x08,0x0f,0x12,0x0f,0x0a,0x1f,0x02,0x02,                   //年
0x0f,0x09,0x0f,0x09,0x0f,0x09,0x11,0x00,                   //月
0x0f,0x09,0x09,0x0f,0x09,0x09,0x0f,0x00};                  //日
//*******温度小数部分用查表法**********//
unsigned char code
ditab[16]={0x00,0x01,0x01,0x02,0x03,0x03,0x04,0x04,0x05,0x06,0x06,0x07,0x08, 0x08,0x09,0x09};
//闹钟中用的全局变量
unsigned char th1,tl1;
unsigned char temp_data[2]={0x00,0x00};                    //读出温度暂放
bit flag;                                                  //DS18B20 存在标志位
delay(unsigned int t)
{
for(;t>0;t--);
}
;                                                          //置标志位，表示 DS18B20 存在
}
delay1ms(unsigned char time)                               //延时 1ms
{
unsigned char i,j;
for(i=0;i<time;i++)
{
    for(j=0;j<250;j++);
}
}
//部分显示数据初始化
TimeInit()
{
```

```c
    time1[1]=time1[13]=time2[8]=time2[9]=time2[10]=0x20,time2[14]=0;
    time1[6]=1,time1[9]=2,time1[12]=3,time1[2]='2',time1[3]='0';
    time1[14]='W',time2[2]=time2[5]=':';
    WriteDS1302(0xc1);
    alarm[0]=ReadDS1302();
    rst=0;
    WriteDS1302(0xc3);
    alarm[1]=ReadDS1302();
    rst=0;
    WriteDS1302(0xc5);
    time1[0]=ReadDS1302();
    rst=0;
}
time0() interrupt 1 using 1
{
i--;
if(i= =0)
{
    if(j!=0)
            j--;
    i=20;
}
TH0=TIME/256,TL0=TIME%256;
}

main()
{
IE=0X82;
TMOD=0x11;
WriteDS1302(0x8E);                          //禁止写保护
WriteDS1302(0);
rst=0;
P0=1;                                       //清屏并光标复位
EnableLCD();
P0=0X38;                                     //设置显示模式：8 位 2 行 5×7 点阵
EnableLCD();
P0=6;                                        //文字不动，光标自动右移
EnableLCD();
DesignHZ();                                  //自建字
TimeInit();
while(1)
{
    ReadTime();                              //读取时间
    Read18B20();                             //读出 DS18B20 温度数据
    DealTempData();                          //处理温度数据
    LCDSHOW();                               //显示时间
    if(time1[0]!=0x20)
```

```
                if(time[0]= =alarm[0])
                    if(time[1]= =alarm[1])
                        if(time[2]= =0)
                            showalarm();
    P2=0xf7;
    if((P2&0XF0)!=0XF0)
    {
        delay1ms(100);                          //延时 0.1s 去抖动
        if((P2&0XF0)!=0XF0)
        {
            j=7;
            TH0=TIME/256,TL0=TIME%256;
            TR0=1;
            if(P2= =0x77)
            {
                settime();
            }
            else if(P2= =0XB7)
            {
                setalarm();
            }
            else if(P2= =0XD7)
            {
                TR0=0;
                if(time1[0]= =FLAG)
                    time1[0]=0x20;
                else
                    time1[0]=FLAG;
                WriteDS1302(0xc4);
                WriteDS1302(time1[0]);
                rst=0;
            }
        }
    }
    delay1ms(100);
}
}
```

23.5　多功能电子闹钟应用系统仿真与总结

在 Proteus 中绘制如图 23.3 所示的电路，其中涉及的 Proteus 电路器件参见表 23.4。

表 23.4　Proteus 电路器件列表

器 件 名 称	库	子 库	说 明
AT89C52	Microprocessor ICs	8051 Family	51 单片机
RES	Resistors	Generic	通用电阻
CAP	Capacitors	Generic	电容
CAP-ELEC	Capacitors	Generic	极性电容
CRYSTAL	Miscellaneous	—	晶体振荡器
7SEG-MPX6-CA-BLUE	Optoelectronics	7-Segment Displays	6 位 8 段数码管
RESPACK-8	Resistors	Resistor-Packs	8 位排阻
BUTTON	Switches & Relays	Swiches	独立按键
SPEAKER	Speaks & Sounders	—	蜂鸣器
DS1302	Microprocessor ICs	Peripherals	时钟日历芯片
DS18B20	Data Converters	Temperature Sensors	温度传感器

　　单击运行，设置对应的时间和闹钟信息，可以看到对应的时间显示，以及听到对应的报警信息，如图 23.6 所示。

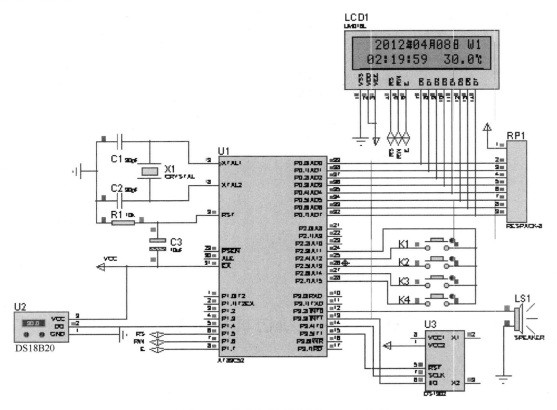

图 23.6　多功能电子闹钟的 Proteus 仿真

　　总结：这是一个功能比较完整的电子钟应用实例。

第 24 章　俄罗斯方块

俄罗斯方块是一款风靡全球的电视机游戏和掌上游戏机游戏，它由俄罗斯人阿列克谢·帕基特诺夫发明，故得此名，其基本规则是移动、旋转和摆放游戏自动输出的各种方块，使之排列成完整的一行或多行，并且消除得分。由于上手简单、老少皆宜，从而家喻户晓，风靡世界。

本章应用实例涉及的知识如下：

➤ 俄罗斯方块游戏的基本规则；

➤ 独立按键的应用原理；

➤ 12864 液晶模块的应用原理。

24.1　俄罗斯方块应用系统的背景介绍

俄罗斯方块这款游戏有不同的"变身"，其中的细节规则可能千差万别，但是都具有如下相同的基本规则。

（1）提供一个用于摆放小型正方形的平面虚拟场地，其标准大小为：行宽为 10，列高为 20，以每个小正方形为单位。

（2）提供一组由 4 个小型正方形组成的规则图形，英文称为 Tetromino，中文通称为方块。这些方块共有 7 种不同的类似，分别以 S、Z、L、J、I、O、T 这 7 个字母的形状来命名。I：一次最多消除四层。J（左右）：最多消除三层，或消除二层。L：最多消除三层，或消除二层。O：消除一至二层。S（左右）：最多二层，容易造成孔洞。Z（左右）：最多二层，容易造成孔洞。T：最多二层。图 24.1 是这 7 种方块的形状示意图。

图 24.1　俄罗斯方块中 7 种方块的形状示意图

（3）玩家可以做的操作包括：以 90° 为单位旋转方块、以格子为单位左右移动方块、让方块加速落下。

（4）当方块移到区域最下方或是着地到其他方块上无法移动时，就会固定在该处，而新的方块出现在区域上方开始落下。

（5）当区域中某一列横向格子全部由方块填满，则该列会消失并成为玩家的得分。同时删除的列数越多，得分指数越高。

（6）当固定的方块堆到区域最上方而无法消除层数时，则游戏结束。

（7）一般来说，游戏还会提示下一个要落下的方块，熟练的玩家会计算到下一个方块，评估现在要如何进行。由于游戏能不断进行下去，对商业用游戏不太理想，所以一般还会随着游戏的进行而加速或提高难度。

（8）通过设计者预先设置的随机发生器不断地输出单个方块到场地顶部，以一定的规则进行移动、旋转、下落和摆放，锁定并填充到场地中。每次摆放如果将场地的一行或多行完全填满，则组成这些行的所有小方块将被消除，并且以此来换取一定的积分或其他形式的奖励。而未被消除的方块会一直累积，并对后来的方块摆放造成各种影响。

（9）如果未被消除的方块堆放的高度超过场地所规定的最大高度（并不一定是 20 或者玩家所能见到的高度），则游戏结束。

本章实例完全遵循俄罗斯方块的相应规则。

24.2 俄罗斯方块应用系统的设计思路

24.2.1 俄罗斯方块的工作流程

俄罗斯方块的工作流程如图 24.2 所示。

24.2.2 俄罗斯方块的需求分析

设计俄罗斯方块，需要考虑以下几方面的内容。
（1）如何使得游戏者能对方块进行动作；
（2）使用何种显示模块来显示当前的游戏；
（3）需要设计合适的单片机软件。

24.2.3 俄罗斯方块的工作原理

俄罗斯方块的工作原理是在显示屏幕上绘制对应的方块图案，并且在游戏者的控制下对这些方块图案进行操控，并且当它们进行到符合规则的相应情况时，采取相应的动作，如消除一行或结束游戏。

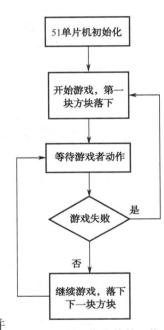

图 24.2 俄罗斯方块的工作流程

24.3 俄罗斯方块应用系统的硬件设计

24.3.1 俄罗斯方块的硬件模块

俄罗斯方块的硬件模块划分如图 24.3 所示，其详细说明如下。
（1）51 单片机：俄罗斯方块的核心控制器。
（2）用户输入模块：给用户提供的相应操作输入部件，包括翻动、左移、右移和向下 4 个功能键。
（3）显示模块：显示当前游戏数据的模块。

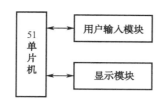

图 24.3　俄罗斯方块的硬件模块

24.3.2　俄罗斯方块的电路

俄罗斯方块的电路如图 24.4 所示，51 单片机通过 P2 端口和 P3 端口的部分引脚扩展一片 AMPIRE 128×64 液晶作为显示模块，使用 P1.0、P1.1、P1.6 和 P1.7 扩展 4 个独立按键作为相应的操作按键。

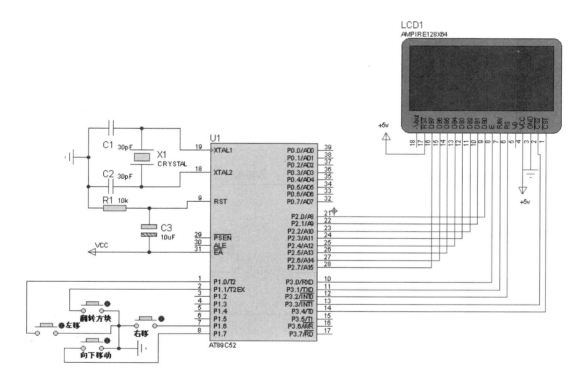

图 24.4　俄罗斯方块的硬件电路

俄罗斯方块涉及的典型器件说明参见表 24.1。

表 24.1　俄罗斯方块涉及的典型器件说明

器 件 名 称	器 件 编 号	说　　明
晶体振荡器	X1	51 单片机的振荡源
51 单片机	U1	51 单片机，系统的核心控制器件

续表

器 件 名 称	器 件 编 号	说　明
电容	C1、C2、C3、	滤波
电阻	R1 等	上拉、限流、辅助放大
独立按键	—	用户输入通道
AMPIRE 128×64 液晶模块	—	显示器件

24.4　俄罗斯方块应用系统的软件设计

24.4.1　俄罗斯方块的软件模块划分和工作流程

俄罗斯方块的软件模块可以分为液晶驱动模块、游戏操控模块和游戏逻辑控制模块三个部分，其工作流程如图 24.5 所示。

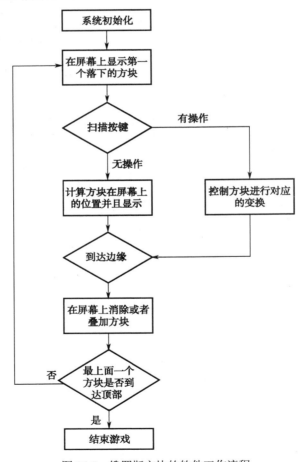

图 24.5　俄罗斯方块的软件工作流程

24.4.2　液晶驱动模块函数设计

液晶驱动模块函数包括用于对液晶显示模块进行驱动的相关函数，其应用代码如例 24.1 所示。

（1）void lcdClear(void)：清除 AMPIRE 128×64 显示函数。

（2）void lcdCmd(unsigned char cmd)：向 AMPIRE 128×64 写入命令函数。

（3）void lcdWriteByte(unsigned char ch)：向 AMPIRE 128×64 写入 1B 的数据。

（4）void lcdSetPage(unsigned char page)：设定 AMPIRE 128×64 的内部页。

（5）void lcdSetColumn(unsigned char column)：设置 AMPIRE 128×64 的显示列。

（6）void rectangle(void)：在 AMPIRE 128×64 上显示一个长方形。

（7）void lcdPlayChar(unsigned char index,unsigned char page,unsigned char colume)：在 AMPIRE 128×64 上显示一个字符。

（8）void lcdPutPix(unsigned char x, unsigned char y,unsigned char flag)：在 AMPIRE 128×64 的 X、Y 坐标点上显示一个点。

（9）void lcdIni(void)：初始化 AMPIRE 128×64 液晶模块。

液晶驱动模块函数的应用代码直接对 12864 的内部 RAM 空间进行了相应的操作。

【例 24.1】　液晶驱动模块函数的应用代码。

```
//LCD 清除函数
void lcdClear(void)
{
  unsigned char i,page;
  CS1=1;
  CS2=0;
  for(page=0;page<8;page++)              //对所有的页操作
    {
    lcdSetPage(page);
    lcdSetColumn(0);
    for(i=0;i<64;i++)
    lcdWriteByte(0);                     //全部填充为 0
    }
  CS1=0;
  CS2=1;
  for(page=0;page<8;page++)              //继续下一个页码
    {
    lcdSetPage(page);
    lcdSetColumn(0);
    for(i=0;i<64;i++)
    lcdWriteByte(0);
    }
}
//向 AMPIRE 128×64 写入命令
void lcdCmd(unsigned char cmd)
{
  bit ea;
```

```
    ea=EA;                                        //首先设置使能
    EA=0;
    EN=0;
    RW=0;
    RS=0;                                         //对其他控制引脚操作
    LCD=cmd;                                      //写入命令
    EN=1;
    EN=1;
    EN=0;
    EA=ea;
}
//向 AMPIRE 128×64 写入 1B 的数据
void lcdWriteByte(unsigned char ch)
{
    EN=0;
    RS=1;
    RW=C;                                         //设置相应的时序
    LCD=ch;                                       //写入对应的数据
    EN=1;
    EN=1;
    EN=0;
}
//设置 AMPIRE 128×64 的内部页
void lcdSetPage(unsigned char page)
{
    page &=0x7;                                   //设置对应的页
    page +=0xb8;
    lcdCmd(page);                                 //写入页码设置命令
}
//设置 LCD 的显示列
void lcdSetColumn(unsigned char column)
{
    column &=0x3f;
    column +=0x40;
    lcdCmd(column);                              //写入列设置命令
}
//在 LCD 上显示一个 5×8 的字符
void lcdPlayChar(unsigned char index,unsigned char page,unsigned char colume)
{
    unsigned char i,temp;
    unsigned int p;
    p=5*index;
    for(i=colume;i<colume+5;i++)                  //直接对列进行操作
    {
        if(i<64)                                  //检查是否到边缘
    {
    CS1=1;
```

```
        CS2=0;
        temp=i;
      }
    else
      {
        CS1=0;
        CS2=1;
        temp=i-64;
      }
    lcdSetPage(page);
    lcdSetColumn(temp);
    lcdWriteByte(asii[p++]);              //写入对应的数据
      }
  }
//显示长方形
void rectangle(void)
{
    unsigned char i,page;
    CS1=1;
    CS2=0;
    lcdSetPage(0);
    lcdSetColumn(2);                      //设置相应的边缘点
    EN=0;
    RS=1;
    RW=0;
    LCD=0xff;
    EN=1;
    EN=1;
    EN=0;
    for(i=3;i<51;i++)                     //写入对应的数据
      {
        EN=0;
        RS=1;
        RW=0;
        LCD=0x1;
        EN=1;
        EN=1;
        EN=0;
      }
    EN=0;
    RS=1;
    RW=0;
    LCD=0xff;
    EN=1;
    EN=1;
    EN=0;
for(page=1;page<7;page++)                 //切换页面
```

```
                    {
                    lcdSetPage(page);
                    lcdSetColumn(2);
                    EN=0;
                    RS=1;
                    RW=0;
                    LCD=0xff;
                    EN=1;
                    EN=1;
                    EN=0;
                    for(i=3;i<51;i++)
                      {
                         EN=0;
                         RS=1;
                         RW=0;
                         LCD=0x0;
                         EN=1;
                         EN=1;
                         EN=0;
                      }
                    EN=0;
                    RS=1;
                    RW=0;
                    LCD=0xff;
                    EN=1;
                    EN=1;
                    EN=0;
                    }
                //再次设置页面和列信息
                    lcdSetPage(7);
                    lcdSetColumn(2);
                    EN=0;
                    RS=1;
                    RW=0;
                    LCD=0x1f;
                    EN=1;
                    EN=1;
                    EN=0;
                    for(i=3;i<51;i++)
                      {
                         EN=0;
                         RS=1;
                         RW=0;
                         LCD=0x10;
                         EN=1;
                         EN=1;
                         EN=0;
```

```
    }
    EN=0;
    RS=1;
    RW=0;
    LCD=0x1f;
    EN=1;
    EN=1;
    EN=0;
}
//在 LCD 上显示一个点
void lcdPutPix(unsigned char x, unsigned char y,unsigned char flag)
{
    unsigned char i,dat,bitmask,nextbit;
    bit bflag,pflag,ea;
    x=x*MAXPIX;
    y=y*MAXPIX;                      //计算相应的坐标
    bflag=0;
    pflag=0;
    i=y%8;
    if(i= =0)                        //根据左边跑
      bitmask=0x7;
    else if(i= =1)
      bitmask=0xe;
    else if(i= =2)
      bitmask=0x1c;
    else if(i= =3)
      bitmask=0x38;
    else if(i= =4)
      bitmask=0x70;
    else if(i= =5)
      bitmask=0xe0;
    else if(i= =6)
      {
      bflag=1;
      bitmask=0xc0;
      nextbit=1;
      }
    else if(i= =7)
      {
      bflag=1;
      bitmask=0x80;
      nextbit=3;
      }
    if(x<62)
      {
      CS1=1;
      CS2=0;
```

```
        }
    else if(x>63)
     {
       x-=64;
       CS1=0;
       CS2=1;
     }
    else
     pflag=1;
    lcdSetPage(y/8);
    for(i=x;i<x+MAXPIX;i++)
     {
       if(pflag)
         {
           if(i= =62 || i= =63)
             {
               CS1=1;
               CS2=0;
               lcdSetPage(y/8);
             }
           else if(pflag && i= =64)
             {
               CS1=0;
               CS2=1;
               lcdSetPage(y/8);
             }
         }
       lcdSetColumn(i);
       ea=EA;
       EA=0;
       EN=0;
       LCD=0xff;
       RS=1;
       RW=1;
       EN=1;
       EN=0;

       EN=1;
       dat=LCD;
       EN=0;
       if(flag= =1)
           dat|=bitmask;
       else
           dat&=~bitmask;
       lcdSetColumn(i);
       EN=0;
       RW=0;
```

```
            RS=1;
          LCD=dat;
          EN=1;
          EN=1;
          EN=0;
          EA=ea;
        }
  if(bflag)
   {
     lcdSetPage(y/8+1);
     for(i=x;i<x+MAXPIX;i++)
      {
        if(pflag)
         {
           if(i= =62 || i= =63)
             {
               CS1=1;
               CS2=0;
               lcdSetPage(y/8+1);
             }
           else if(pflag && i= =64)
             {
               CS1=0;
               CS2=1;
               lcdSetPage(y/8+1);
             }
         }
        lcdSetColumn(i);
        ea=EA;
        EA=0;
        EN=0;
        LCD=0xff;
        RS=1;
        RW=1;
        EN=1;
        EN=0;

        EN=1;
        dat=LCD;
        EN=0;
        if(flag= =1)
           dat|=nextbit;
        else
           dat&=~nextbit;
        lcdSetColumn(i);

        EN=0;
```

```
                RW=0;
                RS=1;
                LCD=dat;
                EN=1;
                EN=1;
                EN=0;
                EA=ea;
        }
    }
}
//液晶的初始化函数
void lcdIni(void)
{
  lcdCmd(0x3f);
  lcdCmd(0xc0);
  lcdClear();
  rectangle();                        //首先绘制一个区域出来
  lcdPlayChar(11,0,STAR);
  lcdPlayChar(12,0,STAR+1*WIDE);
  lcdPlayChar(13,0,STAR+2*WIDE);
  lcdPlayChar(14,0,STAR+3*WIDE);
  //显示速度
  lcdPlayChar(15,3,STAR);
  lcdPlayChar(16,3,STAR+1*WIDE);
  lcdPlayChar(17,3,STAR+2*WIDE);
  lcdPlayChar(17,3,STAR+3*WIDE);
  lcdPlayChar(18,3,STAR+4*WIDE);
  //显示第一个行
  lcdPlayChar(0,4,STAR+2*WIDE);
  lcdPlayChar(1,4,STAR+3*WIDE);
  //显示当前得分
  lcdPlayChar(15,5,STAR);
  lcdPlayChar(19,5,STAR+1*WIDE);
  lcdPlayChar(20,5,STAR+2*WIDE);
  lcdPlayChar(21,5,STAR+3*WIDE);
  lcdPlayChar(12,5,STAR+4*WIDE);
  lcdPlayChar(0,6,STAR+1*WIDE);
  lcdPlayChar(0,6,STAR+2*WIDE);
  lcdPlayChar(0,6,STAR+3*WIDE);
  lcdPlayChar(0,6,STAR+4*WIDE);
  //显示当前时间
  lcdPlayChar(0,7,STAR);
  lcdPlayChar(0,7,STAR+1*WIDE);
  lcdPlayChar(10,7,STAR+2*WIDE);
  lcdPlayChar(0,7,STAR+3*WIDE);
  lcdPlayChar(0,7,STAR+4*WIDE);
}
```

24.4.3　游戏操控模块函数设计

游戏操控模块函数包括对方块进行相应控制的函数，其应用代码如例 24.2 所示。

（1）void moveLeft(void)：向左移动方块。

（2）void moveRigh(void)：向右移动方块。

（3）void moveDown(void)：向下移动方块。

（4）void cubeRotation(void)：翻转方块。

游戏操控模块函数的应用代码提供了 4 个函数用于对按键事件进行相应处理。

【例 24.2】　游戏操控模块函数的应用代码。

```
//控制方块向左移动
void moveLeft(void)
{
  clearCubeFromMap();                    //清除方块
  this.column--;
  if(checkBorder() || checkClask())
    this.column++;                       //方块的横向位置偏移
  writeCubeToMap();
}
//控制方块向右移动
void moveRigh(void)
{
  clearCubeFromMap();                    //清除方块
  this.column++;                         //计算方块的的横向位置
  if(checkBorder() || checkClask())
    this.column--;
  writeCubeToMap();                      //重新绘制方块
}
//向下快速移动方块的函数
void moveDown(void)
{
  clearCubeFromMap();                    //首先是清除方块
  this.row++;
  if(checkBorder() || checkClask())
    {
      this.row--;
downok=1;                                //方块位置
    }
  else
    downok=0;
  writeCubeToMap();                      //重新绘制方块
  if(downok)
    checkMap();                          //判断是否还需要下落
}
//方块翻转函数
void cubeRotation(void)
```

```
    {
        unsigned char temp;
        temp=this.state;                          //先记录当前的相应状态
        clearCubeFromMap();
        this.state=++this.state%4;
        this.box=cube+16*this.cube+4*this.state;  //计算方块的相应位置
        if(checkBorder() || checkClask())
          {
            this.state=temp;
            this.box=cube+16*this.cube+4*this.state;
          }
        writeCubeToMap();                         //重新绘制方块
    }
```

24.4.4　游戏逻辑控制模块函数设计

游戏逻辑控制模块函数包括对游戏本身进行逻辑控制和判断的相应函数，其应用代码如例 24.3 所示。

（1）void showScoreSpeed(void)：显示当前的得分和速度。

（2）void timeServer(void)：记录当前的游戏速度。

（3）void showNextCube(unsigned char code * p,unsigned char x,unsigned char y)：提示下一个方块的类型。

（4）void createCube(void)：产生一个方块。

（5）void showCubeMap(void)：显示当前的方块图形。

（6）void writeCubeToMap(void)：将当前的方块加入显示图形中。

（7）void clearCubeFromMap(void)：从当前的图形中清除这个方块。

（8）unsigned char checkBorder(void)：检查当前方块图形是否达到了边界，如果是则返回 1，否则返回 0。

（9）unsigned char checkClask(void)：检查是否需要消除。

（10）void checkMap(void)：检查当前的图形边缘。

游戏逻辑控制模块函数的应用代码根据俄罗斯方块的游戏规则对当前的方块情况进行判断，然后调用相应的显示函数进行显示。

【例 24.3】　游戏逻辑控制模块函数的应用代码。

```
    //显示当前的得分和速度
    void showScoreSpeed(void)
    {
        unsigned char num[5];
        char i;
        unsigned int temp;
        temp=score;                               //存放得分
        for(i=0;i<5;i++)
          {
            num[i]=temp%10;                        //把得分拆分为独立的字符
```

```
         temp=temp/10;
            }
        for(i=4;i>0;i--)
          {
              if(num[i]= =0)
          num[i]=22;
        else
          break;
            }
        for(i=4;i>-1;i--)
          lcdPlayChar(num[i],6,STAR+(4-i)*WIDE);
        lcdPlayChar(speed/10,4,STAR+2*WIDE);
        lcdPlayChar(speed%10,4,STAR+3*WIDE);                //在液晶屏幕上显示当前得分
}
//当前的游戏时间记录
void timeServer(void)
{
    if(timeupdate)
      {
        timeupdate=0;                                       //软件定时进行当前游戏时间记录
        lcdPlayChar(fen/10,7,STAR);
        lcdPlayChar(fen%10,7,STAR+1*WIDE);
        lcdPlayChar(10,7,STAR+2*WIDE);
        lcdPlayChar(miao/10,7,STAR+3*WIDE);
        lcdPlayChar(miao%10,7,STAR+4*WIDE);
      }
    if(fashionupdate)
      {
        fashionupdate=0;
        lcdPlayChar(22,7,STAR+2*WIDE);
      }
}
//提示下一个方块的类型
void showNextCube(unsigned char code * p,unsigned char x,unsigned char y)
{
    unsigned char i,j,temp;
    for(i=0;i<4;i++)
      {
          temp=1;
          for(j=0;j<4;j++)
            {
              if(p[i] & temp)
                lcdPutPix(x+j,y+i,1);                        //将下一个方块的形状显示在指定位置
              else
                lcdPutPix(x+j,y+i,0);
              temp<<=1;
            }
```

```
        }
    }
//产生一个方块
void createCube(void)
{
    static unsigned char next;
    this.cube=next;
    next=TL0%7;                                    //使用 TL0 作为随机数发生器
    this.row=0;
    this.column=6;
    this.state=0;
    this.box=cube+16*this.cube;                    //使用随机数产生一个方块
    showNextCube(cube+16*next,19,3);
}
//显示当前的方块图形
void showCubeMap(void)
{
    unsigned char hang,lie,temp;
    for(hang=MAXHANG-1;hang>0;hang--)
    {
        if(cubeMap[hang][0]= =0 && cubeMap[hang][1]= =0)
            break;
        for(lie=0;lie<(MAXLIE/8);lie++)
        {
            temp=8*lie;
            if(cubeMap[hang][lie]&0x01)
                lcdPutPix(temp+1,hang,1);
            if(cubeMap[hang][lie]&0x02)
                lcdPutPix(temp+2,hang,1);
            if(cubeMap[hang][lie]&0x04)
                lcdPutPix(temp+3,hang,1);
            if(cubeMap[hang][lie]&0x08)
                lcdPutPix(temp+4,hang,1);
            if(cubeMap[hang][lie]&0x10)
                lcdPutPix(temp+5,hang,1);
            if(cubeMap[hang][lie]&0x20)
                lcdPutPix(temp+6,hang,1);
            if(cubeMap[hang][lie]&0x40)
                lcdPutPix(temp+7,hang,1);

            if(cubeMap[hang][lie]&0x80)
                lcdPutPix(temp+8,hang,1);
        }
    }
}
//将当前方块加入当前的方块图形
void writeCubeToMap(void)
```

```
{
  unsigned char row,column,temp;
  unsigned char hang,lie;
  for(row=0;row<4;row++)
    {
      temp=1;
      for(column=0;column<4;column++)
  {
    if(this.box[row] & temp)
      {
        hang=this.row+row;
        lie=this.column+column;
            cubeMap[hang][lie/8] |=bittable[lie%8];
        lcdPutPix(lie+1,hang,1);
      }
    temp<<=1;
  }
    }
}
//从当前图形中清除这个方块
void clearCubeFromMap(void)
{
  unsigned char row,column,temp;
  unsigned char hang,lie;
  for(row=0;row<4;row++)
    {
      temp=1;
      for(column=0;column<4;column++)
  {
    if(this.box[row] & temp)
      {
        hang=this.row+row;
        lie=this.column+column;
            cubeMap[hang][lie/8] &=~bittable[lie%8];
        lcdPutPix(lie+1,hang,0);
      }
    temp<<=1;
  }
    }
}
//检查当前方块图形是否达到了边界，如果是则返回1，否则返回0
unsigned char checkBorder(void)
{
 if(this.box[3]!=0 && this.row>(MAXHANG-4))
    return 1;
  else if(this.box[2]!=0 && this.row>(MAXHANG-3))
    return 1;
```

```
        else if(this.box[1]!=0 && this.row>(MAXHANG-2))
          return 1;
        else if(this.box[0]!=0 && this.row>(MAXHANG-1))
          return 1;
        if((this.box[0] & 0x01) || (this.box[1] & 0x01) || (this.box[2] & 0x01) ||(this.box[3] & 0x01) )
          {
            if(this.column<0)
             return 1;
          }
        else if((this.box[0] & 0x02) || (this.box[1] & 0x02) || (this.box[2] & 0x02) ||(this.box[3] & 0x02) )
          {
            if(this.column<-1)
             return 1;
          }
        else if((this.box[0] & 0x04) || (this.box[1] & 0x04) || (this.box[2] & 0x04) ||(this.box[3] & 0x04) )
          {
            if(this.column<-2)
             return 1;
          }
         else if((this.box[0] & 0x08) || (this.box[1] & 0x08) || (this.box[2] & 0x08) ||(this.box[3] & 0x08) )
          {
            if(this.column<-3)
             return 1;
          }
        if((this.box[0] & 0x08) || (this.box[1] & 0x08) || (this.box[2] & 0x08) ||(this.box[3] & 0x08) )
          {
            if(this.column>(MAXLIE-4))
              return 1;
          }
        else if((this.box[0] & 0x04) || (this.box[1] & 0x04) || (this.box[2] & 0x04) ||(this.box[3] & 0x04) )
          {
            if(this.column>(MAXLIE-3))
              return 1;
          }
        else if((this.box[0] & 0x02) || (this.box[1] & 0x02) || (this.box[2] & 0x02) ||(this.box[3] & 0x02) )
          {
            if(this.column>(MAXLIE-2))
              return 1;
          }
        else if((this.box[0] & 0x08) || (this.box[1] & 0x08) || (this.box[2] & 0x08) ||(this.box[3] & 0x08) )
          {
            if(this.column>(MAXLIE-1))
             return 1;
          }
        return 0;

    }
//检查是否要消除
```

```
unsigned char checkClask(void)
{
    unsigned char row,column,temp;
    unsigned char hang,lie;
    for(row=0;row<4;row++)
      {
        temp=1;
        for(column=0;column<4;column++)
    {
        if(this.box[row] & temp)
              {
            hang=this.row+row;
             lie=this.column+column;
            if(cubeMap[hang][lie/8] & bittable[lie%8])
                return 1;
          }
        temp<<=1;
    }
      }
    return 0;
}
//检查当前的图形边缘
void checkMap(void)
{
    unsigned char i,j,delete;
    bit full;
    full=0;
    delete=0;
    for(i=MAXHANG-1;i>0;i--)
      {
        if(cubeMap[i][0]= =0 && cubeMap[i][1]= =0)
            break;
    if(cubeMap[i][0]= =0xff && cubeMap[i][1]= =0xff)
        {
            delete++;
            full=1;
            for(j=i;j>0;j--)
              {
                cubeMap[j][0]=cubeMap[j-1][0];
                cubeMap[j][1]=cubeMap[j-1][1];
              }
            i++;
            cubeMap[0][0]=0;
            cubeMap[0][1]=0;
        }
      }
    if(full)
```

```
        {
            if(delete= =1)
        score++;
    else if(delete= =2)
        score+=4;
    else if(delete= =3)
        score+=9;
    else if(delete= =4)
        score+=16;
    rectangle();
    showCubeMap();
        if(score<50)
        speed=1;
    else if(score<100)
        speed=2;
    else if(score<500)
        speed=3;
    else if(score<1000)
        speed=4;
    else if(score<5000)
        speed=5;
    else if(score<10000)
        speed=6;
    else if(score<20000)
        speed=7;
    else if(score<30000)
        speed=8;
    else if(score<40000)
        speed=9;
    else if(score<50000)
        speed=10;
    else if(score<60000)
        speed=11;
    else
        speed=12;
    showScoreSpeed();
        }
}
```

24.4.5 俄罗斯方块的软件综合

俄罗斯方块的软件综合如例 24.4 所示，其中涉及的相关代码可以参考前面的内容。

俄罗斯方块的应用代码在主函数中对按键状态进行判断，然后调用相应的处理函数进行处理。

【例 24.4】　俄罗斯方块的软件综合。

```c
#include <AT89X52.H>
//定义游戏相关常数
#define DOWNTIME 30
#define MAXHANG 20
#define MAXLIE   16
#define MAXPIX   3
#define PUSHON   50
//定义相关控制引脚
#define LCD P2
#define EN   P3_0
#define RW   P3_1
#define RS   P3_2
#define CS1 P3_3
#define CS2 P3_4
#define KEYLEFT P1_0
#define KEYDOWN P1_7
#define KEYRIGH P1_6
#define KEYROTATION P1_1
unsigned char gkey=0xff,keystate=0,t0ms1=0,t0ms=0,downtimegap=0;
unsigned char miao=0,fen=0;
unsigned char downok;
bit keyflag,timeupdate,fashionupdate;
unsigned char idata cubeMap[MAXHANG][2];
typedef struct{
                unsigned char code * box;
                    unsigned char cube : 4;
                unsigned char state : 4;
                char row;
                char column;
                } block;
block this;
unsigned int score=0;
unsigned char speed=1;
unsigned char code bittable[8]={1,2,4,8,0x10,0x20,0x40,0x80};
//定义了相应方块对应的数据
unsigned char code cube[]=
{
/*  ■
    ■■■
*/
0,4,0xe,0,   0,2,6,2,        0,7,2,0,       4,6,4,0,
/*■
  ■■■
*/
0,8,0xe,0,   0,4,4,0xc,   0,0,0xe,2,     0,6,4,4,
/*■■■
  ■
```

```
*/
    0,0xe,8,0,    0,4,4,6,      0,1,7,0,      6,2,2,0,
/*■ ■
     ■ ■
*/
    0,0xc,6,0,    0,2,6,4,      0,6,3,0,      2,6,4,0,
/*   ■ ■
     ■ ■
*/
    0,6,0xc,0,    0,4,6,2,      0,3,6,0,      4,6,2,0,
/*■ ■ ■ ■
*/
    0,0xf,0,0,    4,4,4,4,      0,0,0xf,0,    2,2,2,2,
/*■ ■
     ■ ■
*/
    0,6,6,0,      0,6,6,0,      0,6,6,0,      0,6,6,0
};
//ASCII 码对应的显示常数
unsigned char code asii[]=
{
    0x3E,0x51,0x49,0x45,0x3E,      // -0-
    0x00,0x42,0x7F,0x40,0x00,      // -1-
    0x62,0x51,0x49,0x49,0x46,      // -2-
    0x21,0x41,0x49,0x4D,0x33,      // -3-
    0x18,0x14,0x12,0x7F,0x10,      // -4-
    0x27,0x45,0x45,0x45,0x39,      // -5-
    0x3C,0x4A,0x49,0x49,0x31,      // -6-
    0x01,0x71,0x09,0x05,0x03,      // -7-
    0x36,0x49,0x49,0x49,0x36,      // -8-
    0x46,0x49,0x49,0x29,0x1E,      // -9-
    0x00,0x36,0x36,0x00,0x00,      // -:-10
    //next
    0x7F,0x04,0x08,0x10,0x7F,      // -N-11
    0x7F,0x49,0x49,0x49,0x41,      // -E-12
    0x63,0x14,0x08,0x14,0x63,      // -X-13
    0x01,0x01,0x7F,0x01,0x01,      // -T-14
    //speed
    0x26,0x49,0x49,0x49,0x32,      // -S-15
    0x7F,0x09,0x09,0x09,0x06,      // -P-16
    0x7F,0x49,0x49,0x49,0x41,      // -E-17
    0x7F,0x41,0x41,0x41,0x3E,      // -D-18
    //score
    0x3E,0x41,0x41,0x41,0x22,      // -C-19
    0x3E,0x41,0x41,0x41,0x3E,      // -O-20
    0x7F,0x09,0x19,0x29,0x46,      // -R-21
    0x00,0x00,0x00,0x00,0x00,      // - -22
    //GAME OVER
```

```
        0x3E,0x41,0x51,0x51,0x72,        // -G-23
        0x7C,0x12,0x11,0x12,0x7C,        // -A-24
        0x7F,0x02,0x0C,0x02,0x7F,        // -M-25
        0x1F,0x20,0x40,0x20,0x1F,        // -V-26
};
//T0 的中断服务子函数
void t0isr(void) interrupt 1
{
    unsigned char key;
    TH0=(65536-10000)/256;
    TL0=(65536-10000)%256;
    downtimegap++;
    t0ms=++t0ms%100;
    if(t0ms= =0)
      {
         timeupdate=1;
         miao=++miao%60;
    if(miao= =0)
    fen=++fen%60;
      }
    if(t0ms= =50)
      fashionupdate=1;
    key=0xff;
    KEYLEFT=1;
    KEYRIGH=1;
    KEYROTATION=1;
    KEYDOWN=1;
    if(!KEYLEFT)
       key=0;
    if(!KEYRIGH)
       key=1;
    if(!KEYROTATION)
       key=2;
    if(!KEYDOWN)
       key=3;
    //对按键状态进行判断
    switch(keystate)
      {
      case 0: if(key!=gkey)
            {
                gkey=key;
                keystate=1;
              }
             break;
      case 1: if(key= =gkey)
                {
                t0ms1=0;
                keystate=2;
```

```
                    if(key!=0xff)
                        keyflag=1;
                    }
                else
                    keystate=0;
                break;
        case 2: if(key= =gkey)
                    {
                        if(t0ms1<PUSHON)
                            t0ms1++;
                    }
                else
                 {
                    keystate=0;
                    keyflag=0;
                    gkey=0xff;
                 }
                break;
            }


}
//主函数
void main(void)
{
    TMOD=0x1;
    TH0=(65536-10000)/256;
    TL0=(65536-10000)%256;
    EA=1;
    ET0=1;
    TR0=1;
    lcdIni();
    //以上为相应的初始化
    for(t0ms=0;t0ms<MAXHANG;t0ms++)
      {
        cubeMap[t0ms][0]=0;
        cubeMap[t0ms][1]=0;
      }
    while(1)
      {
        createCube();
if(checkClask())
      {
            rectangle();
            lcdPlayChar(23,2,SHOWSTAR); //GAME
            lcdPlayChar(24,2,SHOWSTAR+GAP);
            lcdPlayChar(25,2,SHOWSTAR+2*GAP);
            lcdPlayChar(12,2,SHOWSTAR+3*GAP);
```

```
            lcdPlayChar(20,4,SHOWSTAR); //OVER
            lcdPlayChar(26,4,SHOWSTAR+GAP);
            lcdPlayChar(12,4,SHOWSTAR+2*GAP);
            lcdPlayChar(21,4,SHOWSTAR+3*GAP);
            t0ms=0;
            while(t0ms<95);                    //延时 2s
      t0ms=0;
            while(t0ms<95);
            ((void (code *) (void)) 0x0000) ( );
    }

        while(1)
    {
        timeServer();                      //更新游戏时间
        if(keyflag)                        //在主循环中判断是否有按键被按下
          {
            keyflag=0;
            t0ms1=0;
            if(gkey= =0)
              moveLeft();
            if(gkey= =1)
              moveRigh();
            if(gkey= =2)
              cubeRotation();
            if(gkey= =3)
              moveDown();
          }
            if(gkey= =0 && t0ms1= =PUSHON)
        {
            t0ms1-=10;
            moveLeft();
        }
            if(gkey= =1 && t0ms1= =PUSHON)
        {
            t0ms1-=10;
            moveRigh();
        }
            if(gkey= =3 && t0ms1= =PUSHON)
        {
            t0ms1-=10;
            moveDown();
        }
    if(downtimegap>(DOWNTIME-speed))
      {
        moveDown();
        downtimegap=0;
      }
    if(downok)
      {
```

```
            downok=0;
            break;
        }
    }
    }
}
```

24.5 俄罗斯方块应用系统仿真与总结

在 Proteus 中绘制如图 24.4 所示的电路，其中涉及的 Proteus 电路器件参见表 24.2。

表 24.2 Proteus 电路器件列表

器 件 名 称	库	子 库	说 明
AT89C52	Microprocessor ICs	8051 Family	51 单片机
RES	Resistors	Generic	通用电阻
CAP	Capacitors	Generic	电容
CAP-ELEC	Capacitors	Generic	极性电容
CRYSTAL	Miscellaneous	—	晶体
AMPIRE128×64	Optoelectrnics	Graphical LCDs	12864 液晶模块
BUTTON	Switches & Relays	Switches	独立按键

单击运行，即可以开始游戏，如图 24.6 所示。

总结：51 单片机的工作频率越高，游戏运行的速度越快。

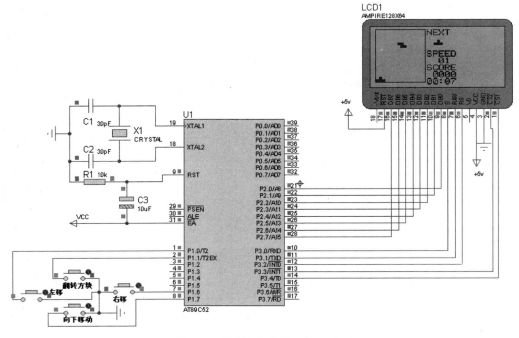

图 24.6 俄罗斯方块的 Proteus 仿真

第 25 章 RTX51 操作系统应用

RTX51 操作系统是专门为 51 单片机设计的多任务实时操作系统,使用该操作系统可以简化比较复杂、有严格时间限制的用户软件设计,并且大大提高了用户代码的可移植性,Keil μVision 开发环境提供了对 RTX51 操作系统的支持。

本章应用实例涉及的知识如下:

➢ RTX51 操作系统的基础;

➢ 基于 RTX51 操作系统的交通灯应用原理。

25.1 RTX51 操作系统的基础

RTX51 操作系统有 Full 和 Tiny 两个版本,Tiny 是 Full 的一个子集。

RTX51 Full 版本既可以以循环方式执行任务,也可以按照 4 级任务优先级方式来切换任务;它以带中断功能的并行方式进行工作,同时信号和消息可以通过邮箱系统在不同任务之间传递;用户既可以通过存储池来给任务分配存储空间,也可以利用存储池来回收这些存储空间;在 RTX51 Full 版本中,还可以按照用户的需求使某一个任务等待某个消息、信号又或另外的任务,以及中断源的中断事件、挂起请求,得到响应后才能继续执行。

RTX51 Tiny 版本所要求的硬件基础资源比 Full 版本更少,所以更容易在资源匮乏的 51 单片机系统上运行,而不需要外扩数据存储器,其支持 Full 版本的大部分功能。但 Tiny 版也有以下几方面的不足。

(1)只支持循环方式和信号方式的任务切换,不支持优先级方式的任务切换。

(2)不支持消息机制。

(3)没有基于存储池的存储器分配机制。

如果没有特殊说明,本章的介绍基本上都是基于 Tiny 版本的,如果有涉及 Full 版本的地方会有特别的提示。RTX51 Tiny 操作系统的性能说明参见表 25.1。

表 25.1 RTX51 Tiny 操作系统的性能说明

类　别	说　明
最大任务数目	16
最大活动任务数目	16
代码存储器需求	最大 900B
最大数据存储器需求	7B
堆栈需求	3B
外部数据存储器需求	无

类　　别	说　　明
定时器需求	定时器 0
系统时钟因子	1000～65535
中断等待时钟周期	最大 20
任务切换时间	100～700 个时钟周期

25.1.1　RTX51 占用的资源

RTX51 Tiny 可以运行于绝大多数的 51 单片机上，RTX51 的 Tiny 版本和 Full 版本不同，不需要额外的外部数据存储器，但是用户任务则可以自由地访问外部数据存储器。RTX51 Tiny 支持 Keil C51 编译器全部的存储模式，而且存储模式的选择只影响应用程序对象的位置，RTX51 Tiny 的系统变量和应用程序栈空间总是位于 51 单片机的内部存储区（DATA 或 IDATA）。在通常情况下，用户的代码应该尽可能使用小（SMALL）模式。

1. 中断系统

RTX51 Tiny 操作系统与 51 单片机的中断函数并行运作，中断服务程序可以通过发送信号（isr_send_signal 函数）或设置任务的就绪标志（isr_set_redy 函数）与 RTX51 Tiny 的任务进行通信。

与普通 51 单片机程序类似，如果要使用中断系统，用户必须自行在 RTX51 Tiny 的应用中对中断进行相应的初始化操作并且开启中断，RTX51 Tiny 并不对中断服务进行管理。

由于要产生时间片，所以 RTX51 Tiny 操作系统占用了 51 单片机的定时器 0、定时器 0、中断和寄存器组 1，如果用户也使用了这些硬件资源，RTX51 Tiny 将不能正常工作，所以用户应该避免修改这些硬件模块，但是用户可以在 RTX51 Tiny 定时器 0 的中断服务程序后追加自己的定时器 0 中断服务程序代码。

RTX51 Tiny 把 51 单片机的总中断使能位总是被允许（EA=1），所以 RTX51 Tiny 的库函数在需要时会修改中断系统（EA）的状态，以确保 RTX51 Tiny 的内部结构不被中断破坏。当允许或禁止总中断时，RTX51 Tiny 只是简单地改变 EA 的状态，不保存并重装 EA，EA 只是简单地被置位或清除，因此如果用户的程序在调用 RTX51 Tiny 例程前关闭了中断，RTX51 Tiny 可能会失去响应。

在用户代码的临界区，可能需要在短时间内禁止中断，但禁止在中断后，不能调用任何 RTX51 Tiny 的库函数。另外，应该尽可能缩短关闭中断的时间长度。

2. 再入函数

C51 编译器可以提供对再入函数的支持，再入函数在再入堆栈中存储参数和局部变量，从而保护递归调用或并行调用。而 RTX51 Tiny 不支持对 C51 再入栈的任何管理，所以如果在程序中使用再入函数，必须确保该函数不调用任何 RTX51 Tiny 的库函数，且不被循环任务切换所打断。

需要注意的是，仅用寄存器传递参数和保存自动变量的 C 函数具有内在的再入性，可以无限制地调用 RTX51 Tiny 的库函数，而非可再入 C 函数不能被超过一个以上的任务或中断过程调用。非再入 C51 函数在静态存储区段保存参数和自动变量（局部数据），该区域在函数被多个任务同时调用或递归调用时可能会被修改，如果确定多个任务不会递归（或同时）调用，则多个任务可以调用非再入函数。通常，这意味着必须禁止循环任务调度，且该非再入函数不能调用任何 RTX51 Tiny 系统函数。

说明：如果确实希望在多个任务或中断中调用再入或非再入函数，应当禁止循环任务调度。

3．Keil 的库函数

可再入 C51 库函数可在任何任务中无限制地使用，对于非再入 C51 库函数，同样有非可再入 C 函数的限制。

4．多数据指针

Keil C51 编译器允许使用多数据指针，而 RTX51 Tiny 则不提供对它们的支持。因此，在 RTX51 Tiny 的应用程序中应小心使用多数据指针。从本质上说，必须确保循环任务切换不会在执行改变数据指针选择器的代码时发生。

说明：如果确实要使用多数据指针，应该禁止循环任务切换。

5．运算单元

Keil C51 编译器允许使用运算单元，而 RTX51 Tiny 则不提供对它们的支持，因此，在 RTX51 Tiny 的应用程序中应小心使用运算单元。从本质上说，必须确保循环任务切换不会在执行运算单元的代码时发生。

说明：如果确实希望使用运算单元，应禁止循环任务切换。

6．存器组

RTX51 Tiny 会让所有的任务都使用寄存器 0，因此所有的函数必须用 C51 的默认设置进行编译，"REGISTERBANK（0）"。中断函数则可以使用剩余的寄存器组，但是 RTX51 Tiny 需要寄存器组中的 6 个永久性的字节，用于这些字节的寄存器组在配置文件中指定。

25.1.2　RTX51 的实现机制

RTX51 操作系统是通过 Round-Robin 方式（循环方式）来实现多任务机制的操作系统，它把 51 单片机的运行时间分成很多个时间片，在每个时间片内执行一个任务，在执行完之后在下一个时间片里切换到另外一个任务，由于这些时间片都很短，通常都是毫秒（ms）级别的，所以从宏观上来看就好像很多个任务在同时执行。

RTX51 操作系统使用了 51 单片机的一个定时器中断来实现时间片的定时，从而实现了任务的切换，当一个时间片达到之后产生一个中断事件，然后结束当前任务，切换到下一个任务执行，如图 25.1 所示。

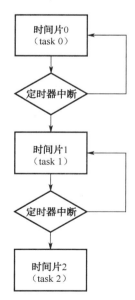

图 25.1　RTX51 的时间片和任务切换机制

25.1.3　RTX51 的工作原理

与其他操作系统类似，RTX51 操作系统同样有时间片、任务、堆栈等基本模块，这些模块构成了 RTX51 的工作基础，本小节主要介绍 RTX51 的工作原理，包括时间片管理、任务管理、事件管理、任务调度管理和堆栈管理。

1．时间片管理原理

RTX51 Tiny 使用 51 单片机的定时器 0 在工作方式 1 下生产一个周期性的中断，该中断事件就是 RTX51 Tiny 的定时滴答（Timer Tick），RTX51 Tiny 中的所有超时和时间间隔都是基于该定时滴答来完成的。

在默认情况下，RTX51 Tiny 在 51 单片机的每 10000 个机器周期内产生一个定时滴答，因此对于工作频率为 12MHz 的 51 单片机而言，其滴答的周期是 0.01s，也就是说频率为 100Hz（12MHz/12/10000），这个值可以在 CONF_TNY.A51 配置文件中修改。

说明：可以在 RTX51 的定时滴答中断里追加自己的代码，参考 CONF_TNY.A51 配置文件。

2．任务管理原理

RTX51 Tiny 操作系统实质上就是一个任务切换系统。建立一个基于 RTX51 Tiny 的用户程序，就相当于建立了一个或多个任务函数的应用程序，在 RTX51 Tiny 操作系统中，任务都要遵循以下规定。

（1）任务都使用_task_关键字来定义。

（2）任务有运行、等待、就绪、删除和超时 5 种状态，参见表 25.2。

（3）RTX51 Tiny 操作系统会自动维护每个任务的状态。

（4）任何时候都只有一个任务处于运行态。

（5）不同的任务可能处于就绪态、等待态、删除态或超时态。

（6）空闲任务总是处于就绪态，当系统中的所有任务都被阻塞后，运行空闲任务。

表 25.2　RTX Tiny 的任务状态

状　　态	说　　明
运行态	正在运行的任务的状态，在任何时候都只能有一个任务处于该状态，可以使用 os_running_task_id 函数返回当前正在运行的任务编号
就绪态	准备运行的任务处于就绪态，一旦正在运行的任务完成了，RTX51 Tiny 选择一个就绪的任务执行。一个任务可以通过用 os_set_ready 或 os_set_ready 函数设置就绪标志来使其立即就绪（即便该任务正在等待超时或信号）
等待态	正在等待一个事件的任务处于等待态，一旦事件发生，任务切换到就绪态，可以使用 Os_wait 函数将一个任务置为等待态
删除态	没有被启动或已被删除的任务处于删除态。可以使用 os_delete_task 函数将一个已经用 os_create_task 启动的任务置删除态
超时态	被超时循环中断的任务处于超时态，在循环任务程序中，该状态相当于就绪态

3．事件管理原理

在 RTX51 Tiny 操作系统中，事件可用于控制任务的执行，一个任务可能等待一个事件，也可能向其他任务发送任务标志。os_wait 函数可以使一个任务等待一个或多个事件，在 RTX51 Tiny 中有以下常见事件。

（1）超时事件（Time out）是一个任务可以等待的公共事件，其实质就是一些时钟滴答数，当一个任务在等待超时时，其他任务可以执行；一旦等待到达指定数量的滴答，该任务就可以继续执行。

（2）时间间隔事件（Interval）是一个超时（Time out）的特殊表达方式，其时间间隔与超时类似，不同的是时间间隔是相对于任务上次调用 os_wait 函数的指定数量的时钟滴答数。

（3）信号事件（Signal）是任务间通信的方式，一个任务可以等待其他任务使用 os_send_signal 或者 isr_send_signal 函数给它发信号。

（4）就绪事件是每个任务都有一个可被其他任务使用 os_set_ready 或者 isr_set_ready 函数设置的标志，一个在等待超时、时间间隔或信号的任务可以通过设置它的就绪标志来启动执行。

os_wait 函数和事件的关系参见表 25.3。

表 25.3　os_wait 函数和事件关系列表

事　　件	说　　明
K_IVL	等待指定的时间
K_SIG	等待指定的信号
K_TMO	等待指定的超时

os_wait 函数还可以等待 K_SIG 分别与 K_IVL 或 K_TMO 事件的组合，K_SIG 与这两个事件构成或关系，用于等待指定时间或信号到达，以及用于等待指定时间或指定超时到达。

os_wait 函数返回值参见表 25.4。

表 25.4　os_wait 函数返回值列表

事　　件	说　　明
RDY_EVENT	任务的就绪标志被置位
SIG_EVENT	收到指定的信号
TMO_EVENT	超时时间到达或者时间间隔到达

4．任务调度管理

RTX51 Tiny 中有一个任务调度机制，该任务调度机制使用以下规则来确定运行哪一个任务。

当前任务中断运行的规则如下：

（1）有任务调用了 os_switch_task 函数并且有另一个任务正准备运行；

（2）有任务调用了 os_wait 函数且指定的事件没有发生；

（3）有任务当前运行时间超过时间片长度。

另一个任务启动运行的规则如下：

（1）无其他任务运行；

（2）要启动的任务处于就绪态或超时态。

RTX51 Tiny 可以配置为用循环方式进行多任务处理，循环方式允许并行执行多个用户任务，但是任务并非真的同时执行，而是分时间片执行的，该时间片的持续时间可以由用户自己来决定。

如果 RTX51 Tiny 没有配置为循环方式，就必须让用户任务以协作的方式运作，在每个任务里调用 os_wait 或 os_switch_task 函数以通知 RTX51 Tiny 从当前任务切换到另一个任务。

说明：os_wait 函数与 os_switch_task 的区别是，前者让任务等待一个事件，而后者是立即切换到另一个就绪的任务。

在没有任务准备运行时，RTX51 Tiny 会执行一个空闲任务，该任务实质上就是一个无限循环。RTX51 Tiny 允许在空闲任务中启动空闲模式（在没有任务准备执行时）。当 RTX51 Tiny 的定时滴答中断（或其他中断）产生时，单片机恢复程序的执行，空闲任务执行的代码在 CONF_TNY.A51 配置文件中允许配置。

5．堆栈管理

RTX51 Tiny 为每个任务在 51 单片机的内部 RAM 区（IDATA）维护一个堆栈，在任务运行时，将可能得到最大数量的栈空间，在任务切换时，先前的任务栈被压缩并重置，当前的任务栈被扩展和重置。

25.1.4　RTX51 的配置

由于用户的 51 单片机系统在硬件具体方面通常都具有相当大的差异，所以 RTX51 操作系统在使用之前必须进行配置操作，所谓配置就是对 RTX51 的内存分配、时间片划分、任务数等进行设定，以适应当前硬件系统的过程。RTX51 操作系统的配置一般是通过对 CONF_TNY.A51 文件的相关项进行操作来完成的，该文件位于该文件位于\KEIL\CS1\RTXTINY2 目录下。

1．RTX51 的基础配置

CONF_TNY.A51 文件默认被包含在 RTX51 Tiny 库中，但是为了保证配置的有效和正确，用户最好将 CONF_TNY.A51 文件复制到工程目录下，并将其加入自己的工程之后，再通过改变 CONF_TNY.A51 中的设置来定制 RTX51 Tiny 的配置。如果在工程中没有包含 CONF_TNY.A51 文件，在编译时将自动加载库中的默认配置，然后把对该文件的修改存储在库中，这样可能会影响以后的应用。

在 CONF_TNY.A51 配置文件中，有以下基础配置选项可供选择：

（1）指定滴答使用的中断寄存器组；

（2）指定滴答间隔（以 51 单片机的机器周期为单位）；

（3）指定在滴答中断中执行的任务；

（4）指定循环超时长度；

（5）允许或禁止循环任务切换；

（6）指定用户任务占用长时间的中断；

（7）指定是否使用代码分组（code banking）；

（8）定义 RTX51 Tiny 使用的堆栈；

（9）指定最小的栈空间需求；

（10）指定栈错误发生时要执行的代码；

（11）定义栈错误发生时要执行的代码；

（12）定义空闲任务操作。

2．定时器的配置

下面的常数用于对 RTX51 的定时器进行配置。

（1）INT_REGBANK：用于指定用于定时器中断服务子程序使用的寄存器组，默认值为 1（寄存器组 1）。

（2）INT_CLOCK：用于指定定时器产生中断前的指令周期数，该值用来计算定时器的重装值（65536_INT_CLOCK），默认值为 10000。

（3）W_TIMER_CODE：这是一个宏，用于指出在 RTX51 定时器中断结尾处要执行的代码，该宏默认是中断返回。

3．循环任务切换配置

在默认设置中，循环任务切换是被使能的，常数 TIMESHARING 允许用户配置循环任务的切换时间或完全禁止循环切换，该常数用于指定在循环任务切换工作方式下某任务被切换之前运行的滴答数，当该常数被指定设为 0 时，禁止循环任务切换，其默认值为 5 个滴答数。

4．中断配置

在通常情况下，中断服务程序都设计得比较短。但是在某些情况下，中断服务程序可能执行较长的时间。如果一个高优先级的中断服务程序执行的时间比 RTX5 的时间滴答长度还要长，则 RTX51 的定时器中断可能被打断并可能被重入（被后继的 RTX51 定时器中断），所以如果要使用执行时间较长的高优先级中断，则应该考虑减少 ISR 中执行的作业的数量，修改 RTX51 的定时器滴答频率使其变得低一些，或者使用 LONG_USR_ISR 常数来标志在 RTX51 中是否有执行时间长于滴答时间间隔的中断（滴答中断除外），当该标志常数被设为 1 时，RTX51 就会包括保护再入滴答中断的代码，该值默认为 0，即认为中断是快速的。

5．代码分组（Code Banking）配置

CODE_BANKING 配置选项用于指定 RTX51 上运行的用户代码是否使用代码分组，当使用代码分组时，该选项必须被设为 1，否则为 0，默认值为 0。所谓代码分组，其实就是指用户代码中 C 文件的数目，如果将用户代码都放在同一个 .c 文件中，则称为未分组，否则为分组。

说明： L51_BANK.A51 2.12 及其以上的版本，需要 RTX51 上的用户程序打开代码分组设定。

6．堆栈配置

堆栈是 RTX51 任务管理中非常重要的一个环节，在 CONF_TNY.A51 文件中提供了一些选项用于堆栈的配置，这些常数定义用于栈区域的内部 RAM 的大小和栈的最小自由空间，还提供了一个宏操作用于错误处理。

（1）RAM TOP：用于指定 51 单片机内堆栈顶部的地址，除非有位于栈之上的 IDATA 变量，否则不应该修改该常数，其默认值为 0xFF。

（2）FREE_STACK：用于指定堆栈允许的最小字节数，在进行任务切换时，如果 RTX51 操作系统检测到堆栈长度小于该值时，将执行 STACK_ERROR 宏，当被设为 0 时，堆栈检查被禁止，其默认设置是 20B。

（3）STACK_ERROR：是一个在栈错误发生（少于 FREE_STACK 字节数）时要执行的宏，其默认操作是禁止中断并进入无限循环。

7．空闲任务配置

当前如果没有任务在执行，RTX51 会执行一个空闲任务，该空闲任务只是一个什么事情都不做的空循环，用于等待从滴答中断切换到一个就绪的任务，以下常数用于对空闲任务进行配置。

（1）CPU_IDLE：用于指定在空闲任务中执行的代码，默认的代码是置位 51 单片机 PCON 寄存器中的空闲模式位，从而停止执行程序，降低功耗，直到检测到中断事件。

（2）CPU_IDLE MACRO：用于指定在空闲任务中是否执行 CPU_IDLE 宏，默认为 0，不执行 CPU_IDLE 宏。

8．RTX51 的库文件配置

在 RTX51 操作系统中包括了以下两个库文件。

（1）RTX51TNY.LIB：用于无代码分组（non_banking）的 RTX51 程序。

（2）RTX51BT.LIB：用于代码分组（code_banking）的 RTX51 程序。

说明： 在用户的项目中并不需要用 "#include" 来引用一个 RTX51 的库，Keil 会自动将相应的库链接进来。

9．RTX51 的优化配置

在 RTX51 操作系统的使用中，可以使用以下配置来对其进行优化，减少内存的使用，提高运行的效率。

（1）禁止循环工作方式，循环工作方式的任务切换需要 13B 的栈空间用于存储任务环境和所有的寄存器，用户代码使用类似 os_wait 或 os_switch_task 的 RTX51 库函数切换任务时，可通过禁止循环工作方式来释放内存。

（2）用 os_wait 函数替代循环切换任务工作方式可以提高系统反应速度和任务响应速度。

（3）避免将滴答的中断频率设置得过高，适当地延长时间片的长度，因为每次进入中断以及中断的处理是需要时间的。

25.1.5 RXT51 的库函数

与普通 51 单片机的 C 语言所提供的库函数类似，RTX51 操作系统也提供了一些库函数以供用户调用，其中某些函数关系到 RXT51 的基础应用，本小节将介绍这些库函数。在 RXT51 提供的库函数中，以 "os_" 开头的函数可以由用户任务调用，但不能由中断服务程序调用；以 "isr_" 开头的函数可以由中断服务程序调用，但不能由任务调用。

1．isr_send_signal 函数

isr_send_signal 函数用于将一个信号发送给指定编号的任务，在使用该函数之前必须先引用 "rtx51tny.h" 头文件，函数的说明参见表 25.5。需要注意的是，该函数只能被中断服务子程序调用。

表 25.5　irs_send_signal 函数说明

函 数 原 型	char isr_send_signal(unsigned char task_id);
函 数 参 数	task_id：接收信号的任务的编号
函 数 功 能	函数给编号为 task_id 的任务发送一个信号。如果指定的任务正在等待该信号，则该任务就绪但不启动，信号被存储在任务的信号标志中
函数返回值	发送成功后返回 0，如果指定任务不存在，则返回-1

例 25.1 是 irs_send_signal 函数的使用实例。

【例 25.1】　在外部中断 1 的中断服务子程序中给任务 1 发信号，任务 1 准备就绪。

```
void tst_isr_send_signal(void) interrupt 2
{
    isr_send_signal(1);          //给任务 1 发信号
}
```

2. isr_set_ready 函数

isr_set_ready 函数用于使指定编号的任务进入就绪态，函数的说明参见表 25.6，该函数也只能被中断服务子函数定义，例 25.2 是 isr_set_ready 函数的应用实例。

表 25.6　irs_send_signal 函数说明

函 数 原 型	char isr_set_ready{ unsigned char task_id};
函 数 参 数	task_id：接收信号的任务的编号
函 数 功 能	使编号为 task_id 的函数进入就绪态
函数返回值	发送成功后返回 0，如果指定任务不存在，则返回-1

【例 25.2】　实例在外部中断 1 的中断服务子程序中调用 isr_set_ready 函数，将 1 号任务设置为就绪态。

```
void tst_isr_set_ready(void)interrupt 2
{
isr_set_ready(1);               //让任务 1 进入就绪状态
}
```

3. os_clear_signal 函数

os_clesr_signal 函数用于清除指定的任务中的信号标志，函数的说明参见表 25.7，只能由用户任务调用，不能由中断子函数调用，例 25.3 是 os_clesr_signal 函数的应用实例。

表 25.7　os_clesr_signal 函数说明

函 数 原 型	char os_clesr_signal(unsigned char task_id);
函 数 参 数	task_id：待清除信号的任务的编号
函 数 功 能	清除由 task_id 指定的任务信号标志
函数返回值	信号成功清除后返回 0，指定的任务不存在时返回-1

【例 25.3】　在用户任务 tst_os_clsar_siganl 中调用 os_clesr_signal 函数将编号为 1 的任务信

号标志清除。

```
void tst_os_clsar_siganl(void)_task_8
{
os_clear_signal(1);                    //清除任务 1 的信号标志
}
```

4. os_create_task 函数

os_create_task 函数用于启动（创建）一个用户任务，被启动的任务进入就绪态，等待下一个时间片来到时开始运行，函数说明参见表 25.8，例 25.4 是 os_create_task 函数的应用实例。

表 25.8   os_create_task 函数说明

函 数 原 型	char os_create_task(unsigned char task_id);
函 数 参 数	task_id：待启动的任务的编号
函 数 功 能	使得一个任务进入就绪态，在下一个时间片到来时运行
函数返回值	任务成功启动后返回 0，如果任务不能启动或任务已在运行，或没有以 task_id 定义的任务，返回-1

【例 25.4】   在用户任务 0 中调用了 os_create_task 函数，来启动用户编号为 2 的另外一个任务，如果启动失败，则从串口返回""couldn't start task2"字符串。

```
void new_task(void)_task_2
{
}
void tst_os_create_task(void)_task_0
{
if(os_create_task(2))
{
printf("couldn't start task2\n");
}
}
```

5. os_delete_task 函数

os_delete_task 函数用于停止一个指定任务，并且将该任务从任务列表中删除，函数说明参见表 25.9，例 25.5 是 os_delete_task 函数的应用实例。

表 25.9   os_delete_task 函数说明

函 数 原 型	char os_delete_task(unsigned char task_id)
函 数 参 数	task_id：待删除的任务的编号
函 数 功 能	停止一个任务，并且将该任务从任务列表中删除
函数返回值	任务成功停止并删除后返回 0。指定任务不存在或未启动时返回-1

【例 25.5】   实例在用户任务 0 中调用 os_delete_task 函数，将编号为 2 的任务停止，并且从任务列表中删除，如果失败，则返回"couldn't stop task2"字符串。

```
void tst_os_delete_task(void)_task_0
{
```

```
if(os_delete_task(2))
{
printf("couldn"t stop task2\n");
}
}
```

6．os_reset_interval 函数

os_reset_interval 函数用于纠正由于 os_wait 函数同时等待 K_IVL 和 K_SIG 事件而产生的时间问题。在这种情况下，如果一个信号事件（K_SIG）引起 os_wait 退出，时间间隔定时器并不调整，这样会导致后续的 os_wait 调用（等待一个时间间隔）延迟的不是预期的时间周。os_reset_interval 函数允许用户将时间间隔定时器复位，这样，后续对 os_wait 的调用就会按预期的操作进行。该函数的说明参见表 25.10。例 25.6 是 os_reset_interval 函数的应用实例。

表 25.10　os_reset_interval 函数说明

函 数 原 型	os_reset_interval(unsigned char ticks)
函 数 参 数	ticks：复位的滴答数
函 数 功 能	将时间间隔定时器复位一段时间
函数返回值	无

【例 25.6】 用户任务 4 判断是否有超时事件，如果有，则不需要调用 os_reset_interval 函数，否则使用 os_reset_interval 函数将定时器复位。

```
void task_func(void)_task_4
{
switch(os_wait2(KSIG|K_IVL,100))
{
case    TMO_EVENT: break;                         //发生了超时，不需要 Os_reset_interval
    case    SIG_EVCENT: os_reset_interval(100); break;    //收到信号，需要 Os_reset_interval
    }
}
```

7．os_running_task_id 函数

os_running_task_id 函数用于查询当前正在运行的任务的编号，该函数的说明参见表 25.11，其返回值是 0～15 之间的一个数，其应用实例如例 25.7 所示。

表 25.11　os_running_task_id 函数说明

函 数 原 型	char os_running_task_id(void);
函 数 参 数	无
函 数 功 能	查询当前正在运行的任务的编号
函数返回值	当前正在运行的任务的编号（ID）

【例 25.7】 实例在用户任务中查询当前正在运行的任务编号，返回值是调用 os_running_task_id 函数的任务的自身编号 3。

```
void tst_os_running_task(void)_task_3
{
unsigned char tid;
tid=os_running_task_id( );                              //返回 3
}
```

8．os_send_signal 函数

os_send_signal 函数向编号为 task_id 的任务发送一个信号，和 isr_send_signal 函数类似，不同的是 os_send_signal 函数只能被任务调用，不能被中断服务函数调用。该函数的说明参表 25.12，例 25.8 是 os_send_signal 函数的应用实例。

表 25.12　os_send_signal 函数说明

函 数 原 型	char os_send_signal(char task_id);
函 数 参 数	task_id：待接收信号的任务编号
函 数 功 能	函数向任务 task_id 发送一个信号。如果指定的任务已经在等待一个信号，则该函数使任务准备执行但不启动它，信号存储在任务的信号标志中
函数返回值	成功调用后返回 0，指定任务不存在时返回-1

【例 25.8】　用户任务 2 和用户任务 8 分别在自己的实例中向对方发送一个信号。

```
void signal_func(void)_task_2
{
os_send_signal(8);                                     //向 8 号任务发信号
}
void tst_os_send_signal(void)_task_8
{
os_send_signal(2);                                     //向 2 号任务发信号
}
```

9．os_set_ready 函数

os_set_ready 函数将编号为 task_id 的任务置为就绪态。该函数的说明参见表 25.13，其应用实例如例 25.9 所示。

表 25.13　os_set_ready 函数介绍

函 数 原 型	char os_set_ready(unsigned char task_id);
函 数 参 数	task_id：待接收信号的任务编号
函 数 功 能	将标号为 task_id 任务置为就绪态
函数返回值	成功调用后返回 0，指定任务不存在时返回-1

【例 25.9】　在编号为 2 的用户任务中将编号为 1 的用户任务修改为就绪态。

```
void ready_func(void)_task_2
{
os_set_ready(1);                                       //将用户任务 1 就绪
}
```

10. os_switch_task 函数

os_switch_task 函数用于停止当前正在运行的任务,并启动下一个任务。如果调用 os_switch_task 的任务是唯一的就绪任务,该任务将立即恢复运行。该函数的说明参见表 25.14,例 25.10 是 os_switch_task 函数的应用实例。

表 25.14　os_switch_task 函数说明

函 数 原 型	char os_switch_task(void);
函 数 参 数	无
函 数 功 能	停止当前正在执行的任务,并且启动下一个任务
函数返回值	成功调用后返回 0,指定任务不存在时返回-1

【例 25.10】　代码在求了 f1 的自然对数并且将其加 1 之后立即调用下一个任务。

```
void long_job(void)_task_1
{
float f1,f2;
f1=0.0;
while(1)
{
f2=log(f1);
f1+=0.0001;
os_switch_task();                        //运行其他任务
}
```

11. os_wait 函数

os_wait 函数用于挂起当前任务,并等待一个或几个事件,如时间间隔、超时、或从其他任务和中断发来的信号,例 25.11 是 os_wait 函数的应用实例。

【例 25.11】　在用户任务中使用 os_wait 函数来进行延时,并且根据函数的返回值进行相应的操作。

```
void tst_os_wait(void)_task_9
{
while(1)
{
char event;
event=os_wait(K_SIG|K_TMO,50.0);         //挂起当前任务
switch(event)
{
case      TMO_EVENT;     break;          //如果超时,50 个滴答数
 case      SIG_EVENT;        break;       //如果收到信号
default: break;                          //默认状态
}
}
}
```

说明:除了 os_wait 函数之外,RTX51 还提供了 os_wait1 和 os_wait2 函数,它们都是 os_wait 函数的子集。

25.1.6　在 RTX51 操作系统下编写用户代码的流程

在 RTX51 操作系统下编写用户代码的流程如图 25.2 所示，包括建立用户项目、修改 RTX51 配置文件、编写用户代码、编译和链接、调试工程等步骤。

1．建立用户项目

RTX51 下的用户项目建立与普通 Keil 项目建立完全相同，只是要将 Conf_tny.A51 文件加入项目中用于替代 STARTUP.A51 文件，如图 25.3 所示。

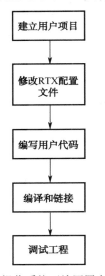

图 25.2　在 RTX51 操作系统下编写用户代码的流程　　　　图 25.3　建立用户项目

2．修改 RTX51 配置文件

由于每个 51 单片机的硬件系统及用户的具体需求都有差别，所以必须对 RTX51 的相关配置进行修改，需要修改的配置有如下几项：

（1）定时器配置；

（2）循环任务配置；

（3）中断配置；

（4）代码分组配置。

3．编写用户代码

在 RTX51 操作系统下编写用户代码时，必须用_task_关键字对用户的函数进行定义，并使用在 RTX51TNY.H 中声明的 RTX51 核心例程；被定义的用户函数称为 RTX51 下的任务。

使用 RTX51 时，必须引用"RTX51TNY.H"头文件，该头文件定义了 RTX51 所有的库函数和常数。

以下是在 RTX51 操作系统下编写用户代码时需要遵循的几条原则：

（1）确保包含了 RTX51TNY.H 头文件；

（2）不要建立 main( )函数；

（3）用户代码中必须至少包含一个任务函数；

（4）51 单片机的总中断必须有效（EA=1）；

（5）用户代码中必须至少调用一个 RTX51 的库函数；

（6）被关键字"_task_0"定义的第一个被执行的任务，必须在该任务中调用 os_create_task 函数以启动其余任务；

（7）所有的任务都不能退出，也不能有返回值，任务必须用一个 while(1)或类似的结构"死循环"一直执行，只能调用 os_delete_task 函数来停止运行的任务。

RTX51 支持最多 16 个任务，任务就是一个简单地用"_task_"关键字定义的无返回值、无参数的 C 函数，其标准格式如下：

```
void fun (void)  _task_task_id
```

其中，"fun"是任务函数的名字，"task_id"是从 0～15 的一个任务 id 号，这个 id 号必须唯一且不能被重复，并且最好从 0 开始依次编号，这样能使 RTX51 所需要的内存空间最小，实例 25.12 使用函数 job0 定义编号为 0 的任务，该任务使一个计数器递增并不断重复。

【例 25.12】 使用 job0 来定义编号为 0 的任务，其中 job0 为任务的名称，0 为任务的编号，使用_task_关键字来定义任务。

```
void job0(void)_task_0
{
    while(1)
    {
        Counter0++;
    }
}
```

4．编译和链接

RTX51 的编译过程和普通项目没有太大的区别，只是在"Target"选项卡中选择"RTX-51 Tiny"取代"None"，如图 25.4 所示。

图 25.4　RTX51 的编译选项

5．调试工程

RTX51 下的用户代码调试和普通项目没有太大的区别，在"Peripherals"菜单下选择"RTX51 Tiny Tasklist"可以显示一个包括了 RTX51 核心和程序中任务的所有特征的对话框，如图 25.5 所示。

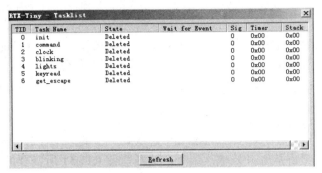

图 25.5　RTX51 的调试界面

在调试对话框中，各项目的含义如下。

（1）TID：在任务定义中指定的任务 ID。

（2）Task Name：任务函数的名称。

（3）State：任务的当前状态。

（4）Wait for Event：用于说明任务正在等待的事件。

（5）Sig：说明任务信号标志的状态（1 为置位）。

（6）Timer：指示任务距超时的滴答数，这是一个自由运行的定时器，仅在任务等待超时和时间间隔时使用。

（7）Stack：指示任务栈的起始地址。

25.2　基于 RTX51 操作系统的应用实例——交通灯

本应用实例是一个基于 RTX51 操作系统开发的交通灯的实例，与常见的交通灯相同，在用户设定好的时间段内，交通灯正常运行，而在该时间段之外，仅有黄灯闪烁；如果有行人按下请求通过的按键，交通灯立即进入"行人通过"的状态以允许行人通过，然后恢复正常工作状态。管理部门可以通过一个串行接口对交通灯的一些状态进行设置，如开启时间、关闭时间等，这些设置的相关命令参见表 25.15，都是以回车符结尾的 ASCII 编码命令。

表 25.15　交通灯的控制命令

命　　令	命 令 格 式	说　　　　明
显示时间	D	返回当前时间，当前设置的启动时间和停止时间
设置时间	T hh:mm:ss	以 24 小时格式设置当前时间
设置启动时间	S hh:mm:ss	以 24 小时格式设置交通灯的启动时间
设置停止时间	E hh:mm:ss	以 24 小时格式设置交通灯的停止时间

25.2.1　应用实例的 Proteus 电路

应用实例的 Proteus 电路如图 25.6 所示，51 单片机使用 P1.0～P1.4 引脚控制红绿灯的工作状态，使用 P1.5 引脚扩展了一个独立按键用于手动修改红绿灯的状态，51 单片机的串行端口用于输出当前的控制状态。

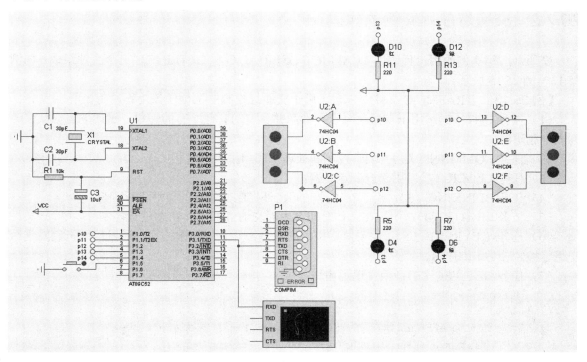

图 25.6　应用实例的 Proteus 电路

图 25.6 所示电路使用的 Proteus 电路器件参见表 25.16。

表 25.16　Proteus 电路器件列表

器 件 名 称	库	子 库	说 明
AT89C52	Microprocessor ICs	8051 Family	51 单片机
RES	Resistors	Generic	通用电阻
CAP	Capacitors	Generic	电容
CAP-ELEC	Capacitors	Generic	极性电容
CRYSTAL	Miscellaneous	—	晶体振荡器
BUTTON	Switches & Relays	Swiches	独立按键
COMPIM	Miscellaneous	—	串行接口
Traffic Lights	Miscellaneous	—	交通灯模型
74HC04	TTL 74HC series	Gates & Inverter	反相门

器 件 名 称	库	子 库	说 明
LED-YELLOW	Optoelectronics	LEDs	黄色发光二极管
LED-RED	Optoelectronics	LEDs	红色发光二极管
LED-GREEN	Optoelectronics	LEDs	绿色发光二极管

25.2.2　交通灯应用实例的代码

交通灯应用实例的用户代码由 TRAFFIC.C、SERIAL.C 和 GETLINE.C 三个文件组成，如例 25.13～例 25.15 所示。

【例 25.13】 TRAFFIC.C 文件中包含了用于交通灯控制的 7 个任务，其说明如下。

（1）任务 INIT（0）：用于初始化系统硬件，并且启动其他所有的任务，然后把自己从任务列表中删除。

（2）任务 COMMAND（1）：用于控制和处理从串口接收到的相关命令。

（3）任务 CLOCK（2）：用于控制定时器。

（4）任务 BLINKING（3）：用于在工作时间之外控制交通灯的黄灯进行闪烁。

（5）任务 LIGHTS（4）：用于在工作时间之内对交通灯的工作状态进行控制。

（6）任务 KEYREAD（5）：用于监控按键的状态，并且将按键的状态通过信号机制发送给交通灯控制任务 LIGHTS。

（7）任务 GET_ESC（6）：用于退出串口显示。

```
char code menu[] =
    "\n"
    "+***** TRAFFIC LIGHT CONTROLLER using C51 and RTX-51 tiny *****+\n"
    "| This program is a simple Traffic Light Controller.   Between   |\n"
    "| start time and end time the system controls a traffic light    |\n"
    "| with pedestrian self-service.   Outside of this time range      |\n"
    "| the yellow caution lamp is blinking.                            |\n"
    "+ command -+ syntax -----+ function --------------------------+\n"
    "| Display  | D            | display times                      |\n"
    "| Time     | T hh:mm:ss  | set clock time                     |\n"
    "| Start    | S hh:mm:ss  | set start time                     |\n"
    "| End      | E hh:mm:ss  | set end time                       |\n"
    "+----------+-------------+------------------------------------+\n";
//串口输出的菜单定义
#include <reg52.h>
#include <rtx51tny.h>                    //RTX51 的头文件定义
#include <stdio.h>                       //标准 io 库
#include <ctype.h>                       //字符函数库
#include <string.h>                      //标准字符串函数库
extern void getline (char idata *, char);  //外部函数 getline 定义
extern void serial_init (void);          //外部函数 serial_init 定义
#define INIT        0                    //任务 0 定义，INIT
#define COMMAND     1                    //任务 1 定义，COMMAND
```

```
#define CLOCK        2                      //任务 3 定义，CLOCK
#define BLINKING    3                       //任务 3 定义，BLINKING
#define LIGHTS       4                      //任务 4 定义，LIGHTS
#define KEYREAD      5                      //任务 5 定义，KEYREAD
#define GET_ESC      6                      //任务 6 定义，GET_ESC
struct time   {                             //time 结构体定义
  unsigned char hour;                       //小时
  unsigned char min;                        //分钟
  unsigned char sec;                        //秒
};
#define    LAMP_ON       0
#define    LAMP_OFF          1
struct time ctime = { 12,   0,   0 };       //时钟的时间值
struct time start = {   7, 30,   0 };       //起始的时间值
struct time end    = { 18, 30,   0 };       //停止的时间值
sbit   red     = P1^0;                      //红灯引脚定义
sbit   yellow = P1^1;                       //黄灯引脚定义
sbit   green   = P1^2;                      //绿灯引脚定义
sbit   stop    = P1^3;                      //停止输出定义
sbit   walk    = P1^4;                      //行人灯引脚定义
sbit   key     = P1^5;                      //按键引脚定义
char idata inline[16];                      //命令行空间
//任务 0，初始化
void init (void) _task_ INIT
{
  serial_init ();                           //初始化串口
  os_create_task (CLOCK);                   //启动 CLOCK 任务
  os_create_task (COMMAND);                 //启动 COMMAND 任务
  os_create_task (LIGHTS);                  //启动 LIGHT 任务
  os_create_task (KEYREAD);                 //启动 KEYREAD 任务
  os_delete_task (INIT);                    //启动 INIT 任务
}
bit display_time = 0;                       //显示时间标志位
//任务 2，时钟
void clock (void)   _task_ CLOCK
{
  while (1)
  {                                         //时钟主循环
    if (++ctime.sec = = 60)                 //秒计算
    {
      ctime.sec = 0;
      if (++ctime.min = = 60)               //分钟计算
      {
        ctime.min = 0;
        if (++ctime.hour = = 24)            //小时计算
        {
          ctime.hour = 0;
```

```
            }
         }
      }
      if (display_time)                      //如果是显示时间状态
      {
         os_send_signal (COMMAND);           //发送信号，时间已经修改完成
      }
      os_wait (K_IVL, 100, 0);               //挂起任务，延时 1s
   }
}
struct time rtime;                           //时间变量
//时间转换函数，将接收到的时间转换为正确的时间结构
bit readtime (char idata *buffer)
{
   unsigned char args;
   rtime.sec = 0;                            //预置秒信号
   args = sscanf (buffer, "%bd:%bd:%bd",
                     &rtime.hour,            //分别读入小时、分钟和秒信号
                     &rtime.min,
                     &rtime.sec);
   if (rtime.hour > 23   ||   rtime.min > 59   ||          //判断输入是否合法
       rtime.sec > 59   ||   args < 2          ||   args == EOF)   {
      printf ("\n*** ERROR: INVALID TIME FORMAT\n");       //输出错误的提示
      return (0);
   }
   return (1);
}
#define ESC   0x1B                           //Esc 的按键编码
static bit    escape;                        //退出按键
//任务 6，获得 Escape 按键
void get_escape (void) _task_ GET_ESC
{
   while (1)   {
      if (_getkey () == ESC)   escape = 1;   //如果有 Esc 按键输入，把标志位置位
      if (escape)   {                        //如果标志位被置位，发送信号
         os_send_signal (COMMAND);           //给 COMMAND 任务发送信号
      }
   }
}
//comaand 任务，用于命令处理
void command (void) _task_ COMMAND
{
   unsigned char i;
   printf (menu);                            //输出菜单
   while (1)   {
      printf ("\nCommand: ");
      getline (&inline, sizeof (inline));    //获得输入的命令
```

```
for (i = 0; inline[i] != 0; i++)                                 //转换行
{
  inline[i] = toupper(inline[i]);
}
for (i = 0; inline[i] == ' '; i++);                              //去掉空格
switch (inline[i])   {                                          //格式化命令字符
  case 'D':                                                     //显示时间命令
    printf ("Start Time: %02bd:%02bd:%02bd          "
            "End Time: %02bd:%02bd:%02bd\n",
             start.hour, start.min, start.sec,
             end.hour,  end.min,   end.sec);
    printf ("                              type ESC to abort\r");
    os_create_task (GET_ESC);                                  //检查 Esc 按键是否被按下
    escape = 0;                                                //清除 Esc 按键标志位
    display_time = 1;                                          //置显示标志位置
    os_clear_signal (COMMAND);                                 //清除 COMMAND 任务的挂起标志
    while (!escape)                                            //如果没有 Esc 键被按下
    {
      printf ("Clock Time: %02bd:%02bd:%02bd\x0d",             //显示时间
              ctime.hour, ctime.min, ctime.sec);
      os_wait (K_SIG, 0, 0);                                   //等待 Esc 键被按下
    }
    os_delete_task (GET_ESC);                                  //删除 GET_ESC 任务
    display_time = 0;                                          //清除显示标志位
    printf ("\n\n");
    break;
  case 'T':                                                    //如果是设置时间命令
    if (readtime (&inline[i+1]))   {                           //读入时间并且保存
      ctime.hour = rtime.hour;
      ctime.min  = rtime.min;
      ctime.sec  = rtime.sec;
    }
    break;
  case 'E':                                                    //如果是设置结束时间命令
    if (readtime (&inline[i+1]))   {
      end.hour = rtime.hour;
      end.min  = rtime.min;
      end.sec  = rtime.sec;
    }
    break;
  case 'S':                                                    //如果是设置启动时间命令
    if (readtime (&inline[i+1]))   {
      start.hour = rtime.hour;
      start.min  = rtime.min;
      start.sec  = rtime.sec;
    }
    break;
```

```
            default:                                    //错误处理
              printf (menu);
              break;
          }
       }
    }
//用于检查当前时间是不是在启动时间和停止时间之间
static bit signalon (void)      {
    if (memcmp (&start, &end, sizeof (struct time)) < 0)   {
       if (memcmp (&start, &ctime, sizeof (struct time)) < 0   &&
          memcmp (&ctime, &end,    sizeof (struct time)) < 0)   return (1);
    }
    else   {
       if (memcmp (&end,    &ctime, sizeof (start)) > 0   &&
          memcmp (&ctime, &start, sizeof (start)) > 0)   return (1);
    }
    return (0);                                      //信号闪烁
}
//任务 3，如果当前时间不在运行时间之间
void blinking (void) _task_ BLINKING                //黄灯闪烁
  {
    red     = LAMP_OFF;                             //所有的灯熄灭
    yellow = LAMP_OFF;
    green   = LAMP_OFF;
    stop    = LAMP_OFF;
    walk    = LAMP_OFF;
    while (1)   {
       yellow = LAMP_OFF;                           //维持黄灯的闪烁状态
       os_wait (K_TMO, 30, 0);                      //等待 30 个滴答数
       yellow = LAMP_ON;                            //黄灯灭
       os_wait (K_TMO, 30, 0);                      //继续等待 30 个滴答数
       if (signalon ())   {                         //如果到了工作时间
          os_create_task (LIGHTS);                  //开灯
          os_delete_task (BLINKING);                //黄灯停止闪烁
       }
    }
}
//任务 4，交通灯正常运行
void lights (void) _task_ LIGHTS
{
    red     = LAMP_ON;                              //灯的起始状态
    yellow = LAMP_OFF;
    green   = LAMP_OFF;
    stop    = LAMP_ON;
    walk    = LAMP_OFF;
    while (1)   {
       if (!signalon ())   {                        //如果在运行时间之外
```

```
            os_create_task (BLINKING);                    //启动闪烁任务
            os_delete_task (LIGHTS);                       //停止交通灯正常运行的任务
          }
        red     = LAMP_OFF;
          yellow = LAMP_ON;
        os_wait (K_TMO, 50, 0);                            //等待 50 个滴答数
        red     = LAMP_OFF;                                //车绿灯亮
        yellow = LAMP_OFF;
        green   = LAMP_ON;
        os_clear_signal (LIGHTS);
        os_wait (K_TMO + K_SIG, 250, 0);                   //等待延时结束信号
        os_wait (K_TMO, 50, 0);                            //等待 200 个滴答数
        yellow = LAMP_ON;
        green   = LAMP_OFF;
        os_wait (K_TMO, 50, 0);                            //等待 50 个滴答数
        red     = LAMP_ON;                                 //车红灯亮
        yellow = LAMP_OFF;
        os_wait (K_TMO, 50, 0);                            //等待 50 个滴答数
        stop    = LAMP_OFF;                                //行人绿灯亮
        walk    = LAMP_ON;
        os_wait (K_TMO, 150, 0);                           //等待 150 个滴答数
        stop    = LAMP_ON;                                 //新人红灯亮
        walk    = LAMP_OFF;
      }
    }
//键盘处理任务，任务 5
void keyread (void) _task_ KEYREAD
{
static   bit keybuf;
  while (1)   {
      if (keybuf==1 && key==0)   {                         //如果按键被按下
          os_send_signal (LIGHTS);                         //向 LIGHTS 任务发送信号
      }
      keybuf = key;
      os_wait (K_TMO, 2, 0);                               //等待 2 个滴答
    }
}
```

【例 25.14】　SERIAL.C 文件用于对串口命令进行处理，在该文件中没有使用 Keil 提供的 putchar( )和 getchar( )函数，而且自行完成了这两个文件的编写，然后供其他函数调用。

```
        #include <reg52.h>
        #include <rtx51tny.h>                             //RTX51 的头文件定义
        #define   OLEN  8                                  //串口发送缓冲区长度定义
        unsigned char   ostart;                            //发送缓冲区起始
        unsigned char   oend;                              //发送缓冲区结束
        idata     char   outbuf[OLEN];                     //串口发送缓冲区定义
        unsigned char   otask = 0xff;                      //发送任务的任务标号
        #define   ILEN  8                                   //串口接收缓冲区长度定义
```

```c
    unsigned char    istart;                            //接收缓冲区起始
    unsigned char    iend;                              //接收缓冲区结束
    idata        char    inbuf[ILEN];                   //串口接收缓冲区定义
    unsigned char    itask = 0xff;                      //接收任务的任务标号
    #define    CTRL_Q    0x11                            // Control+Q 字符编码
    #define    CTRL_S    0x13                            // Control+S 字符编码
    static bit    sendfull;                             //发送缓冲区满标志
    static bit    sendactive;                           //正在发送标志
    static bit    sendstop;                             //发送结束标志
    //把发送缓冲区的 1B 写入 SBUF 中
    static void putbuf (char c)
    {
      if (!sendfull)    {                               //如果发送缓冲区没有满
        ES = 0;                                         //关闭串口中断
        if (!sendactive && !sendstop)                   //如果发送完成
        {
          sendactive = 1;                               //发送第一个字符
          SBUF = c;                                     //将字符送入 SBUF
        }
        else
        {
          outbuf[oend++ & (OLEN-1)] = c;                //把字符放入发送缓冲区
          if (((oend ^ ostart) & (OLEN-1)) = = 0)
          {
            sendfull = 1;                               //发送缓冲区满标志
          }
        }
    ES = 1;                                             //开串口中断
      }
    }
    //putchar 函数
    char putchar (char c)    {
      if (c = = '\n')    {                              //发送一个字符
        while (sendfull)    {                           //等待发送缓冲区空
          otask = os_running_task_id ();                //设置发送任务编号
          os_wait (K_SIG, 0, 0);                        //等待信号
          otask = 0xff;                                 //清除任务编号
        }
        putbuf (0x0D);                                  //发送换行符
      }
      while (sendfull)    {                             //等待发送缓冲区空
        otask = os_running_task_id ();                  //设置发送任务编号
        os_wait (K_SIG, 0, 0);                          //等待信号
        otask = 0xff;                                   //清除任务编号
      }
      putbuf (c);                                       //发送字符
      return (c);                                       //返回字符
```

```
    }
//_getkey 函数
char _getkey (void)
{
    while    (iend == istart)
    {
        itask = os_running_task_id ();              //设置输入任务编号
        os_wait (K_SIG, 0, 0);                      //等待信号
        itask = 0xff;                               //清除任务编号
    }
    return (inbuf[istart++ & (ILEN-1)]);            //返回接收长度
}


//串口中断服务子程序
void serial (void) interrupt 4 using 2
{
    unsigned char c;
    bit    start_trans = 0;
    if (RI)    {                                    //如果接收
        c = SBUF;                                   //把接收到的字符存放于 C
        RI = 0;                                     //清除接收标志
        switch (c)    {                             //对字符进行判断
            case CTRL_S:
                sendstop = 1;                       //如果是 Control+S
                break;
            case CTRL_Q:
                start_trans = sendstop;             //如果是 Control+Q
                sendstop = 0;
                break;
            default:                                //把所有的字符都读入缓冲区
                if (istart + ILEN != iend)
                {
                    inbuf[iend++ & (ILEN-1)] = c;
                }
                                                    //等待信号
                if (itask != 0xFF) isr_send_signal (itask);
                break;
        }
    }
    if (TI || start_trans)    {                     //如果是发送导致的中断
        TI = 0;                                     //清除发送标志位
        if (ostart != oend)    {
            if (!sendstop)    {                     //如果不是 Control+S received
                SBUF = outbuf[ostart++ & (OLEN-1)]; //发送字符
                sendfull = 0;                       //清除 sendfull 标志
                                                    //等待信号

                if (otask != 0xFF)    isr_send_signal (otask);
```

```
            }
        }
        else sendactive = 0;                    //如果所有数据都发送完成，清除 sendactive 标志
    }
}
//串口初始化函数
void serial_init (void)
{
TMOD |= 0x20;           //定时器 T1 工作在方式 2（即自动重装初值），定时状态由 TR1 控制
TL1 = TH1 = 0xFD;                               //波特率为：9600
ET1 = 0;                                        //T1 用作波特率发生器，禁止 T1 中断
TR1 = 1;                                        //启动定时器 T1
SCON = 0x50;                                    //方式 1，8 位 UART，允许接收
PCON &= 0x7F;                                   //波特率不倍增
ES = 0;
}
```

【例 25.15】 GETLINE.C 文件主要用于对串口接收到的字符命令进行处理。

```
#include <stdio.h>
#define CNTLQ        0x11                      //字符编码定义
#define CNTLS        0x13
#define DEL          0x7F
#define BACKSPACE    0x08
#define CR           0x0D
#define LF           0x0A
//行操作函数
void getline (char idata *line, unsigned char n)
{
  unsigned char cnt = 0;
  char c;
  do  {
    if ((c = _getkey ()) == CR)   c = LF;       //读入一个字符
    if (c == BACKSPACE  ||  c == DEL) {         //处理删除符
      if (cnt != 0)  {
        cnt--;                                  //计数器++
        line--;                                 //行指针++
        putchar (0x08);                         //回应删除符
        putchar (' ');
        putchar (0x08);
      }
    }
    else if (c != CNTLQ && c != CNTLS)          //忽略 Control S/Q
    {
      putchar (*line = c);                      //回应并且保存字符
      line++;                                   //行指针++
      cnt++;                                    //计数器++
    }
```

```
    } while (cnt < n - 1    &&    c != LF);          //检查行标志
    *line = 0;                                        //标志字符串完成
}
```

25.2.3　交通灯应用实例的仿真运行结果和总结

单击运行，可以看到交通灯按照正常的循环开始动作，如果单击按钮则可以人工干预交通的工作状态，同时串口有相应的数据反馈，如图 25.7 所示。

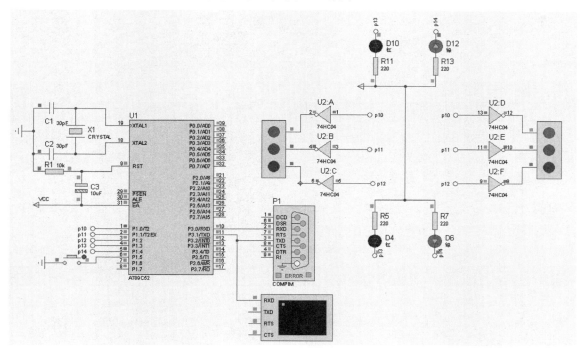

图 25.7　实例的仿真运行结果

总结： RTX51 操作系统具有程序开发快速、简单，便于移植，不需要过渡和底层硬件打交道的特点，但是其也有执行效率低下，可用的硬件资源相对较少等缺点，在实际应用系统中，其应用度并不高。

反侵权盗版声明

  电子工业出版社依法对本作品享有专有出版权。任何未经权利人书面许可，复制、销售或通过信息网络传播本作品的行为，歪曲、篡改、剽窃本作品的行为，均违反《中华人民共和国著作权法》，其行为人应承担相应的民事责任和行政责任，构成犯罪的，将被依法追究刑事责任。

  为了维护市场秩序，保护权利人的合法权益，我社将依法查处和打击侵权盗版的单位和个人。欢迎社会各界人士积极举报侵权盗版行为，本社将奖励举报有功人员，并保证举报人的信息不被泄露。

举报电话：（010）88254396；（010）88258888

传　　真：（010）88254397

E-mail：　　dbqq@phei.com.cn

通信地址：北京市海淀区万寿路 173 信箱

　　　　　电子工业出版社总编办公室

邮　　编：100036